U0255999

普通高等教育 电气工程/自动化 系列规划教材

电力电子、电机控制系统的建模及仿真

那日沙　周　凯　王旭东　编著

机 械 工 业 出 版 社

本书从两个层面出发，系统地介绍了仿真技术在电力电子及电机控制领域的应用。全书共分8章，紧密结合当前电力电子技术及电机控制技术的发展。在电力电子仿真方面，以Saber软件作为仿真平台，围绕电力电子器件驱动电路、电力电子变流电路等内容展开，并将MAST语言引入建模过程中，为模型的构建提供多种途径。在电机控制仿真方面，以MATLAB/Simulink作为仿真平台，围绕直流电动机、无刷直流电动机、开关磁阻电动机、永磁同步电动机等内容展开，采用多种控制策略构建电机的调速系统。在内容组织上将仿真技术与实际应用相结合，读者可在学习及应用过程中快速掌握电力电子技术及电机控制技术的基础知识，能够对该领域有比较直观的认识，具有很强的实用性。

本书内容丰富、结构合理、图文并茂、可操作性强，可作为电气工程及其自动化及相关专业的本科教材，也可作为电力、电气自动化、电动汽车电力传动等领域工程技术人员的参考用书。

图书在版编目（CIP）数据

电力电子、电机控制系统的建模及仿真/那日沙，周凯，王旭东编著．—北京：机械工业出版社，2016.7（2022.1重印）
普通高等教育电气工程自动化系列规划教材
ISBN 978-7-111-54206-3

Ⅰ.①电…　Ⅱ.①那…②周…③王…　Ⅲ.①电力电子学—系统建模—高等学校—教材②电力电子学—计算机仿真—高等学校—教材③电机—控制系统—系统建模—高等学校—教材④电机—控制系统—计算机仿真—高等学校—教材　Ⅳ.①TM1-39②TM301.2-39

中国版本图书馆CIP数据核字（2016）第153567号

机械工业出版社（北京市百万庄大街22号　邮政编码100037）
策划编辑：于苏华　责任编辑：于苏华　王　荣
版式设计：霍永明　责任校对：张玉琴
封面设计：张　静　责任印制：单爱军
北京虎彩文化传播有限公司印刷
2022年1月第1版第3次印刷
184mm×260mm · 12.5印张 · 304千字
标准书号：ISBN 978-7-111-54206-3
定价：29.80元

凡购本书，如有缺页、倒页、脱页，由本社发行部调换

电话服务　网络服务
服务咨询热线：010-88379833　机工官网：www.cmpbook.com
读者购书热线：010-88379649　机工官博：weibo.com/cmp1952
教育服务网：www.cmpedu.com

金书网：www.golden-book.com

前　言

电力电子技术是一门快速发展的技术，它是由电力学、电子学和控制理论三个学科的交叉学科，已成为电气工程及其自动化专业不可缺少的一门专业基础课，在培养本专业人才中占有重要地位。电机控制系统是电类、自动化类专业基础课重要的组成部分，广泛应用于电力工业、交通运输、航空航天以及军事等领域。电机控制系统是以电力电子技术为基础而发展起来的，可以说电力电子技术的发展推动了电机控制系统的发展。

在高校理论教学过程中，受到学时、教学条件等多方面因素的影响，学生往往无法从实用的角度来了解理论课所要呈现的核心内容，因此将先进的仿真技术应用于教学中，会显著提高教学质量。

本书着重介绍仿真技术在电力电子和电机控制系统中的应用。Saber 是专门用于电力电子的仿真软件，它为用户提供了一个功能强大的混合信号仿真平台，兼容模拟、数字、控制量的混合仿真。MATLAB 仿真技术有效应用于电机及控制系统等工程技术领域，为用户提供了丰富的模块库，具有适应面广、结构和流程清晰、仿真精细、贴近实际、效率高、灵活等优点。目前，市场上关于 Saber 仿真应用的书籍很少，多数有关电力电子仿真的内容都来自各种教程。有关 MATLAB 的书籍种类繁多，而大多数都是针对电力电子技术或电机控制系统中某一方面介绍的，鲜有对这两方面综合阐述的书籍。

全书共分为 8 章，第 1 章介绍了 Saber 和 MATLAB 仿真的基础内容，包括系统仿真环境及相关模型库等；第 2 章介绍电力电子器件驱动电路仿真，以三种常用的电力电子器件——晶闸管、MOSFET、IGBT 为主要内容；第 3 章对常用的电力电子变流电路进行仿真，包括 AC-DC、DC-DC、AC-AC、DC-AC 变换；第 4 章对 MAST 语言建模进行了说明，包括语言的基本结构组成以及如何使用 MAST 语言创建元器件模型等；第 5 章主要介绍直流电机调速系统及仿真，包括开环调速系统和转速、电流双闭环调速系统控制；第 6 章介绍无刷直流电动机调速系统及仿真；第 7 章介绍开关磁阻电动机调速系统及仿真；第 8 章介绍永磁同步电动机调速系统及仿真，包含矢量控制方式及直接转矩控制方式。本书力求浅显易懂，通过实例介绍仿真软件的使用方法，适用于电气工程及其自动化专业本科生，也为相关专业师生提供参考。本书全部仿真模型均挂在机械工业出版社教育服务网上（www. cmpedu. com）。需要说明的是，在做仿真时，需要正确理解仿真所研究的对象，只有在参数取值合理的情况下，才能获得理想的仿真结果；否则会出现仿真中断、计算结果不收敛等提示。

在本书的编写过程中，王旭东教授确定了本书的编写大纲。第 2 章、第 6 章由王旭东教授撰写，第 5 章、第 7 章、第 8 章由那日沙撰写，第 1 章、第 3 章、第 4 章由周凯撰写。王旭东教授负责全书的统校和审定工作。研究生王红、张铮、邱赫男也参与了本书的编写，并在直流无刷电动机、开关磁阻电动机相关章节的编写中做了大量的工作。

由于编者水平有限，书中不妥或错误之处在所难免，恳请读者批评指正。

编　者

目　录

前　言

第 1 章　Saber 与 MATLAB 仿真基础 … 1

1.1　Saber 仿真基础 …… 1

1.1.1　Saber 仿真软件概述 …… 1

1.1.2　使用 Saber 创建设计 …… 2

1.2　MATLAB 仿真基础 …… 10

1.2.1　MATLAB 软件概述 …… 10

1.2.2　系统仿真环境及模型库 …… 11

1.3　Saber 与 Simulink 联合仿真基础 …… 18

第 2 章　电力电子器件驱动电路仿真 …… 24

2.1　晶闸管门极驱动电路 …… 24

2.1.1　光耦合器触发电路 …… 25

2.1.2　脉冲变压器触发电路 …… 29

2.1.3　交流静态无触点电路 …… 31

2.1.4　移相触发电路 …… 32

2.2　MOSFET 栅极驱动电路 …… 34

2.2.1　单晶体管驱动电路 …… 35

2.2.2　推挽式驱动电路 …… 36

2.2.3　隔离式驱动电路 …… 37

2.3　IGBT 栅极驱动电路 …… 38

2.3.1　IGBT 栅极特性 …… 38

2.3.2　分立元器件构成的 IGBT 驱动电路 …… 40

2.3.3　半桥集成驱动电路 IR2110 …… 42

第 3 章　电力电子变流电路仿真 …… 47

3.1　整流电路 …… 47

3.1.1　单相可控整流电路仿真 …… 47

3.1.2　三相可控整流电路仿真 …… 59

3.1.3　电容滤波不可控整流电路仿真 … 67

3.1.4　同步整流电路仿真 …… 69

3.1.5　功率因数校正电路仿真 …… 73

3.2　直流斩波电路 …… 79

3.2.1　降压斩波电路仿真 …… 79

3.2.2　升压斩波电路仿真 …… 81

3.2.3　升降压斩波电路仿真 …… 84

3.2.4　Cuk 斩波电路仿真 …… 85

3.2.5　Sepic 斩波电路与 Zeta 斩波电路仿真 …… 86

3.3　交流 - 交流变流电路 …… 87

3.3.1　单相交流调压电路（电阻负载） …… 87

3.3.2　单相交流调压电路（阻感负载） …… 89

3.3.3　三相交流调压电路（星形联结） …… 90

3.3.4　三相交流调压电路（支路控制三角形联结） …… 92

3.4　逆变电路 …… 93

3.4.1　电压型逆变电路 …… 94

3.4.2　电流型逆变电路 …… 100

3.5　PWM 逆变电路 …… 101

3.5.1　单相桥式 PWM 逆变电路 …… 102

3.5.2　三相桥式 PWM 逆变电路 …… 103

3.6　Saber 电力电子仿真小结 …… 106

第 4 章　MAST 语言建模 …… 109

4.1　MAST 语言建模概述 …… 109

4.2　使用 Saber 模型文件创建设计 …… 111

4.3　MAST 语言建模应用实例 …… 115

4.3.1　单相桥式 PWM 逆变电路 MAST 语言建模 …… 115

4.3.2　三相桥式全控整流电路 MAST 语言建模 …… 118

第 5 章　直流电机调速系统及仿真 …… 122

5.1　直流电机的工作原理 …… 122

5.2　直流电机的基本方程 …… 124

5.2.1　电压方程 …… 124

5.2.2　转矩方程 …… 125

5.2.3　电磁功率方程 …………………… 125
5.3　直流电动机开环调速系统仿真 ……… 127
5.4　转速电流双闭环调速系统仿真 ……… 130
5.4.1　双闭环调速系统组成 …………… 131
5.4.2　双闭环调速系统数学模型 ……… 132
5.4.3　双闭环调速系统起动过程分析 …………………………… 132
5.4.4　双闭环调速系统动态结构图仿真 …………………………… 133
5.4.5　基于 Power System 模块的双闭环调速系统仿真 ……………… 134
第6章　无刷直流电动机调速系统及仿真 ………………………………… 137
6.1　无刷直流电动机简介 ………………… 137
6.2　无刷直流电动机的工作原理 ………… 137
6.2.1　无刷直流电动机的基本结构 …… 137
6.2.2　无刷直流电动机的数学模型 …… 139
6.2.3　无刷直流电动机的工作原理 …… 140
6.3　无刷直流电动机调速系统仿真 ……… 142
6.3.1　仿真系统模型搭建 ……………… 142
6.3.2　双闭环调速系统仿真 …………… 148
第7章　开关磁阻电动机调速系统及仿真 ………………………………… 150
7.1　开关磁阻电动机的基本结构与特点 ……………………………… 150
7.2　开关磁阻电动机的数学模型及特性分析 ……………………………… 152
7.2.1　开关磁阻电动机的基本方程 …… 152
7.2.2　开关磁阻电动机的转矩特性分析 ………………………… 152
7.2.3　开关磁阻电动机的电流特性分析 ………………………… 154
7.3　开关磁阻电动机的基本控制方式 …… 155
7.3.1　角度控制（APC）方式 ………… 155
7.3.2　电流斩波控制（CCC）方式 …… 156
7.3.3　电压斩波 PWM 控制方式 ……… 157
7.3.4　组合控制方式 …………………… 158
7.4　开关磁阻电动机调速系统的组成及原理 ………………………………… 158
7.4.1　调速系统的组成 ………………… 158
7.4.2　调速系统控制策略选择 ………… 160
7.5　开关磁阻电动机调速系统仿真 ……… 161
7.5.1　电流斩波控制（CCC）方式的仿真 ……………………………… 161
7.5.2　电压斩波 PWM 控制方式的仿真 ……………………………… 164
第8章　永磁同步电动机调速系统及仿真 ………………………………… 167
8.1　永磁同步电动机简介 ………………… 167
8.1.1　永磁同步电动机的分类 ………… 167
8.1.2　永磁同步电动机的基本控制策略 ……………………………… 167
8.2　永磁同步电动机矢量控制系统 ……… 168
8.2.1　坐标变换原理 …………………… 168
8.2.2　永磁同步电动机的数学模型及基本方程 ……………………………… 169
8.2.3　永磁同步电动机的矢量控制原理 ……………………………… 169
8.2.4　空间电压矢量脉宽调制（SVPWM）技术 ……………………………… 172
8.3　永磁同步电动机矢量控制系统仿真 … 175
8.3.1　SVPWM 技术仿真 ……………… 175
8.3.2　$i_d=0$ 与 MTPA 控制系统仿真 … 179
8.3.3　弱磁控制系统仿真 ……………… 183
8.4　永磁同步电动机直接转矩控制系统仿真 ……………………………… 187
8.4.1　传统直接转矩控制方式原理 …… 187
8.4.2　传统直接转矩控制方式实现 …… 188
8.4.3　基于 SVPWM 的直接转矩控制系统 ……………………………… 189
8.4.4　基于 SVPWM 的直接转矩控制系统仿真 ……………………………… 191
参考文献 ……………………………… 194

第1章　Saber与MATLAB仿真基础

1.1　Saber仿真基础

1.1.1　Saber仿真软件概述

Saber模拟及混合信号仿真软件是美国Synopsys公司的一款EDA软件，被誉为全球最先进的系统仿真软件之一，是唯一的多技术、多领域的系统仿真产品，现已成为混合信号、混合技术设计和验证工具的业界标准，可用于电子、电力电子、机电一体化、机械、光电、光学、控制等不同类型系统构成的混合系统仿真，可实现复杂的混合信号设计与验证，兼容模拟、数字、控制量的混合仿真，可以解决从系统开发到详细设计验证等一系列问题。

Saber包括Sketch、Simulator、CosmoScope等工具，用来完成多层次设计、电路仿真模拟、仿真测试与波形显示等功能。Saber支持自顶向下的系统设计和由底向上的具体设计验证，在概念设计阶段支持模块化的框图设计，详细设计阶段可用具体元器件组成实际系统；具有功能强大的混合信号仿真器，支持包括模拟电路、数字电路及混合电路，混合技术系统设计；Saber内部采用5种不同的算法依次对系统进行仿真，一旦其中某一种算法失败，Saber将自动采用下一种算法，在仿真精度和仿真时间上进行平衡，保证在最少的时间内获得最高的仿真精度；通过直观的图形化用户界面全面控制仿真过程；可以在各种流行的EDA设计环境中运行，采用通用的建模语言，实现信息共享，提供对标准库的支持；可以通过对稳态、时域、频域、统计、可靠性及控制等方面的分析来检验系统性能；可以仿真一个实际系统，Saber的仿真原理图里有相应主电路和控制模块。实际电路需要程序控制，Saber中可以将实际系统的控制算法通过MAST语言编程完全实现。

Saber软件的主要应用领域如下：

（1）电源变换器设计　用来设计各种电源设备，如DC-DC、AC-DC、DC-AC、AC-AC变换，能够全面分析系统的各项指标如环路频率响应、功率管开关、磁性器件的工作情况、元器件的电学应力等。

（2）伺服系统设计　主要是通过Saber自带的电机模型、机械及液压模型形成伺服回路，建立电流环、速度环、位置环等多环伺服控制系统，重点进行电机控制器的设计，能够分析功率器件导通与关断细节以及发热状况、驱动芯片与功率开关管的匹配、直流母线尖峰吸收及制动能量回馈等。

（3）电路仿真　主要是对模拟电路、数字电路及数模混合电路进行前期的原理验证，指导器件选型，并在此基础上进一步模拟产品在各种实际工况下的特性，比如考虑元器件的容差、参数漂移、温度变化、线路或者器件故障等。根据系统响应进行设计优化，提高产品设计质量。在国内可以用于完成国标所要求的电路最坏情况分析、故障模式分析等分析项目。

(4) 供配电设计 主要针对的是大系统整机电气系统，如飞机供配电系统、卫星供配电系统等，通过对其发电、配电、用电负载、控制策略等部分建模，全面分析供电网络构架、能量策略管理、配电总线数据传输、故障模式下拓扑重构等。

(5) 总线仿真 通过对系统数据传输网络的底层收发器、ECU 等器件建模，重点考量总线数据信号在物理层传输过程中的各种物理特性（如失真、畸变）等。除了支持 CAN、LIN 等总线类型，还支持 1553B、429 等总线类型。

Saber 的典型案例是航空器领域的系统设计，其整个设计过程包含了机械技术、电子技术、液压技术、燃油系统、娱乐系统、雷达无线技术等复杂的混合技术设计与仿真。从航空器、轮船、汽车到消费电子、电源设计，都可以通过 Saber 来完成。

Saber 是混合信号、混合技术设计与验证工具，在电力电子、数模混合仿真、汽车电子及机电一体化领域得到广泛应用。Saber 软件在技术、理论及新产品开发方面保持明显优势，其大量的器件模型、先进的仿真技术和精确的建模工具为用户提供了全面的系统解决方案，并在技术方面不断地完善创新。

1.1.2 使用 Saber 创建设计

本书使用 Saber2008 版本，在这一部分中将从实用角度介绍怎样利用 Saber 创建一个电压调节电路，在电路创建过程中可以掌握以下几部分内容：怎样使用 Part Gallery 来查找和放置符号；怎样使用 Property Editor 来修改属性值；怎样为设计连线；怎样进行电路仿真及波形显示。

1. 调用 Saber Sketch

单击"开始"→"所有程序"→"Synopsys"→"Saber Sketch"，将出现一个空白的原理图窗口，这就是 Saber Sketch 的工作环境，如图 1-1 所示。

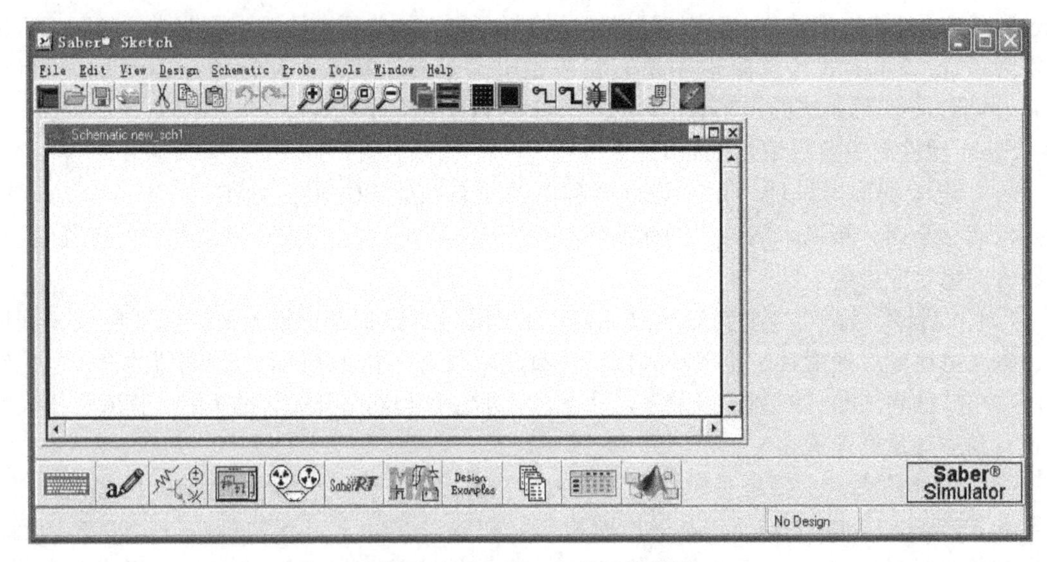

图 1-1 Saber Sketch 的工作环境

2. 保存目前空白的设计

单击“File”→“Save As”，在“File Name”字段输入名称“VoltageRegulator”，在保存文件的时候需要注意，文件的保存路径必须为英文路径，否则在文件再次打开时会出现错误。

3. 放置元器件

按图1-2所示在原理框图上放置元器件（软件中元器件库的图形符号与国标不完全相符，为与软件对应，仿真模型未使用国标，请读者注意）。

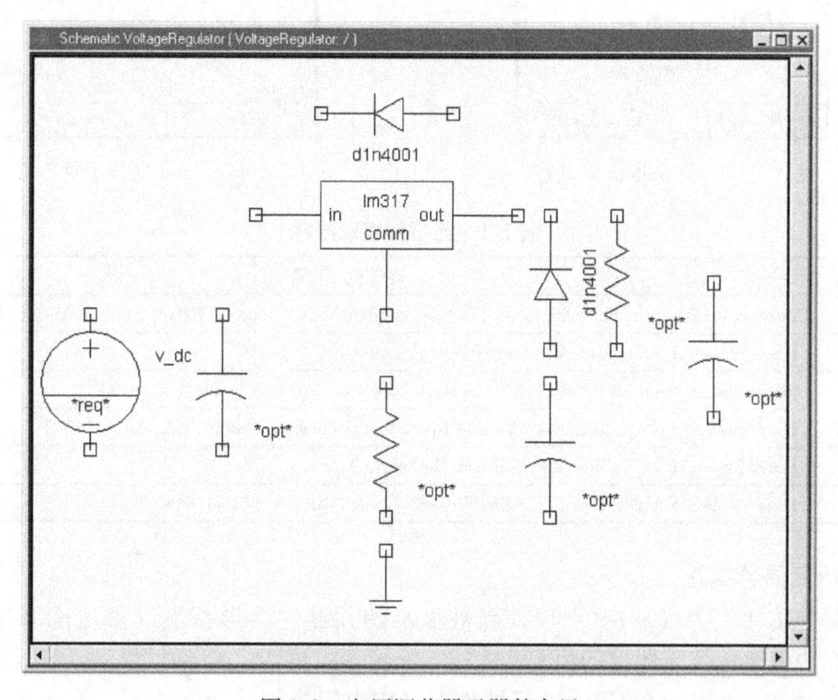

图1-2 电压调节器元器件布局

这里首先以图1-2中最左侧电源符号为例，对其进行查找与放置操作，其步骤如下：

1）单击窗口左下角Parts Gallery图符，出现Parts Gallery对话框，如图1-3所示。

2）单击Search选项卡，选择如下参数进行设置：

Search Object：Any Field String match：Containing

3）在输入栏中输入“V_DC”并单击按钮，如图1-4所示。

4）在“Parts Found”表中选择“Voltage Source Constant Ideal DC Supply”，双击鼠标左键放置元器件。

按以下方式查找和放置电阻符号：

1）在上面步骤（3）中的输入栏中输入“resistor”并单击按钮。

2）在Parts Found表中可以看到有多个搜索结果，其中Resistor(–)和Resistor(|)是最常用的电阻符号，括号中的符号表示电阻的摆放方向，选择Resistor(|)双击鼠标左键放置元件。

其他元器件均按此方法查询。如果不是初次使用Saber，对于元器件的路径较为熟悉，也可直接在Browse选项卡中选择，这里给出所有元器件的提取路径，见表1-1。

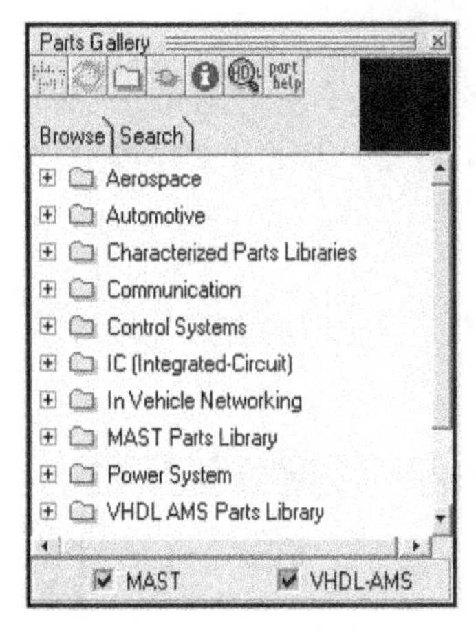

图 1-3　Parts Gallery 对话框

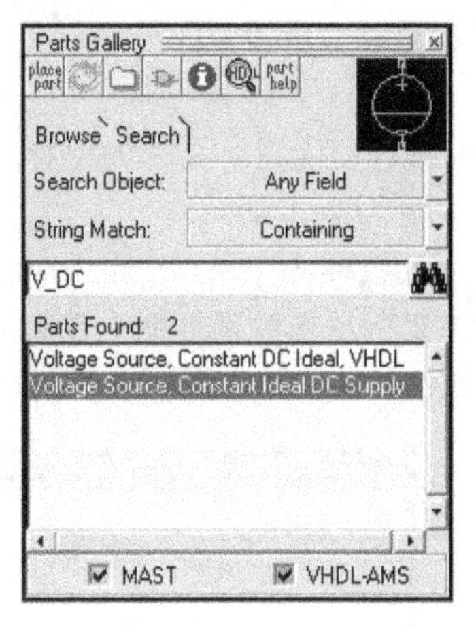

图 1-4　Search 选项卡对话框

表 1-1　元器件提取路径

元器件名称	提 取 路 径
电源	Power System\Source, Power& Ground\Electrical Sources\Voltage Sources\Voltage Source Constant Ideal DC Supply
电容	Power System\Passive Elements\Capacitors\Capacitor(l)
二极管	Power System\Semiconductor Devices\Diodes\Diode (General) Components\d1n4001
电压调节器	Power System\Voltage Regulators\Voltage Regulators Component\Positive Adjustable\lm317
电阻	Power System\Passive Elements\Resistors\Resistor(l)
参考地	Power System\Source, Power& Ground\Power& Ground\Ground (Saber Node 0)

4. 编辑元器件属性

对于那些属性值为（ * opt * ）并已被显示的元器件图形符号（如电阻和电容符号），可按以下方法更改每个元器件的值。

1）将光标放在需要修改属性的元器件上（以电阻为例）。

2）双击鼠标左键，弹出电阻属性对话框，如图 1-5 所示。

3）在“rnom”栏中输入所要设置的阻值，阻值的设置方法为：若电阻为 250 Ω，则输入 250 即可；若电阻为 2k Ω，则需输入 2k。修改属性后电阻示意图如图 1-6 所示。

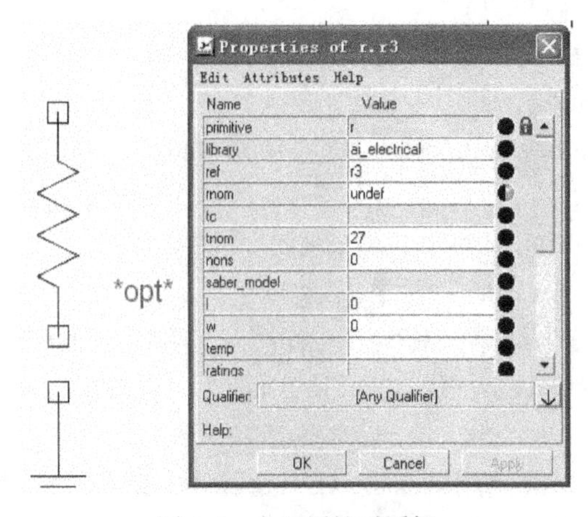

图 1-5　电阻属性对话框

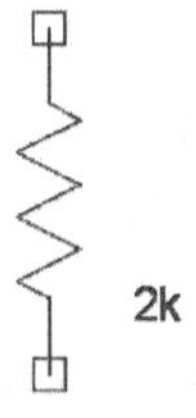

图 1-6　修改属性后电阻示意图

同理，其他元器件属性修改参见表1-2（电容的单位为微法，这里用u来表示）。

表1-2 元器件属性

元器件名称	属 性 名	值
电源	dc_value（直流电压）	36
电容	c（电容值）	0.1u/1u/10u

4）若需要对元器件进行翻转或旋转的操作，例如电路图中的二极管，可在选中元器件后，单击鼠标右键，选择“Rotate”下拉菜单中的内容进行元器件的角度旋转（见图1-7），或选择“Flip”下拉菜单中的内容进行元器件的上下翻转和左右翻转（见图1-8）。

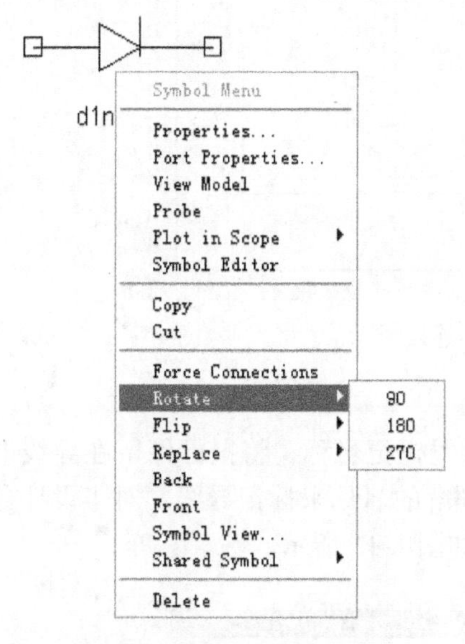

图1-7 元器件旋转

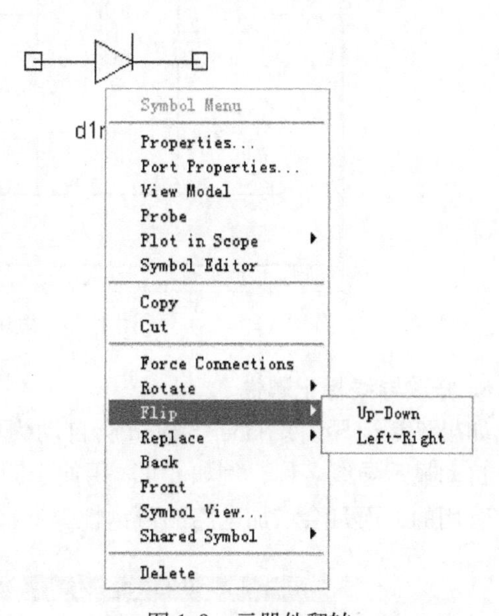

图1-8 元器件翻转

5）将鼠标放置在窗口空白处并单击鼠标右键，通过图1-9所示的下拉菜单可以改变主窗口背景颜色。第一项为彩色黑背景，第二项为彩色白背景，第三项为黑色白背景。用户可根据自己的习惯进行修改。

5. 连接原理图

在完成元器件布局并设定属性后，可以将元器件用导线连接在一起。在两个端口间连线的最简单的方法如下：

1）将光标放在第一端口上面（以v_dc符号的顶部开始）。

2）单击鼠标左键。

3）将光标放在第二个端口上（lm317的左侧端口）。

4）再次单击鼠标左键。

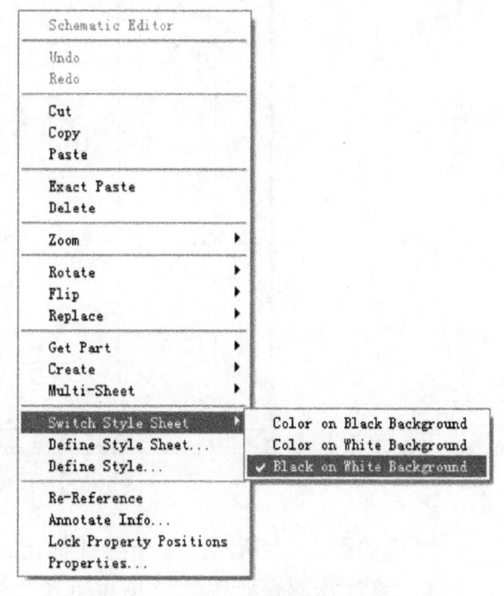

图1-9 主窗口颜色属性对话框

重复步骤1~4，从而将每个元器件符号连至相关部件，如图1-10所示。

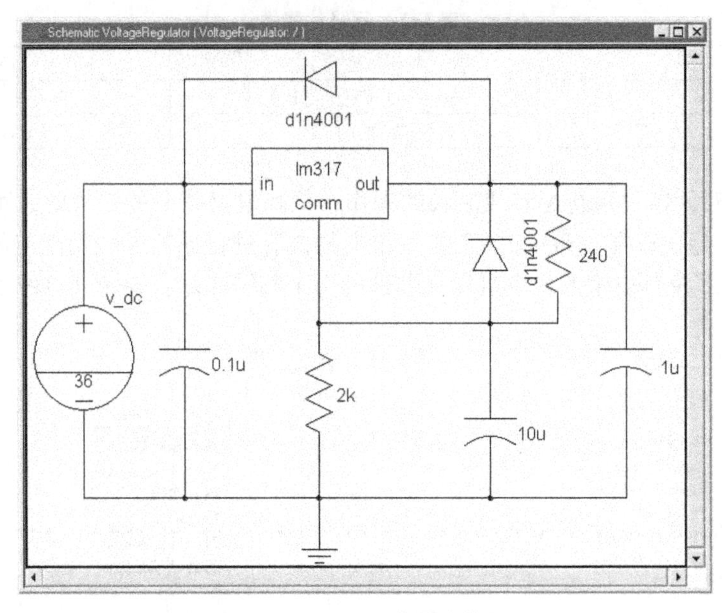

图1-10　电压调节器连接图

6. 修改导线标记属性

如果不标记导线，Saber Sketch会自动为每根导线标记名称，将鼠标停留在导线上，软件会自动显示导线名称，例如n_1。用便于阅读和理解的名称来标记导线，对于设计分析是非常有用的，而且会增加电路的可读性，导线标记如图1-11所示。

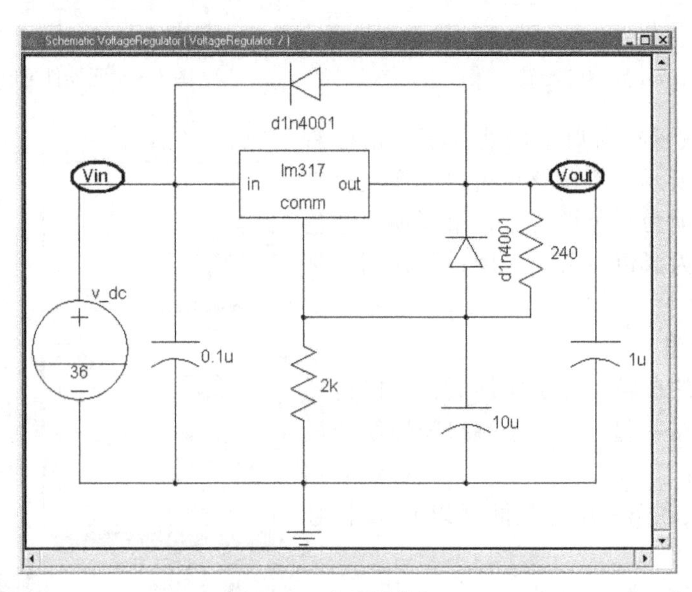

图1-11　电路导线标记

要增加图1-11所示的2个导线标记，可按如下步骤进行：

1）将光标移至所要的导线并使其改变颜色，然后双击鼠标左键弹出导线属性对话框，如图1-12所示。

2）将“Name”字段中的值改成所需要的文字串。

3）在“Display Name”选项中单击“Yes”。

4）单击“Apply”并关闭Wire Attributes对话框。

5）重复1~4步骤，直至完成所有导线标记的修改。

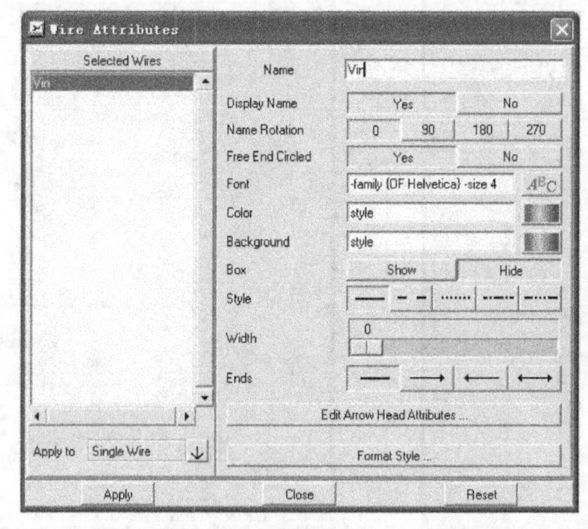

图1-12　导线属性对话框

至此，我们已拥有一个可用于分析的完整设计。

7. 电路仿真

用Saber Sketch创建好可用于仿真的设计后，便可以进入Saber Guide Simulation环境对设计进行仿真。单击工具条上的 按钮或选择“View”→“Show Guide Iconbar”，将会出现仿真工具条，如图1-13所示。

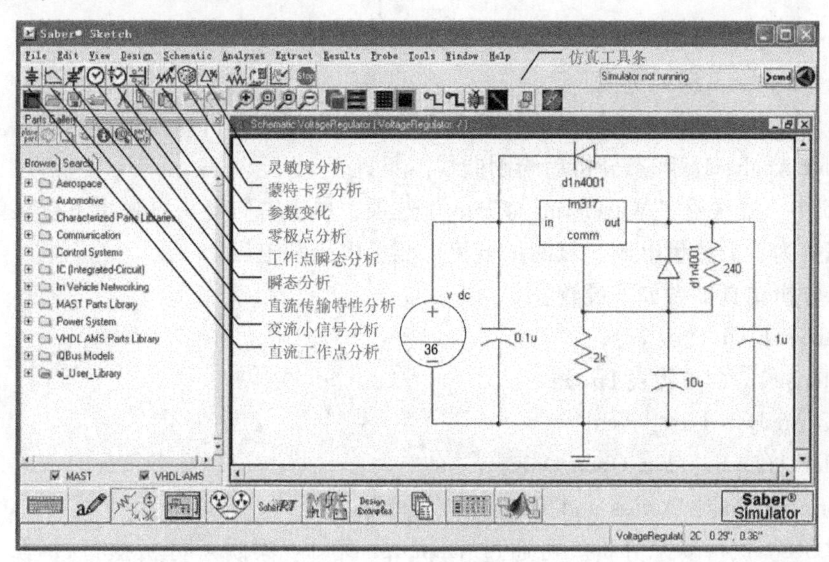

图1-13　仿真工具条

这里较常用的功能为瞬态分析，瞬态分析用于检验系统的时域特性，通常从静态工作点开始。单击⊙按钮或选择“Analysis”→“Time Domain”→“Transient”选项即可打开瞬态分析仿真器，瞬态分析仿真器的主窗口和输入输出窗口如图1-14、图1-15所示。

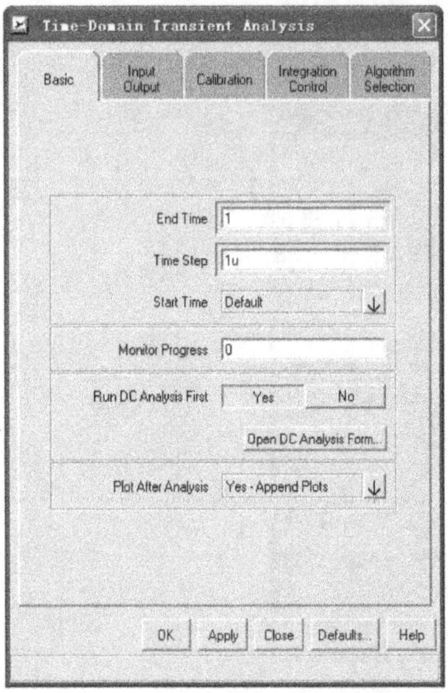

图1-14　瞬态分析仿真器的主窗口

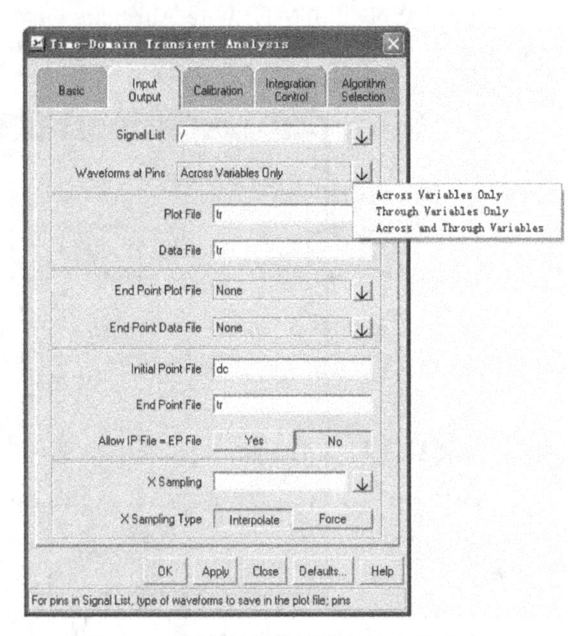

图1-15　瞬态分析仿真器的输入输出窗口

图1-14中，各参数说明如下所示：

End Time：瞬态分析的终止时间。

Time Step：起始步长，即前两次分析计算的时间间隔。所设定的只是起始步长，起始步长越小，仿真精度高。第一步计算完成后，仿真器会根据上一步运算结果，自动选择下次步长。

Start Time：仿真分析的起始时间，一般使用默认值。

Monitor Progress：监控进度。

Run DC Analysis First：求解系统的静态工作点，为其他分析提供计算初始点。

Plot After Analysis：瞬态分析后绘制曲线。

图1-15中，需关注“Waveforms at Pins”选项，单击右侧箭头可弹出下拉菜单，三个选项可分别理解为：只测量电压、只测量电流、测量电压和电流。

对瞬态分析仿真器做如下设置：

End Time：1（1代表1s）；

Time Step：1u（1u代表1μs）；

Run DC Analysis First：Yes；

Plot After Analysis：Yes-Open Only；

Waveforms at Pins：Across and Through Variables。

单击“OK”执行瞬态分析。可通过Trancript窗口观察瞬态分析执行过程，如图1-16所示。

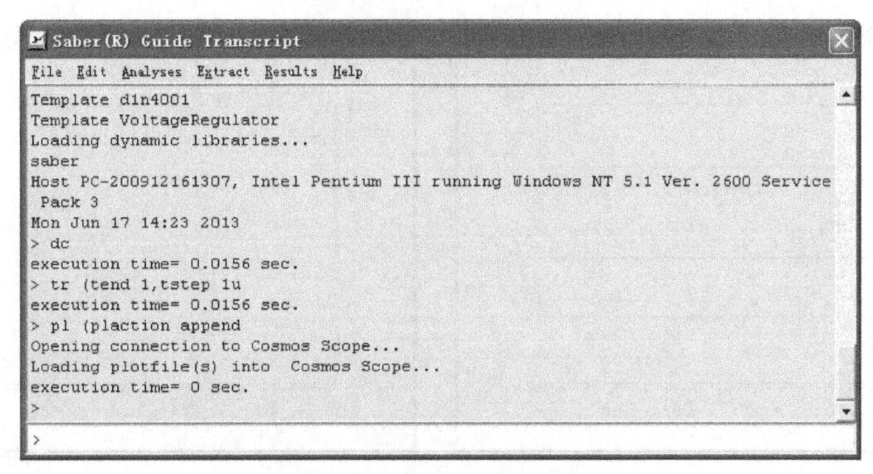

图1-16 瞬态分析执行过程

若此过程中未提示相关出错信息，系统将自动启动CosmosScope混合信号图形化波形分析器，如图1-17所示。

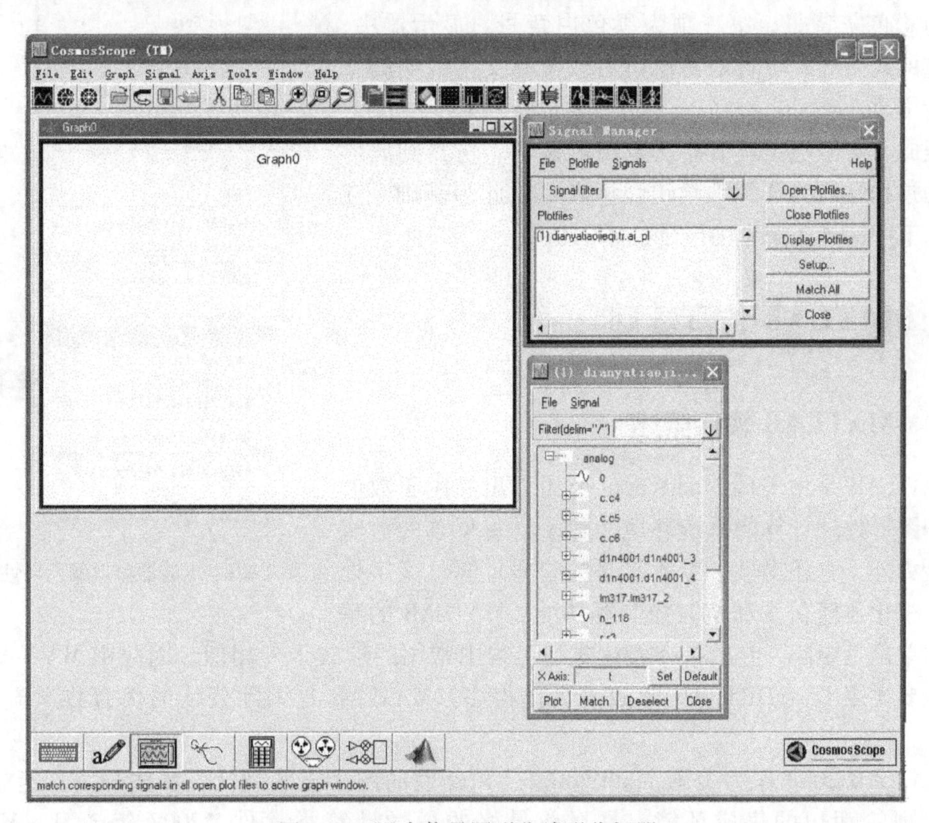

图1-17 混合信号图形化波形分析器

这里分别对输入电压和输出电压进行观测，在信号窗口中分别选择“Vin”和“Vout”并双击鼠标左键即可得到观测结果，如图1-18所示。

为了便于在同一坐标系下对各点波形进行对比，可将各波形拉至同一窗口中，操作方法为：用光标选取窗口右侧带有文字说明的直线，按下鼠标左键进行拖拽，结果如图1-19所示。

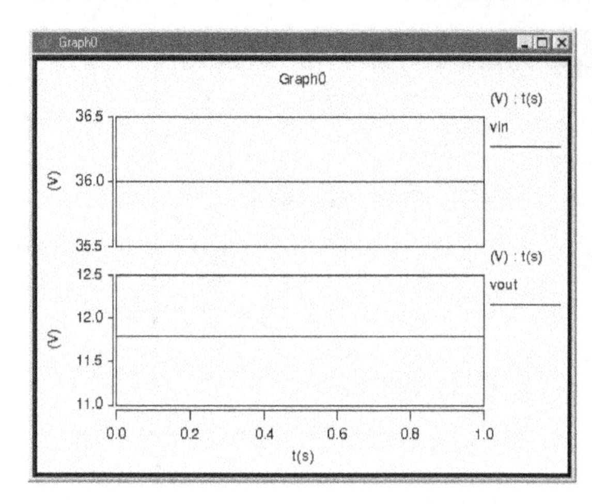

图 1-18　输入电压与输出电压观测波形

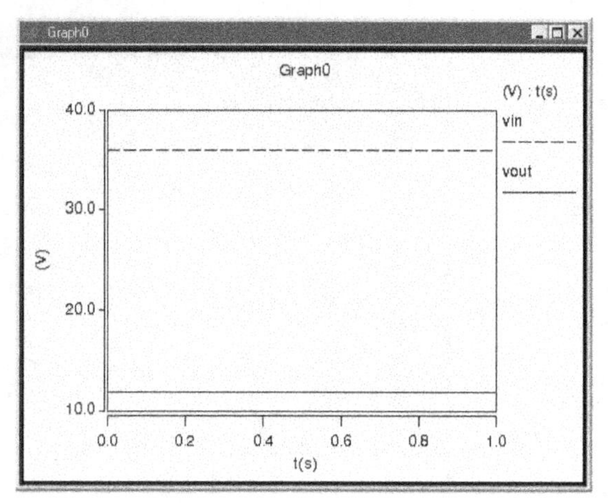

图 1-19　输入电压与输出电压对比观测波形

在空白处单击鼠标右键，通过图 1-20 中的选项可以改变示波器窗口的背景颜色。第一项为彩色黑背景，第二项为彩色灰背景，第三项为黑色白背景。显示器中，各信号的线条样式也可双击窗口右侧带有文字说明的直线进行修改。

至此，对于电压调节器从电路的建立、仿真到波形观测的过程已较为详细地给出，读者可以此为基础，在后续章节中深入了解电力电子技术的仿真。

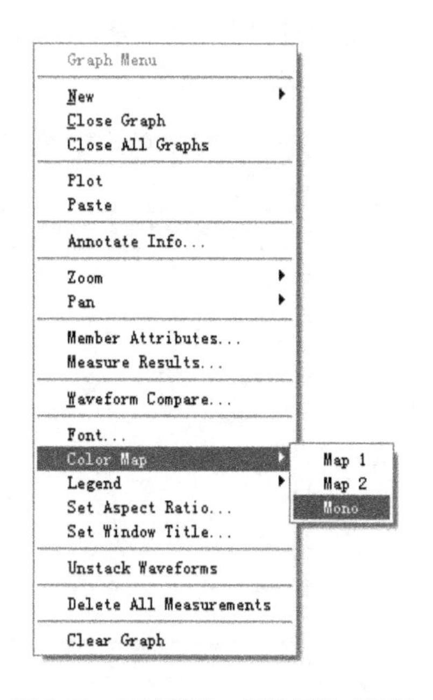

图 1-20　示波器窗口颜色属性对话框

1.2　MATLAB 仿真基础

1.2.1　MATLAB 软件概述

MATLAB 是由美国 MathWorks 公司推出的用于数值计算和图形处理计算的系统环境，除了具备卓越的数值计算能力外，它还提供了专业水平的符号计算、文字处理、可视化建模仿真和实时控制等功能。MATLAB 的基本数据单位是矩阵，它的指令表达式与工程中常用的形式十分相似，因此用 MATLAB 来解算问题要比用 C、FORTRAN 等语言简捷得多。MATLAB 是国际公认的优秀数学应用软件之一。

MATLAB 2008 作为美国 MathWorks 公司开发的用于概念设计、算法开发、建模仿真、实时实现的理想的集成环境，是目前最好的科学计算类软件，2008 年 3 月，MATLAB R2008a 正式发行，包含 Win32 和 Win64 位版。相比以前版本而言，MATLAB R2008a 不仅包括 MATLAB 和 Simulink 的新特性，同时还包含 81 个其他产品模块的升级和 bug 修正。从 R2008a 开始，MATLAB 和 Simulink 产品家族软件在安装后需要激活才能使用。R2008a 将引入 License Center 在线 License 管理的工具。

Simulink是MATLAB中的一种可视化仿真工具，是一种基于MATLAB的框图设计环境，是实现动态系统建模、仿真和分析的一个软件包，被广泛应用于线性系统、非线性系统、数字控制及数字信号处理的建模和仿真中。Simulink可以用连续采样时间、离散采样时间或两种混合的采样时间进行建模，它也支持多速率系统，也就是系统中的不同部分具有不同的采样速率。为了创建动态系统模型，Simulink提供了一个建立模型框图的图形用户接口，这个创建过程只需单击和拖动鼠标操作就能完成，它提供了一种更快捷、直接明了的方式，而且用户可以立即看到系统的仿真结果。

Simulink是用于动态系统和嵌入式系统的多领域仿真和基于模型的设计工具。对各种时变系统，包括通信、控制、信号处理、视频处理和图像处理系统，Simulink提供了交互式图形化环境和可定制模块库来对其进行设计、仿真、执行和测试。.

构架在Simulink基础之上的其他产品扩展了Simulink多领域建模功能，也提供了用于设计、执行、验证和确认任务的相应工具。Simulink与MATLAB紧密集成，可以直接访问MATLAB大量的工具来进行算法研发、仿真的分析和可视化、批处理脚本的创建、建模环境的定制以及信号参数和测试数据的定义。

Simulink产品新特性主要表现在以下几个方面：Simulink中重新设计的多平台库浏览器；Real-Time Workshop Embedded Coder中生成对AUTOSAR兼容代码；Embedded MATLAB中M-Lint代码分析仪和Simulink Design Verifier对Embedded Matlab语言子集函数生成代码进行检查；Simulink Verification and Validation提供对安全关键系统IEC 61508设计规则检查；Simulink Fixed Point提供对浮点模型的自动定点转换的指导意见；Communication Blockset针对调制、解调、编码和解码函数的定点支持；Embedded IDE Link MU作为新产品将Simulink模型生成代码并应用到Green Hills MULTI开发环境中。

MATLAB R2008a将不再支持PowerPC处理器上运行Macintosh OS X操作系统，也不支持Microsoft Windows 2000操作系统。此外，在R2008a中15个产品模块被重新命名。

本书中，电机控制系统的建模与仿真主要是在MATLAB Simulink环境下进行的，主要使用电力系统SimPower System Blockset模型库。由于与MATLAB相关的书籍较多，因此本书只介绍与电机控制系统仿真有关的内容，如果读者需要了解MATLAB的基础内容，可以参阅相关的MATLAB书籍。

1.2.2　系统仿真环境及模型库

本节将主要介绍Simulink和SimPowerSystems工具箱。Simulink工具箱的功能是在MATLAB环境下，将一系列模型框图连接起来构成复杂系统模型；电力系统工具箱（SimPowerSystems）可用于电路、电力电子、电机控制等领域的仿真。

在MATLAB文本窗口中键入“Simulink”命令或在MATLAB工具栏中单击按钮，即可进入Simulink环境，Simulink模型库浏览器如图1-21所示。

1. Simulink工具箱

Simulink工具箱包含多个模型库：Continuous、Discontinuities、Discrete、Logic and Bit Operations、Lookup Tables、Math Operations、Model Verification、Moder-Wide Utilities、Ports& Subsystems、Signal Attributes、Signal Routing、Sinks、Sources。

在本书电机系统仿真中，主要用到以下模型库：

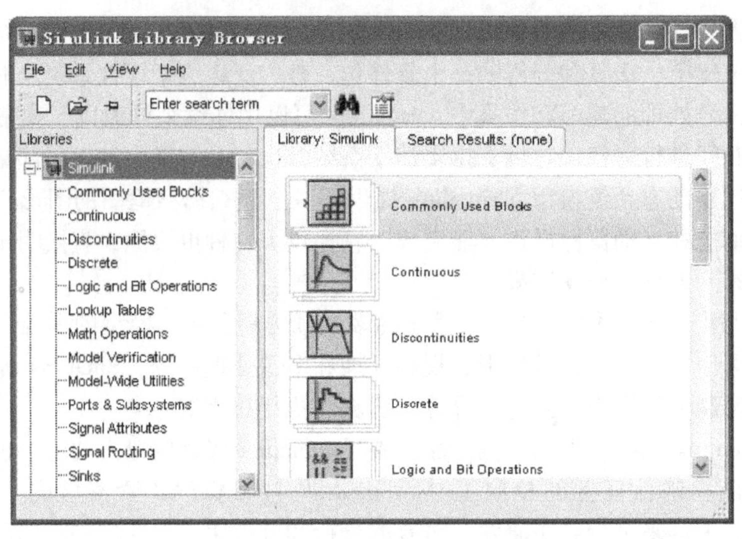

图 1-21　Simulink 模型库浏览器

（1）连续（Continuous）系统模型库　该模型库主要用来构建连续系统仿真模型，包括积分、微分、延迟模块，主要模块见表 1-3。基本模块的用途和使用方法可查阅相关资料。

表 1-3　连续系统模块

模块	du/dt	$\frac{1}{s}$	x' = Ax+Bu y = Cx+Du	$\frac{1}{Ts+1}$
含义	微分运算	积分运算	状态方程	惯性环节
模块		To	Ti	$\frac{(s-1)}{s(s+1)}$
含义	传输延迟	可变延时	可变延迟	零极点传递函数

（2）数学运算（Math Operations）模型库　该模型库主要用来完成各种数学运算，包括复数计算、逻辑运算等。主要模块见表 1-4。

表 1-4　数学运算模块

模块	|u|	+ +	f(z) Solve f(z)=0 z	Y0 U A Y	u+0.0
含义	绝对值	加法运算	代数环限制	赋值	偏置
模块	|u| ∠u	Re Im	÷	•	1
含义	复数模和辐角	输出是复数 实部与虚部	除法运算	点积运算	增益放大

（续）

模块	|u| ∠u	e^u	2	min	I R min(u,y)Y
含义	模和辐角用复数表示	数学函数	矩阵级联	极值	带复位功能
模块	P[2,1]	P(u) O(P) = 5	×		Re Im
含义	数组排列	矩阵多项式运算	乘法运算	元素乘法运算	由实部与虚部求复数
模块	U(:)	floor		t	1
含义	矢量、矩阵运算	四舍五入运算	取输入信号的符号	正弦函数	滑动增益
模块	Squeeze	+ −	+ +	Σ	sin
含义	推挤	减法运算	求和运算	元素求和运算	三角函数运算
模块	-u				
含义	对输入取反	向量级联			

（3）信号传输（Signal Routing）模型库　该模型库主要用于信号的传输，包括合成信号的分解、多个信号的合成、信号的选择输出等。主要模块见表 1-5。

表 1-5　信号传输模块

模块	Bus Bus := signal	Bus Bus := signal		A	A
含义	总线信号重组	总线输入	总线输出	数据存储器	读数据
模块	A		Sim RTW Out	[A]	[A]
含义	写数据	信号分解	环境控制器	接收信号	发送信号
模块	{A}			Merge	
含义	连接 Goto 和 From 模块	索引向量	手动开关	输入信号合并	多路开关

（续）

模块			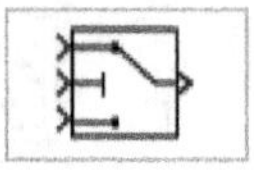		
含义	信号合成	选择器	开关		

（4）接收器（Sinks）模型库　该模型库主要用于信号的观测和记录，包括示波器等。主要模块见表 1-6。

表 1-6　仪表模型

模块			1		STOP
含义	数字显示	浮动示波器	输出端口	示波器	满足条件停止仿真
模块		untitled.mat	simout		
含义	信号终端	将信号写入文件	写信号到工作空间	X/Y 轴变量绘图	

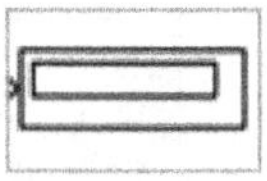

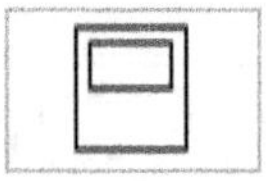

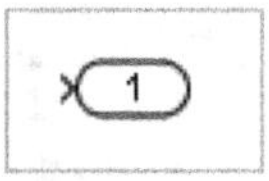

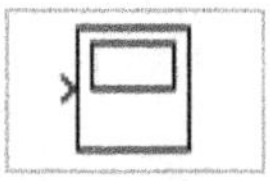

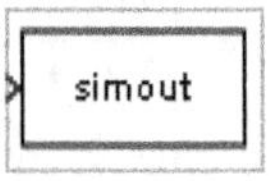

（5）信号源（Sources）模型库　该模型库主要用于为系统提供各种激励信号，包括脉冲发生器、正弦波信号等。主要模块见表 1-7。

表 1-7　信号源模块

模块				1	
含义	有带宽限制的白噪声	频率变化的正弦波信号	时钟信号	常量	自运行计数器
模块	lim	12:34	untitled.mat	simin	
含义	有限计数器	数字时钟	从 . mat 文件中读数据	从工作空间读信号	接地信号
模块	1				
含义	输入端口	脉冲发生器	斜坡信号	随机信号	锯齿波信号
模块	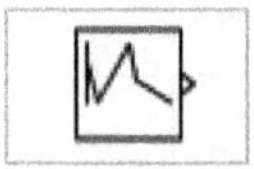	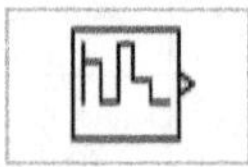	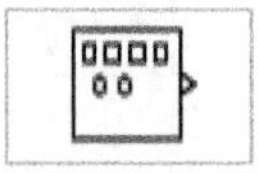	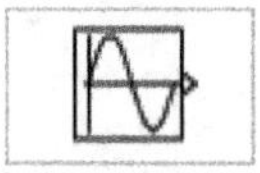	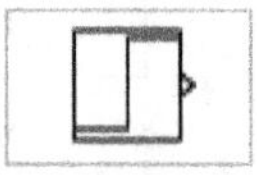
含义	可重复的任意信号	可重复的阶梯信号	信号发生器	正弦波信号	阶梯信号

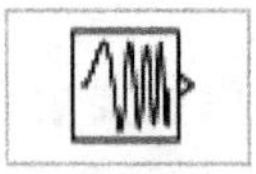

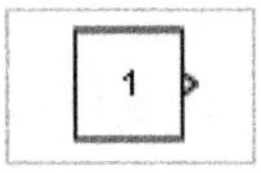

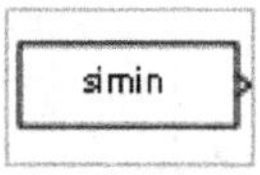

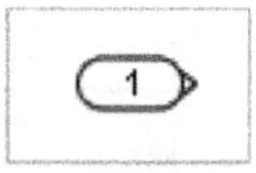

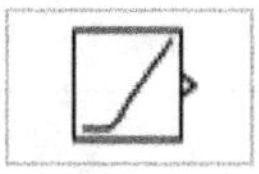

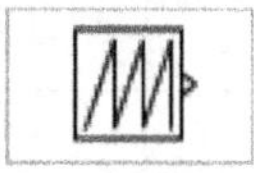

2. SimPowerSystems 模型库

电力系统模型库专门用于 *RCL* 电路、电力电子、电机控制和电力系统仿真。模型库中包含了各种电源、电子元器件及测量工具。由电力系统模型库组成的电路及系统可以与 Simulink 控制单元连接，以观察不同控制算法下系统的性能。

电力系统模型库包含多个模型组，这里主要介绍与电力电子及电机控制相关的模型库。

（1）电源（Electrical Sources）模型库　该模型库主要用于为系统提供各种电源，包括直流电压源、交流电压源、交流电流源、受控电压源等。主要模块见表 1-8。

表 1-8　电源模块

模块	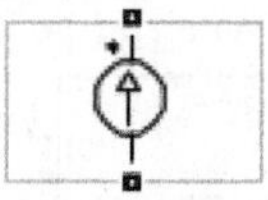	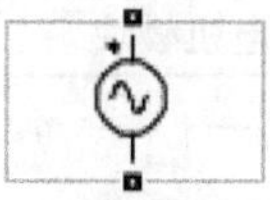		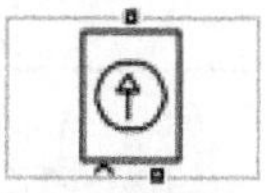
含义	交流电流源	交流电压源	电池	可控电流源
模块		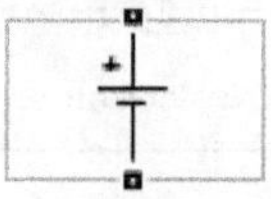	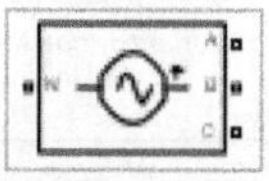	
含义	可控电压源	直流电压源	三相可编程电压源	三相电源

（2）元器件（Elements）模型库　该模型库主要包括电阻、电容、电感、三相元器件、变压器等。主要模块见表 1-9。

表 1-9　元器件模块

模块	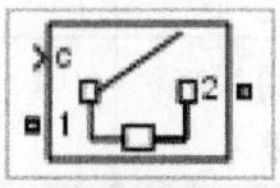	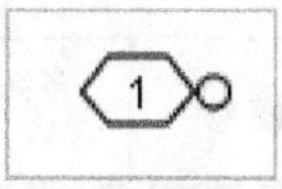	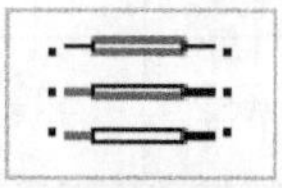	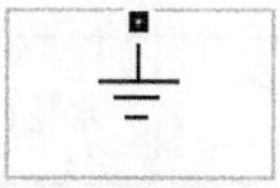	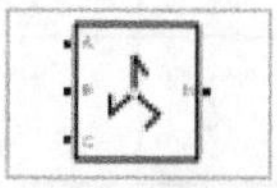
含义	断路器	连接端口	分布参数传输线	接地	接地变压器
模块			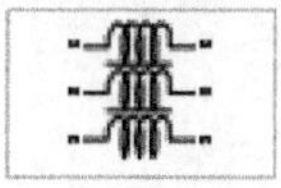	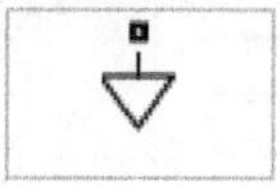	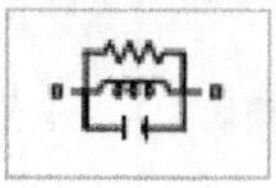
含义	线性变压器	多绕组变压器	互感线圈	中性点	*RLC* 并联电路
模块	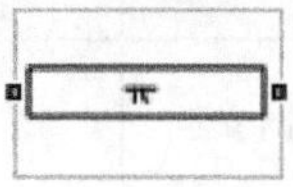				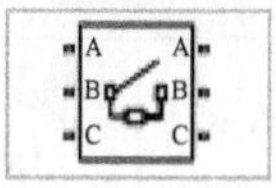
含义	∏形参数传输线	饱和变压器	*RCL* 串联电路		
模块	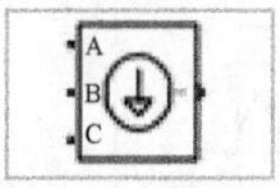	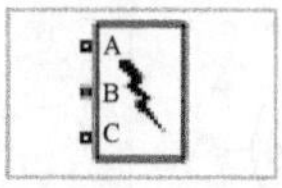	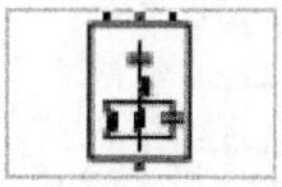	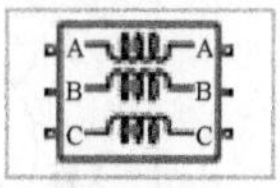	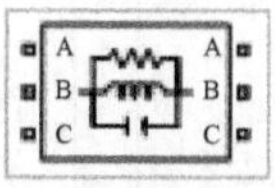
含义	压敏电阻	三相短路器	三相动态负载	三相短路故障	三相滤波器
模块	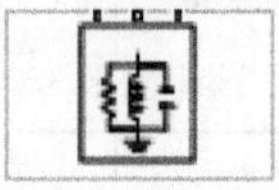	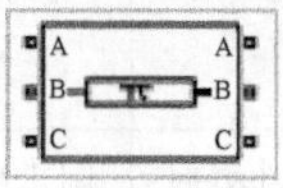	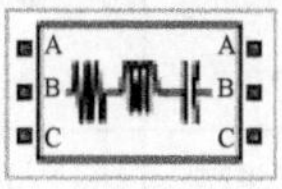		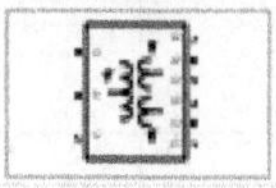
含义	三相互感线圈	三相 *RLC* 并联电路	三相 *RLC* 并联负载	三相∏形参数传输线	三相 *RLC* 串联电路

（续）

模块					
含义	三相 *RLC* 串联负载	三相变压器 （二次侧三组绕组）	三相变压器 （二次侧两组绕组）	12 端子三相 变压器	

（3）电机（Machines）模型库　该模型库提供了直流电机、异步电机、同步电机等模型。模型库中还包含一个电机测量单元，用来观测电机的运行参数。主要模块见表 1-10。

表 1-10　电机模块

模块	Asynchronous Machine pu Units	Asynchronous Machine SI Units	DC Machine		Excitation System
含义	异步电机 （标幺值单位）	异步电机 （标准单位）	直流电机	离散直流电机	激励系统
模块	Generic Power System Stabilizer	Hydraulic Turbine and Governor			Permanent Magnet Synchronous Machine
含义	通用电力系统 稳定器	水轮机及调节器	电机测量模型	多频段电力系统 稳定器	永磁同步电机
模块	Simplified Synchronous Machine pu Units	Simplified Synchronous Machine SI Units	Single Phase Asynchronous Machine	Steam Turbine and Governor	Stepper Motor
含义	同步电机简化模型 （标幺值单位）	同步电机简化模型 （标准单位）	单相异步电机	汽轮机及调节器	步进电动机
模块	Switched Reluctance Motor	Synchronous Machine pu Fundamental	Synchronous Machine pu Standard	Synchronous Machine SI Fundamental	
含义	开关磁阻电动机	同步电机基本模型 （标幺值单位）	同步电机标准模型 （标幺值单位）	同步电机基本模型 （标准单位）	

（4）测量（Measurements）模型库　该模型库主要用于电压、电流、阻抗的测量。主要模块见表1-11。

表1-11　测量模块

模块	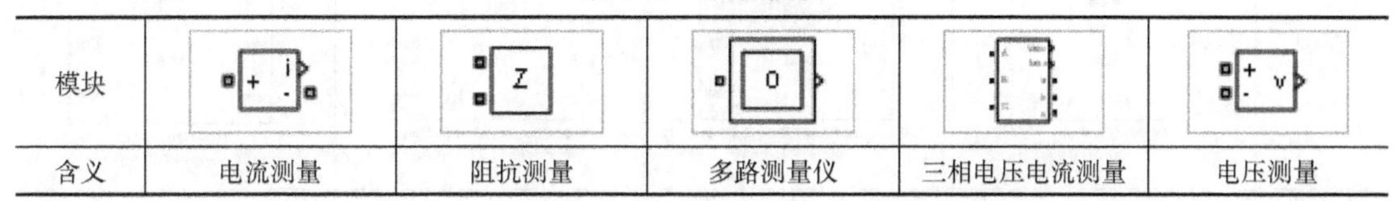				
含义	电流测量	阻抗测量	多路测量仪	三相电压电流测量	电压测量

（5）电力电子器件（Power Electronics）模型库　该模型库包含了常用的电力电子器件，如二极管、晶闸管、金属氧化物半导体场效应晶体管、绝缘栅双极晶体管等。主要模块见表1-12。

表1-12　电力电子器件模块

模块					
含义	精细晶闸管模型	二极管	门极可关断晶闸管	理想开关	绝缘栅双极晶体管（IGBT）
模块					
含义	有寄生二极管的绝缘栅双极晶体管	金属-氧化物半导体场效应晶体管（MOSFET）	三电平逆变器	晶闸管	多功能桥式电路

在应用（Application）模型库中有3个子模型库，这里对电力拖动（Electric Drives）模型库做简要说明。电力拖动模型库中包含交流调速、直流调速、额外电源和机械轴减速机。交流调速系统、直流调速系统模型见表1-13、表1-14。

表1-13　交流调速系统模型

模型	AC7 Brushless DC Motor Drive	AC4 DTC Induction Motor Drive	AC3 Field-Oriented Control Induction Motor Drive	AC6 PM Synchronous Motor Drive
含义	无刷直流电动机调速系统	直接转矩控制感应电动机调速系统	磁场定向控制感应电动机调速系统	永磁同步电动机调速系统
模型	AC5 Self-Controlled Synchronous Motor Drive	AC1 Six-Step VSI Induction Motor Drive	AC2 Space Vector PWM VSI Induction Motor Drive	
含义	自控型同步电动机调速系统	六节拍感应电动机调速系统	空间矢量脉宽调制感应电动机调速系统	

表 1-14　直流调速系统模型

模型	SP Tm Vcc Gnd Motor Conv. Ctrl Wm DC7 Four-Quadrant Chopper DC Drive	SP Tm A+ A- Motor Conv. Ctrl Wm DC2 Four-Quadrant Single-Phase Rectifier DC Drive	SP Tm A B C Motor Conv. Ctrl Wm DC4 Four-Quadrant Three-Phase Rectifier DC Drive	SP Tm Vcc Gnd Motor Conv. Ctrl Wm DC5 One-Quadrant Chopper DC Drive
含义	四象限斩波控制直流调速系统	四象限单相整流器直流调速系统	四象限三相整流器直流调速系统	一象限斩波控制直流调速系统
模型	SP Tm Vcc Gnd Motor Conv. Ctrl Wm DC6 Two-Quadrant Chopper DC Drive	SP Tm A+ A- Motor Conv. Ctrl Wm DC1 Two-Quadrant Single-Phase Rectifier DC Drive	SP Tm A B C Motor Conv. Ctrl Wm DC3 Two-Quadrant Three-Phase Rectifier DC Drive	
含义	两象限斩波控制直流调速系统	两象限单相整流器直流调速系统	两象限三相整流器直流调速系统	

1.3　Saber 与 Simulink 联合仿真基础

Saber 可以与 Simulink 实现联合仿真，在联合仿真过程中以 Saber 为主机，调用 Simulink 模型，两个仿真软件以固定时间步长交换数据。运用 Saber 与 Simulink 进行联合仿真的关键在于对两个软件间接口的定义。本节将通过具体实例介绍如何利用 Saber 与 Simulink 实现联合仿真。

本书使用 Saber2008 版本以及 MATLAB R2008a 版本。整体联合仿真的过程按下列步骤进行：

1. 在 Saber 中安装与 Simulink 匹配的 Cosim 文件

在 Saber Sketch 中单击按钮，打开 SaberSimulinkCosim Tool 对话框，如图 1-22 所示。

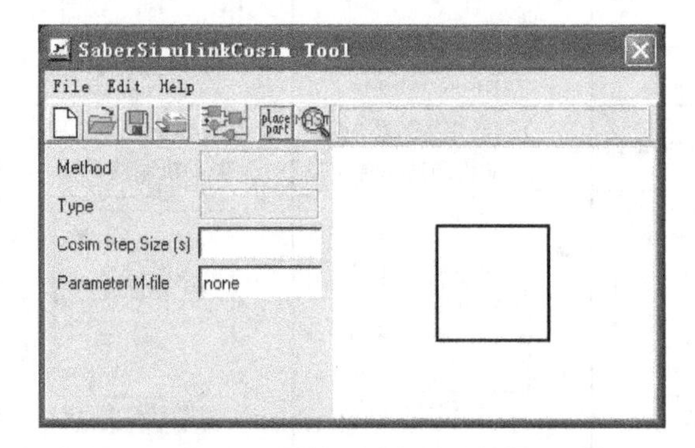

图 1-22　SaberSimulinkCosim Tool 对话框

选择“File”→“Install Cosim Files”命令，出现如图1-23所示对话框。

选择“Simulink7.1（MATLAB 2008a）”并单击“Next”按钮，出现如图1-24所示对话框。

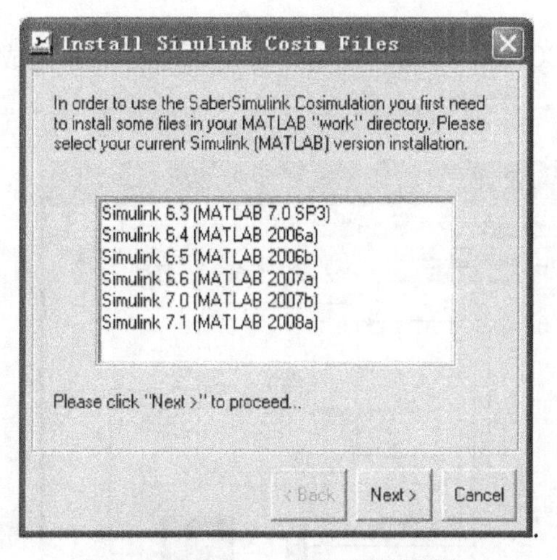

图1-23　Simulink版本选择对话框

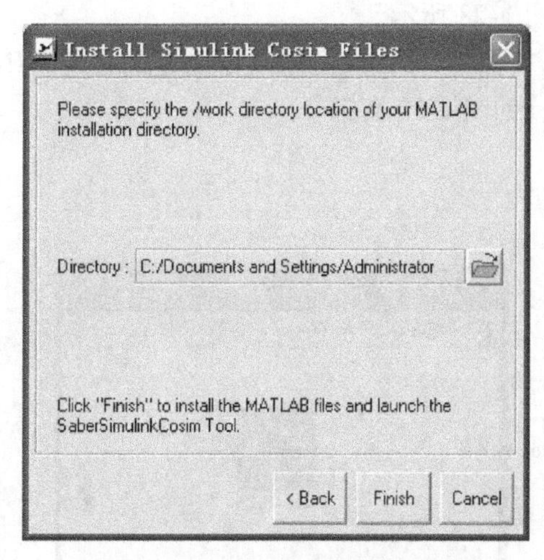

图1-24　Cosim文件安装目录

图1-24为Cosim文件安装目录，将文件安装在MATLAB下的work目录中，安装路径为C:\Program Files\MATLAB\R2008a\work（MATLAB默认安装路径），若安装路径改变，则以实际路径为准，单击“Finish”。此时所需要的文件已经安装在了该目录下，如图1-25所示。

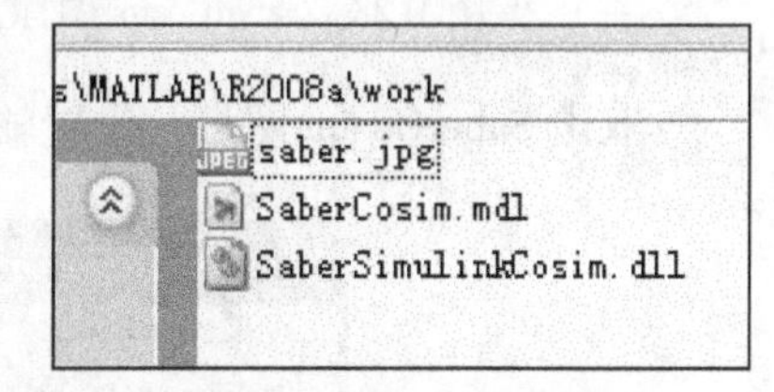

图1-25　Cosim文件

2. 在Simulink中设置输入输出接口

本书以Saber自带的模型为例来介绍与MATLAB软件的联合仿真。模型位于Synopsys\B-2008.09-SP1\Saber\lib\tool_model\Simulink2SaberRTWexport_Matlab2008a\power_window目录下。

启动Simulink，打开该目录下的WIND_ CONTROLLER.mdl文件，如图1-26所示。

对该图进行修改，并另存为WIND_CONTROLLER_Cosim.mdl文件，如图1-27所示。

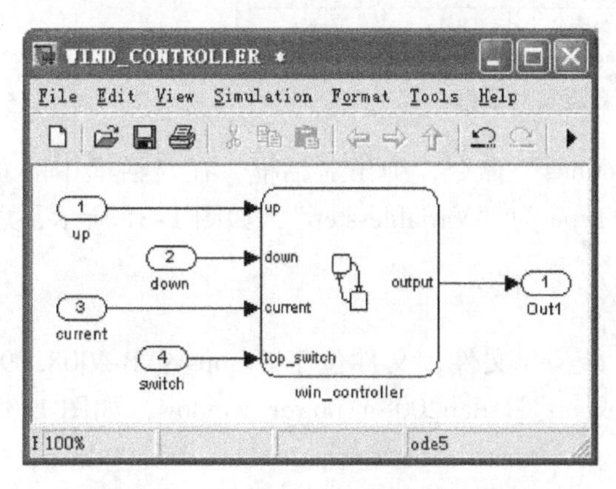

图1-26　WIND_ CONTROLLER模型

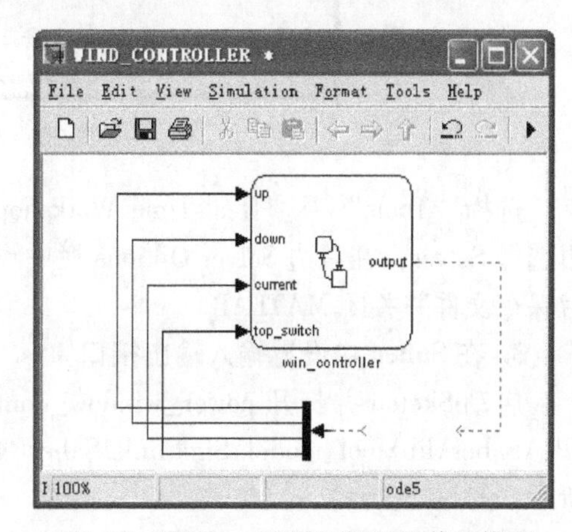

图1-27　WIND_ CONTROLLER修改模型

在该模型中增加了信号分解模块，并将其输出端口个数改为4，其路径为Simulink\Signal Routing\Demux。

在Simulink中打开SaberCosim. mdl文件，该文件位于MATLAB安装目录下的work目录，如图1-28所示。

将SaberCosim图标以拖拽方式放入WIND_CONTROLLER_Cosim. mdl原理图中并完成连线，如图1-29所示。

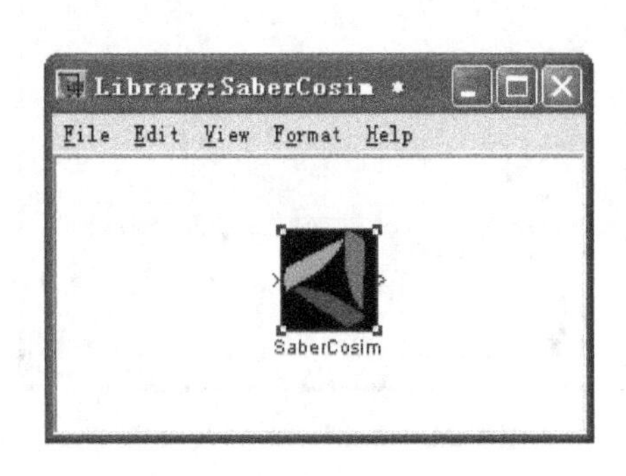

图1-28　SaberCosim图标

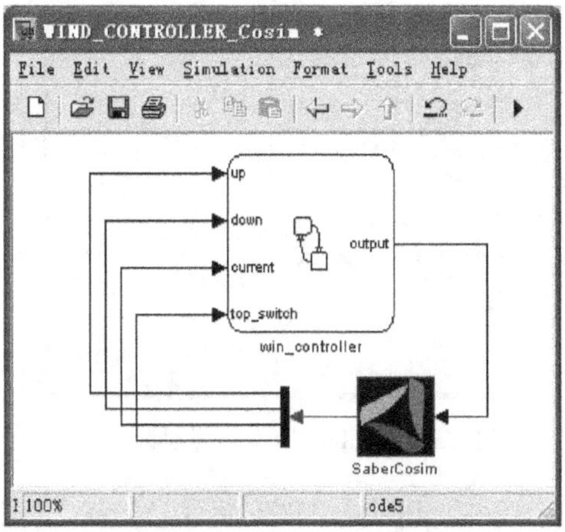

图1-29　输入、输出接口模型

双击SaberCosim图标，设置输入、输出端口数，如图1-30所示。

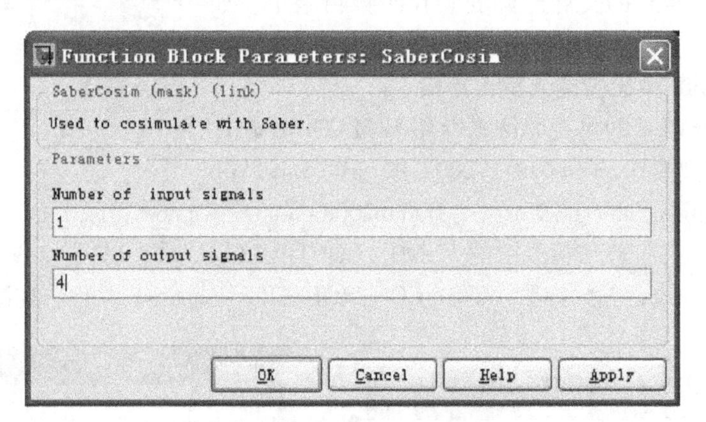

图1-30　端口数设置对话框

选择“Tools”→“Real-Time Workshop/Options”命令，弹出对话框，在对话框中的左边选择Solver，在右边Solver Options栏中设置Type为“Variable-step”，如图1-31所示，之后保存文件并关闭MATLAB。

3. 在Saber中设置输入输出接口

启动Sketch并打开power_window_control. ai_sch文件，文件位于Synopsys\B-2008. 09-SP1\Saber\lib\tool_model\Simulink2SaberRTWexport_Matlab2008a\power_window，如图1-32所示。

在Sketch中启动SaberSimulinkCosim Tool，并在其界面中选择“File”→“Import Simu-

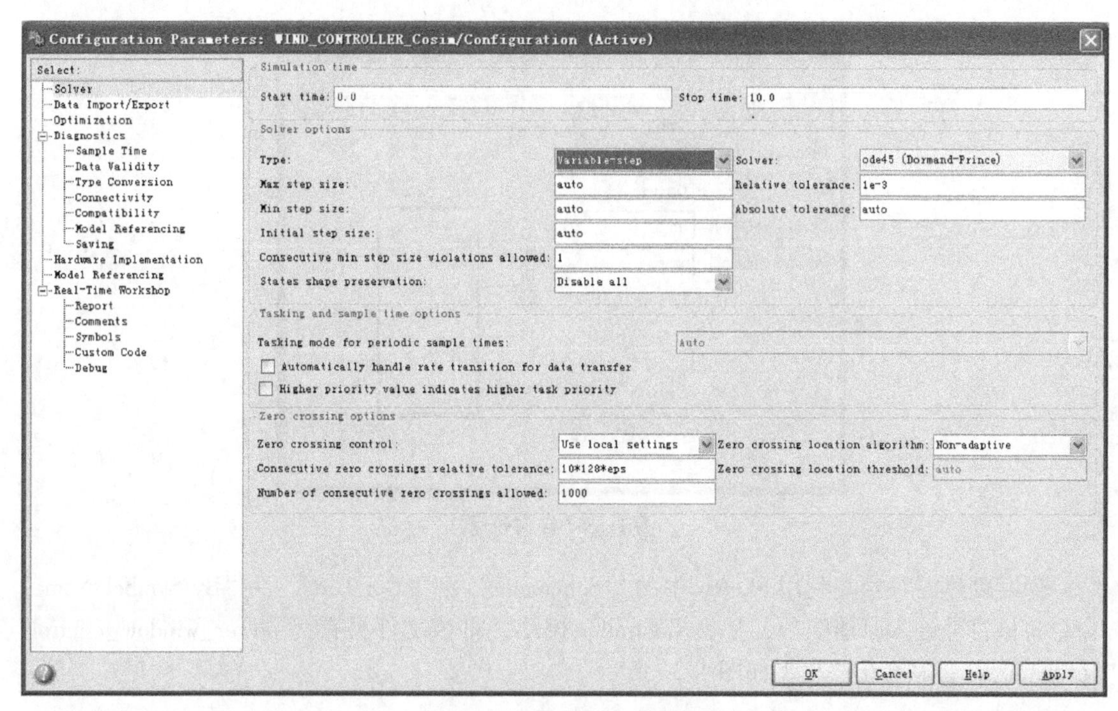

图 1-31　参数设置对话框

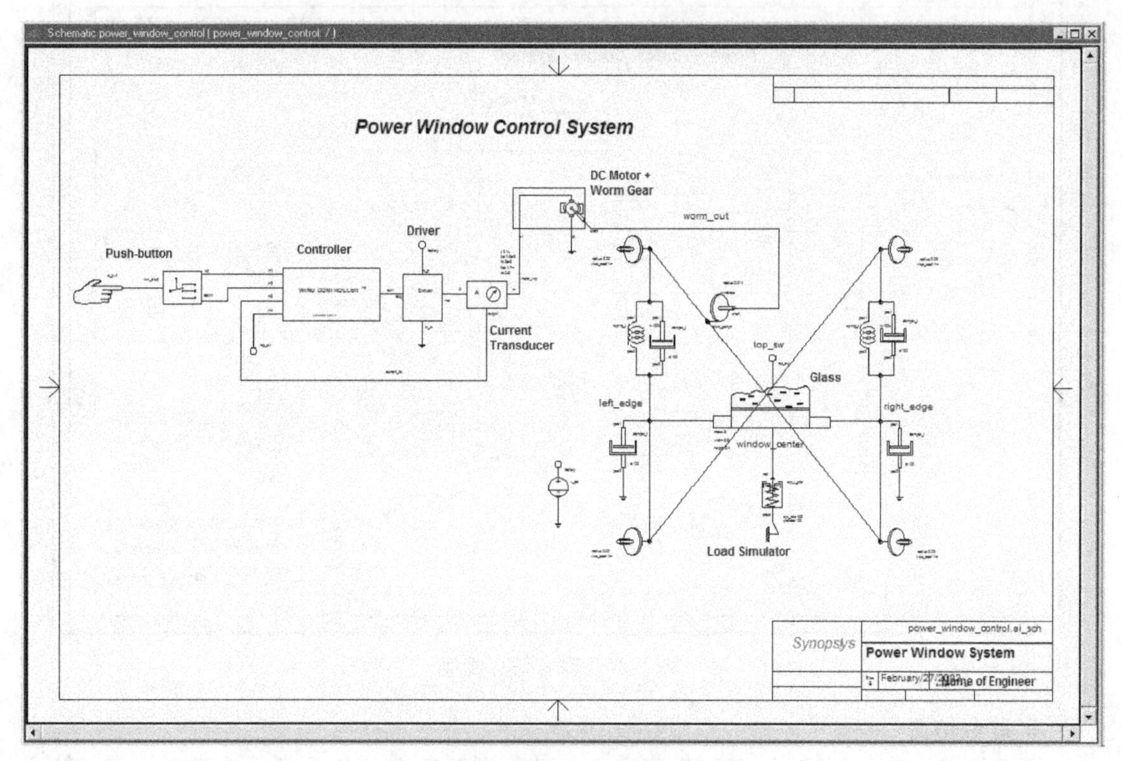

图 1-32　Power Window Control 模型

link”命令，在弹出的对话框中选择 WIND_CONTROLLER_Cosim. mdl 文件，SaberSimulink-Cosim Tool 会自动为该 MATLAB 模型建立相关 Saber 符号，如图 1-33 所示。

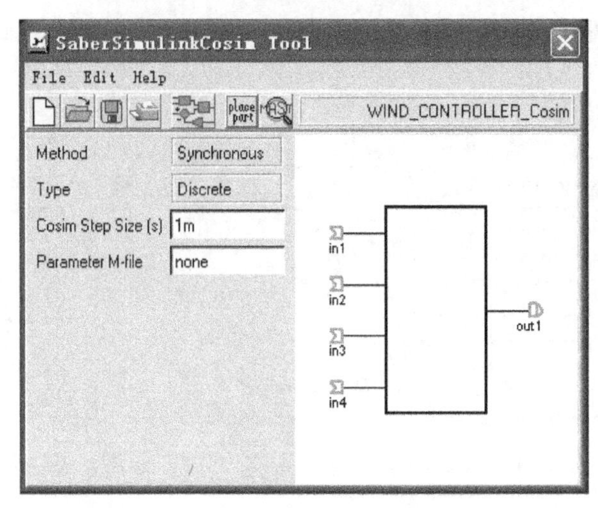

图 1-33　接口符号

保存创建的符号并利用 Sketch 中的 “Schematic” → “Get Part” → “By Symbol Name” 命令将该符号放入原理图中，替换 Controller 模块，将该文件另存为 power_window_control_cosim. ai_sch。联合仿真模型如图 1-34 所示。

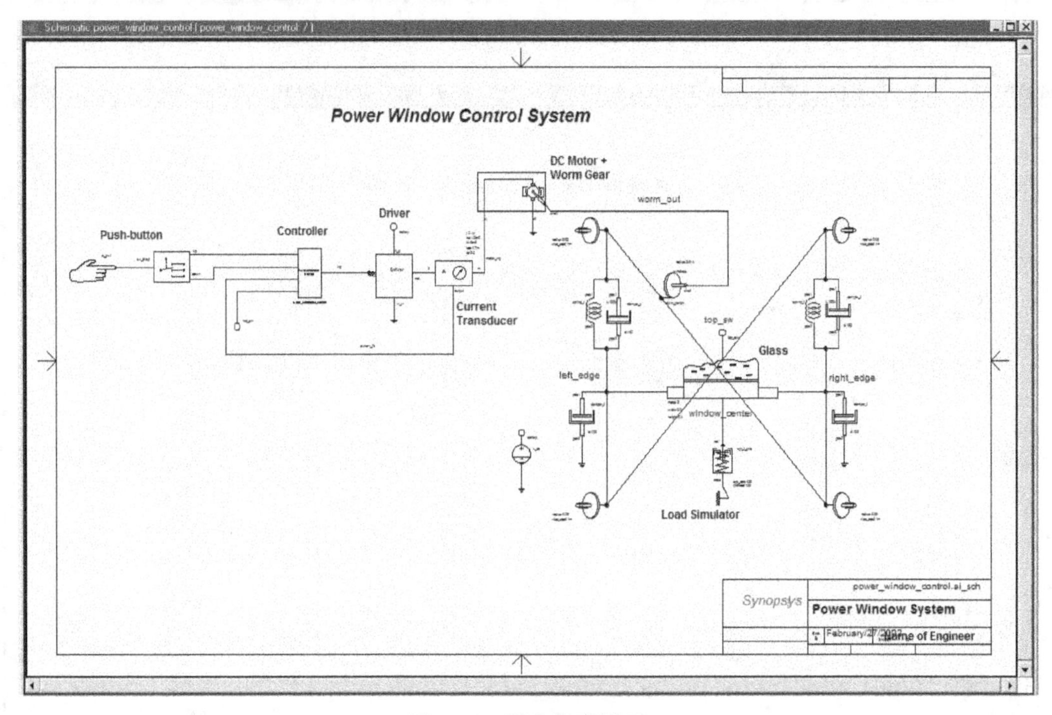

图 1-34　联合仿真模型

4. 联合仿真

联合仿真与 Saber 单独仿真的步骤完全一致，设置瞬态分析参数，对模型进行瞬态分析。如果联合仿真模型创建无误，执行瞬态分析后，系统将自动启动 MATLAB 及 CosmosScope，如图 1-35 所示。

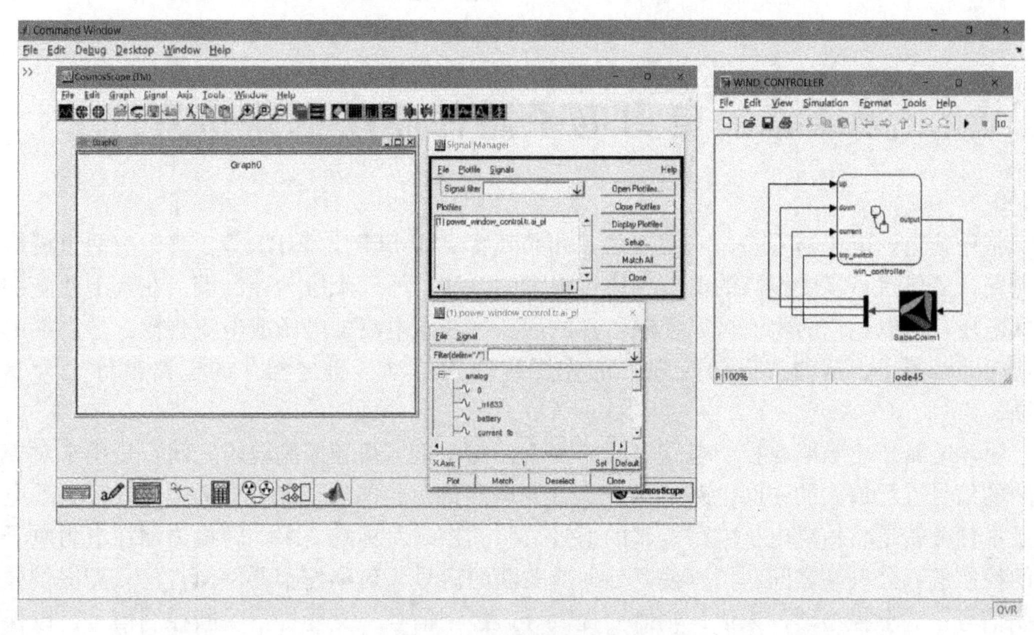

图 1-35　联合仿真执行窗口

利用 CosmosScope 对模型中部分引脚电压进行测量，测量结果如图 1-36 所示。

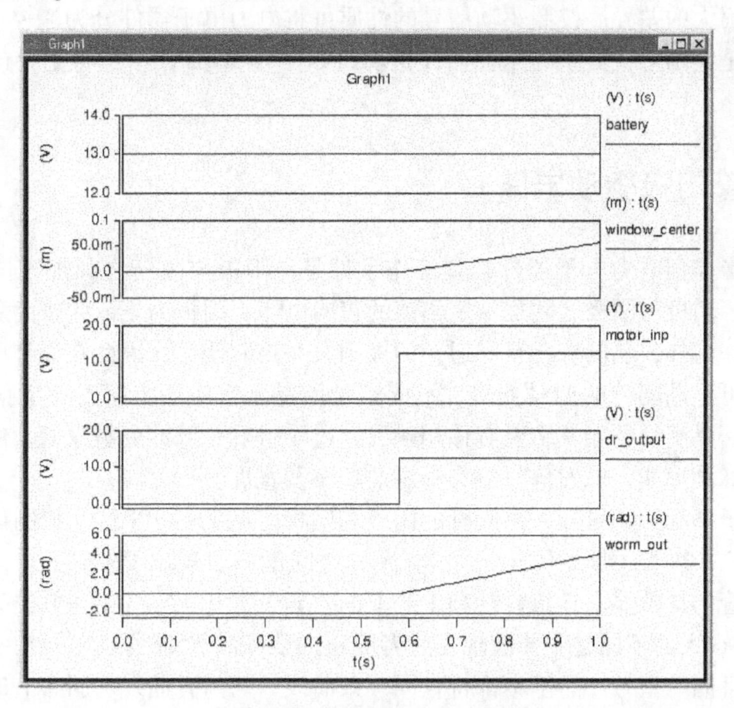

图 1-36　联合仿真测量结果

从整个 Saber 与 Simulink 联合仿真的过程来看，关键是要合理地定义 Saber 和 Simulink 的接口，把握好这个环节，协同仿真就能正常工作了。在整个协同仿真过程中，Saber 作为主机调用 Simulink，从仿真设置到观察结果都可以在 Saber 环境中完成，Simulink 只是做后台运行和处理。

第2章　电力电子器件驱动电路仿真

常用的电力电子器件多为三端器件，如晶闸管、MOSFET、IGBT等，其中有两个极接入主电路，工作时可承受很高的电压和通过很大的电流。另一个极为控制端，在其上面施加一定的电压或通以适当的电流可以控制器件的通断。与主电路的电压或电流相比，控制端的电压或电流都很小，这种“以弱控强”的作用称之为驱动，与之相关的电路被称之为驱动电路。

驱动电路是主电路与控制电路之间的接口，位于主电路和控制电路之间，是用来对控制电路的信号进行放大的中间电路（即放大控制电路的信号能够驱动功率晶体管）。驱动电路的基本任务就是将信息电子电路传来的信号按照其控制目标的要求，转换为加在电力电子器件的控制端和公共端之间，可以使其导通或关断的信号。对半控型器件而言，只需提供导通控制信号；对全控型器件来说，则既要提供导通控制信号，又要提供关断控制信号，以保证器件按要求可靠导通或关断。

电力电子器件的结构和性能各不相同，对驱动信号的要求也不一样，这使得各种器件的驱动电路存在很大的差异。按照驱动信号的性质可将电力电子器件分为流控型和压控型，典型的流控器件是晶闸管，典型的压控器件是MOSFET和IGBT，本章将主要讨论以上三种元器件的驱动电路。

2.1　晶闸管门极驱动电路

晶闸管为半控型电力电子器件，其工作条件是：阳极与阴极之间加正向电压，阳极为正、阴极为负；门极与阴极之间加一定幅值的正向电压，门极为正、阴极为负，同时形成一定的门极电流。另外，晶闸管一旦导通，门极则失去控制能力，因此在设计驱动电路时只考虑导通控制即可。晶闸管的型号众多，不同类型的晶闸管应用电路对驱动信号有不同的要求。总结起来，晶闸管的触发主要有移相触发、过零触发、脉冲列触发等。触发信号可以是交流、直流或脉冲形式，触发信号应有一定的功率及宽度。

由电力电子基础知识可知，晶闸管的门极和阴极之间为一PN结，控制信号相当于给这个PN结施加正向电压，那么电压U_{GK}和电流I_G之间就应表现出PN结正向特性的关系。但是，由于晶闸管的特殊要求导致设计和工艺上的差异，上述PN结和一般作为二极管使用的PN结的特性有很大的不同，主要表现在后者的正向伏安特性曲线基本上是一条斜率很大的指数曲线，并且同一型号产品基本都符合同一条曲线；而前者曲线的斜率有时会很小，且即使同一型号同一批量的产品，个别器件之间特性也存在很大的差异。

在对门极施加驱动信号时，为保证晶闸管的安全，驱动信号的幅度受到最大门极电压U_{GM}、最大门极电流I_{GM}和最大门极功耗P_{GM}的限制，为保证晶闸管可靠“触发”导通，门极电压和门极电流要具有一定的强度，手册中通常表示为门极可靠触发电压U_{GT}和门极可靠触发电流I_{GT}。

在实际应用中，希望触发电流I_G有以下特点：脉冲前沿陡峭，并且脉冲刚开始的一段时间有较大的幅度，这样有利于晶闸管的快速导通；随后I_G下降到一个较小的数值并维持到脉冲结束，这样有利于减少门极及驱动电路的功耗。另外，由于晶闸管的阴极与强电回路连接，电压很高，而驱动电路为电压很低的电子线路，一般要将两者进行电气隔离，通常采用脉冲变压器或光耦合器。

2.1.1　光耦合器触发电路

光耦合器是以光为媒介传输电信号的一种电—光—电转换器件。它由发光源和受光器两部分组成。把发光源和受光器组装在同一密闭的壳体内，彼此间用透明绝缘体隔离。发光源的引脚为输入端，受光器的引脚为输出端，常见的发光源为发光二极管，受光器为光敏二极管、光敏晶体管等。

（1）建立仿真模型　建立触发单相半波可控整流器的光耦合电路。R1 用来限制晶闸管门极触发电流，二极管用来阻止反向电流通过门极，稳压管用来限制光敏晶体管的工作电压。电路在晶闸管阳极承受正向电压时，光耦合器控制内部晶体管导通，从而形成晶闸管正向触发电流。在 Saber 仿真平台上菜单栏中单击图标出现 Parts Gallery 对话框，在库中逐级打开元器件库，选取合适的元器件将其放置在仿真平台上，如图 2-1 所示。

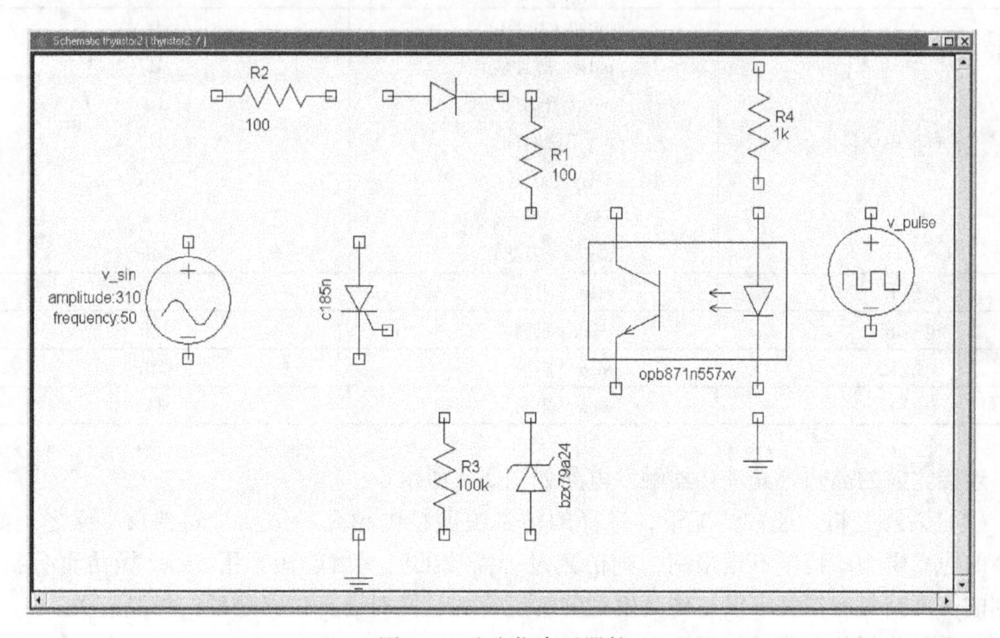

图 2-1　选取仿真元器件

电路中，各元器件的名称及提取路径见表 2-1。正弦波电源及脉冲电压源选择理想电源即可，稳压管的稳压参数需要按照实际电路的要求选取。在 Saber 的模型库中，稳压管模型按照不同的电压等级进行划分，基本涵盖了电路设计所需的全部类型。

表 2-1　元器件提取路径

元器件名称	提取路径
正弦波电源	Power System\Source，Power& Ground\Electrical Sources\Voltage Sources\Voltage Sources，Sine

（续）

元器件名称	提取路径
脉冲电压源	Power System\Source, Power& Ground\Electrical Sources\Voltage Sources\Voltage Sources, Pulse
光耦合器	MAST Part Library\Optical Fiber Commun. Blocks\Optocoupler Components\opb871n557xv
稳压管	Power System\Semiconductor Devices\Diodes\Diodes (Zener) Components\20-25 Volts\bzx79a24
晶闸管	Power System\Semiconductor Devices\Thyristors\SCR Components\c185n
二极管	Power System\Semiconductor Devices\Diodes\Diode
电阻	Power System\Passive Elements\Resistors\Resistor(I)
参考地	Power System\Source, Power& Ground\Power& Ground\Ground (Saber Node 0)

（2）元器件参数设置　在进行电路仿真之前，需要合理设置电路中各元器件的参数，各元器件属性设置见表2-2。这里设置电源与脉冲电压源同频率，脉冲电压源有30°的延时。参数中，时间单位为ms（毫秒），这里用m来表示。

表2-2　元器件属性

元器件名称	属性名	值
电源	amplitude（幅值）	310V
	frequence（频率）	50Hz
脉冲电压源	initial（初始值）	0
	pulse（脉冲值）	15
	tr（上升时间）	1u
	tf（下降时间）	1u
	delay（延迟）	5m/3
	width（脉冲宽度）	3m
	period（周期）	20m
电阻R1	rnom（阻值）	100
电阻R2	rnom（阻值）	100
电阻R3	rnom（阻值）	100k
电阻R4	rnom（阻值）	1k

连接完成的晶闸管光耦合器触发电路如图2-2所示。

（3）瞬态分析　通常情况下，选择的仿真模型精度越高，仿真时间越长。反之，如果选择的仿真模型的精度不是很高，则仿真过程需要的时间就越短。用Saber做仿真分析时，得到的仿真结果的精度不仅与仿真模型的精度有关，同时还与仿真过程的控制有关。

对瞬态分析仿真器做如下设置：

End Time：1；

Time Step：1u；

Run DC Analysis First：Yes；

Plot After Analysis：Yes-Open Only；

Waveforms at Pins：Across and Through Variables。

单击“OK”执行瞬态分析。这里分别对门极触发脉冲、输入电压和晶闸管阳极与阴极间电压进行观测，仿真结果如图2-3所示。

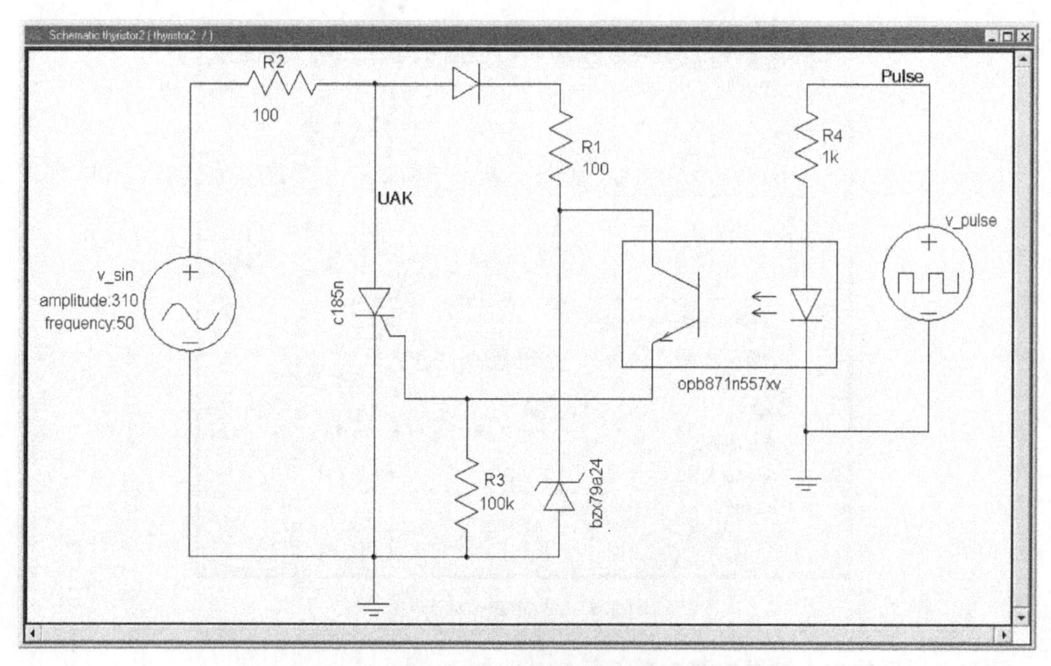

图2-2　晶闸管光耦合器触发电路仿真模型

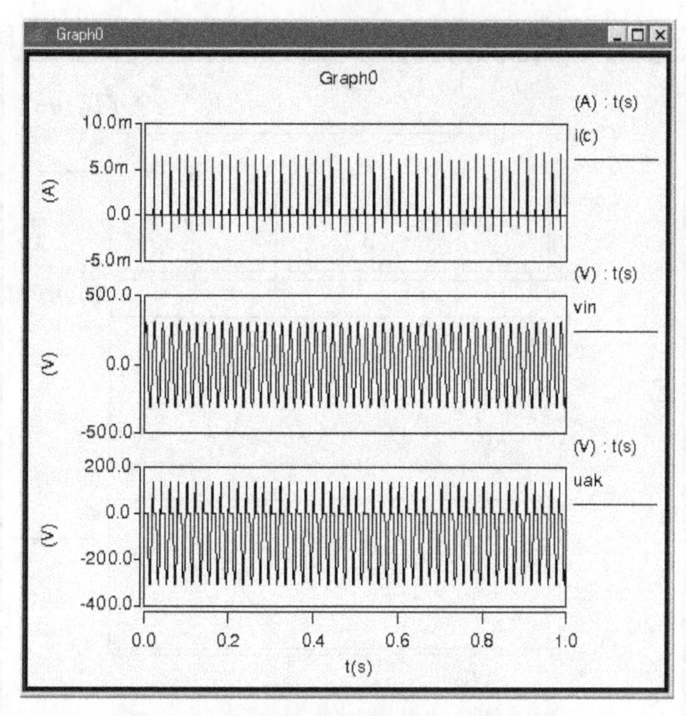

图2-3　晶闸管光耦合器触发电路仿真结果

为了能够更清楚地观察仿真结果，需要调整坐标的范围，在SaberScope中选择“Axis”→“Attributes”菜单开启Axis Attributes（坐标调整）对话框，单击Axis栏旁向下的箭头，在下拉菜单中选择AxisX（0），将“Range”栏中的值改为0.4，将“to”栏中的值改为0.5，即示波器窗口只显示0.4～0.5s时间内的信号，其他参数为默认设置，如图2-4所示。

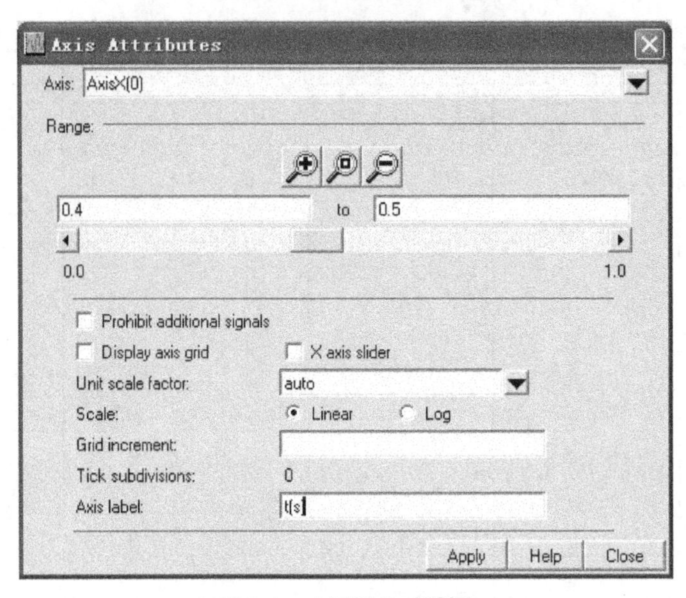

图 2-4　坐标调整对话框

调整坐标后的仿真结果如图 2-5 所示。

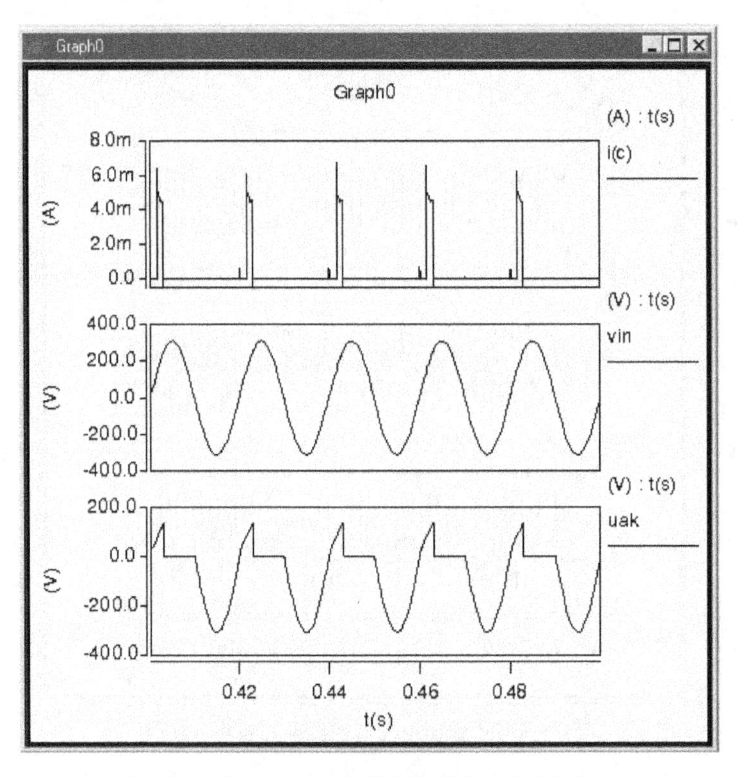

图 2-5　调整后晶闸管光耦合器触发电路仿真结果

从触发脉冲电流波形可以看出，此脉冲为强触发脉冲，前沿陡且具有足够的宽度，适用于大功率场合。

2.1.2　脉冲变压器触发电路

在磁导率较高的铁磁材料中绕制的变压器，能够很好地把一次侧的脉冲信号传输到二次绕组，二次绕组与晶闸管连接，电路与控制电路有良好的电气绝缘。脉冲变压器触发电路如图2-6所示，晶体管为功放管，基极为脉冲输入，放大后的脉冲经变压器耦合到晶闸管的门极－阴极之间，由于变压器的设计需要考虑诸多的参数，而这些参数的设置需要与实际工作相结合，这就大大增加了仿真的难度。因此，这里将脉冲变压器理想化，采用压控电压源来代替，其输入电压与输出电压成正比例关系，比例系数可通过参数k来调节，vp、vm为输入端，正、负引脚为输出端。当晶体管基极有触发脉冲时，晶体管导通，变压器一次侧产生电流，耦合到二次侧为晶闸管提供驱动信号。二极管VD2的作用是保证晶闸管门极不出现反向电流，VD3用来保证晶闸管的门极－阴极之间不出现反向电压。图中30V直流电源和电阻R、电容C构成“强触发”电路。在输入信号到来之前，电源通过R向C充电，C两端电压保持在30V。一旦输入信号到来，晶体管导通，C通过R3和晶体管放电，此时电容电压全部加在变压器两端，由于电压较高，晶闸管可得到较大的驱动电流，电容电压高于12V电源的电压，故此时VD1处于阻断状态。电容C的容值并不大，随着C的放电，其电压越来越小，当该电压低于12V时VD1导通，脉冲变压器一次绕组上端的电位被钳位在12V左右，此时12V电源为晶体管供电，由于电压的减小，脉冲变压器一、二次绕组中的电流都会减小，晶闸管得到的门极驱动电流I_G也将减小。而后一直保持在一个较小的数值。触发脉冲一直维持到晶闸管可靠导通以后，最终触发脉冲消失，晶体管由导通变为截止。

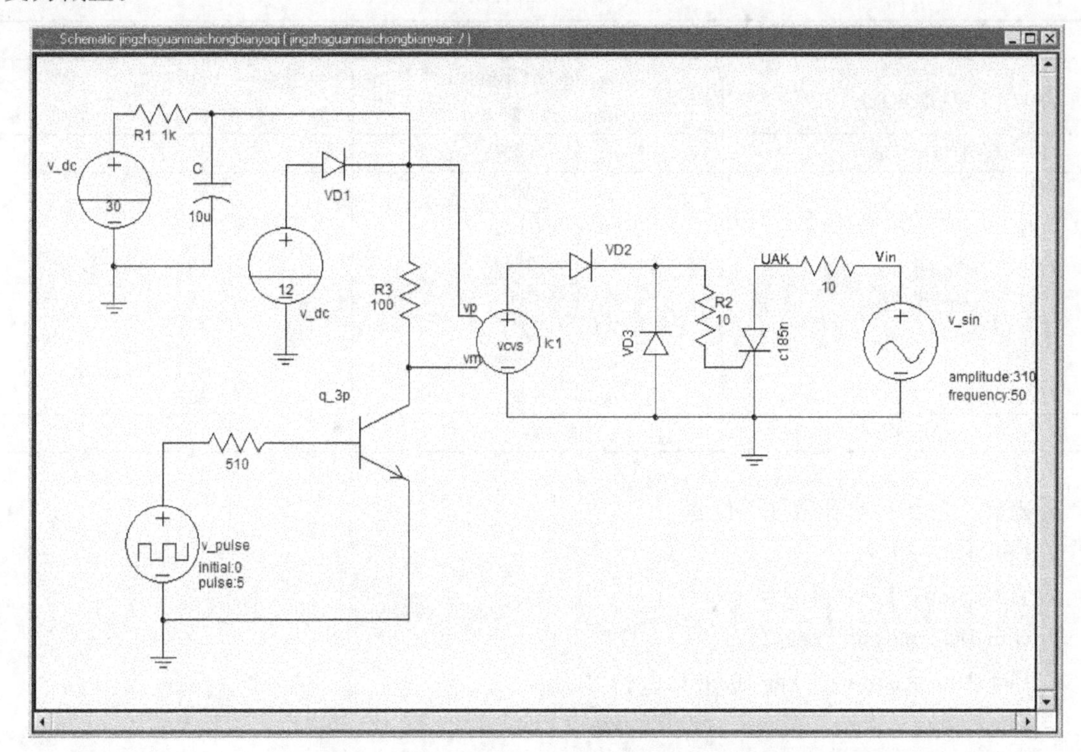

图2-6　晶闸管脉冲变压器触发电路仿真模型

电路中，元器件提取路径见表2-3，其中部分元器件的提取路径与之前光耦合触发电路相同。

表2-3 元器件提取路径

元器件名称	提取路径
直流电压源	Power System\Source, Power& Ground\Electrical sources\Voltage Sources\Voltage Source, Constant Ideal DC Supply
正弦波电压源	Power System\Source, Power& Ground\Electrical Sources\Voltage Sources\Voltage Sources, Sine
脉冲电压源	Power System\Source, Power& Ground\Electrical Sources\Voltage Sources\Voltage Sources, Pulse
压控电压源	Power System\Source, Power& Ground\Electrical Sources\Voltage Sources\Controlled Voltage Sources\Voltage Sources, VCVS
晶闸管	Power System\Semiconductor Devices\Thyristors\SCR Components\c185n
二极管	Power System\Semiconductor Devices\Diodes\Diode
晶体管	Power System\Semiconductor Devices\BJTs\BJT, 3 pin NPN, Transisitor
电阻	Power System\Passive Elements\Resistors\Resistor(I)
电容	Power System\Passive Elements\Capacitors\Capacitor(I)
参考地	Power System\Source, Power& Ground\Power& Ground\Ground (Saber Node 0)

在进行电路仿真之前，需要合理设置电路中各元器件的参数，各元器件属性设置见表2-4。这里设置电源与脉冲电压源同频率，脉冲电压源有30°的延时。压控电压源增益设置为1，即输入信号与输出信号相同，压控电压源起到与脉冲变压器相同的隔离作用。

表2-4 元器件属性

元器件名称	属性名	值
正弦波电压源	amplitude（幅值）	310V
	frequence（频率）	50Hz
直流电压源	dc_value（幅值）	30、12
脉冲电压源	initial（初始值）	0
	pulse（脉冲值）	15
	tr（上升时间）	1u
	tf（下降时间）	1u
	delay（延迟）	5m/3
	width（脉冲宽度）	2m
	period（周期）	20m
压控电压源	k（增益）	1

对瞬态分析仿真器做如下设置：

End Time：1；

Time Step：1u；

Run DC Analysis First：Yes；

Plot After Analysis：Yes-Open Only；

Waveforms at Pins：Across and Through Variables。

单击“OK”执行瞬态分析。这里分别对门极触发脉冲、输入电压和晶闸管阳极与阴极间电压进行观测，仿真结果如图2-7所示。需要指出的是，晶闸管门极触发脉冲的电流波形与流过电阻R2的波形相同，因此，在波形选项中选择“r. r_2”并在其下拉菜单中选择“i (p)”即为门极触发电流波形。

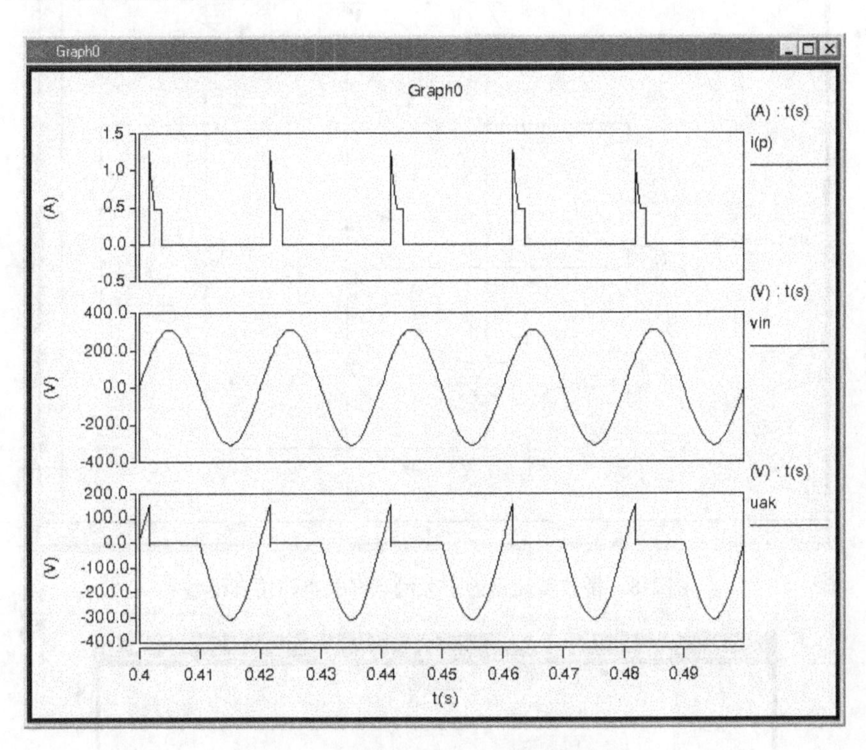

图2-7　晶闸管脉冲触发电路仿真结果

2.1.3　交流静态无触点电路

在交流电路中，给晶闸管输入mA级门极控制信号，就可控制阳极大电流电路的通断。当门极断开时，利用交流电压过零反向，晶闸管自动关断，这样晶闸管就可以看成是一个开关，这种开关无触点、无火花、速度快、寿命长。桥式整流型静态无触点开关电路如图2-8所示。

触发源自晶闸管的阳极电压，在电源正半周，通过负载R、二极管VD、经晶闸管门极与阴极构成触发回路，晶闸管有mA级门极电流就可以触发导通。

这里的元器件提取路径可参考之前的两种电路，参数设置也与之前相同。瞬态分析仿真器做如下设置：

End Time：1；

Time Step：1u；

Run DC Analysis First：Yes；

Plot After Analysis：Yes-Open Only；

Waveforms at Pins：Across and Through Variables。

单击“OK”执行瞬态分析。这里分别对门极触发脉冲电流、输出电压和流过电阻的电流进行观测，仿真结果如图2-9所示。图中，第一个波形为门极触发电流，参数取自二极管电流；第二个波形为流过电阻的电流波形；第三个波形为输出电压波形。

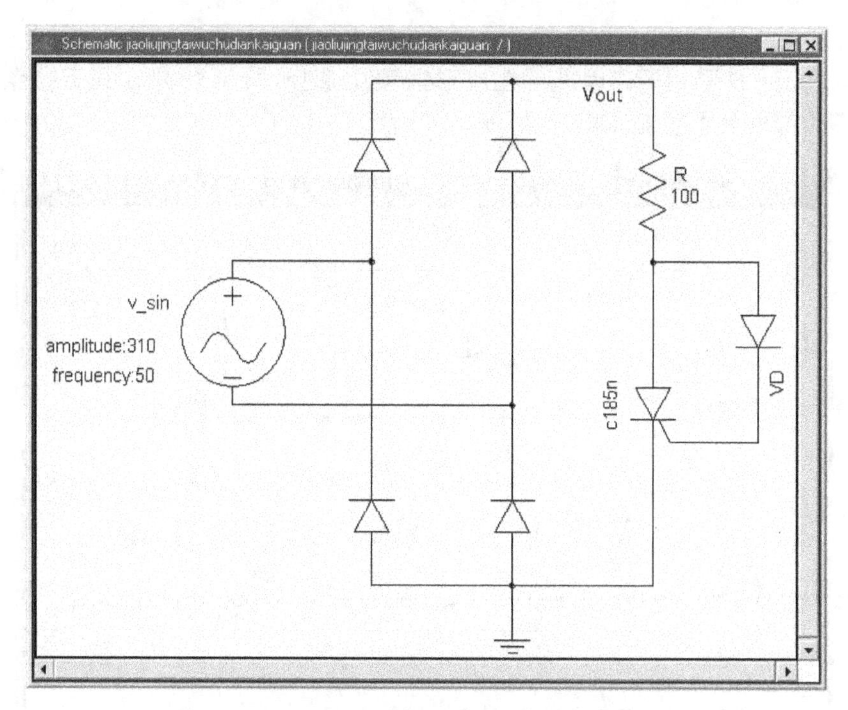

图 2-8　桥式整流型静态无触点开关电路仿真模型

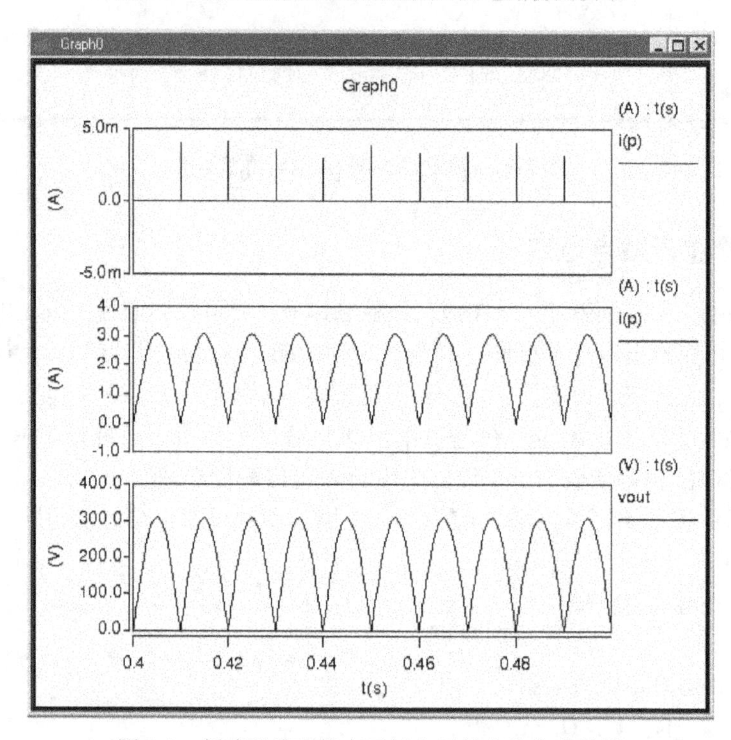

图 2-9　桥式整流型静态无触点开关电路仿真结果

2.1.4　移相触发电路

图 2-10 为简单的移相触发电路，当电源为负半周时，通过 VD2 对电容充电，由于时间

常数很小，这时电容电压 U_c 近似等于电源电压波形，当电源电压经过了负向峰值时，电容经电阻 R1、R2 放电，然后反向充电，当 U_c 上升到一定值时，晶闸管触发导通，通过改变 R2 的阻值可实现移相控制。

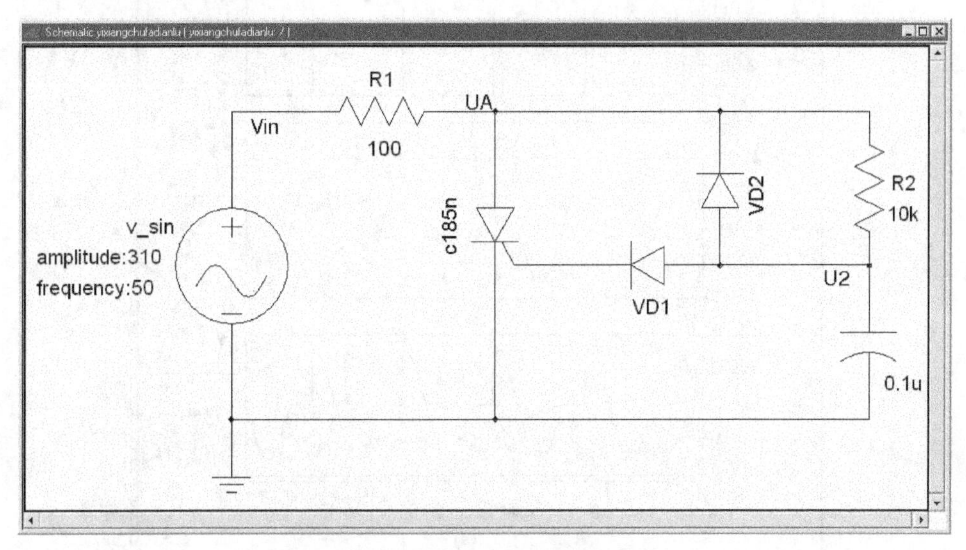

图 2-10　移相触发电路仿真模型

这里的元器件提取路径可参考之前电路，参数设置也与之前相同，设置 R2 阻值分别为“10k” 和 “50k”，对门极触发脉冲电流、输入电压和晶闸管阳极与阴极之间电压进行观测，仿真结果如图 2-11、图 2-12 所示。

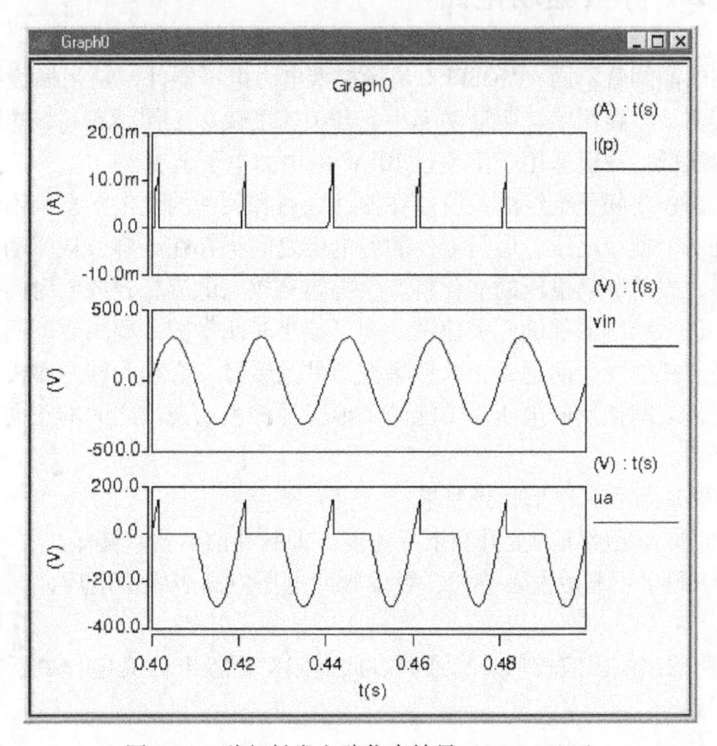

图 2-11　移相触发电路仿真结果（R2 = 10kΩ）

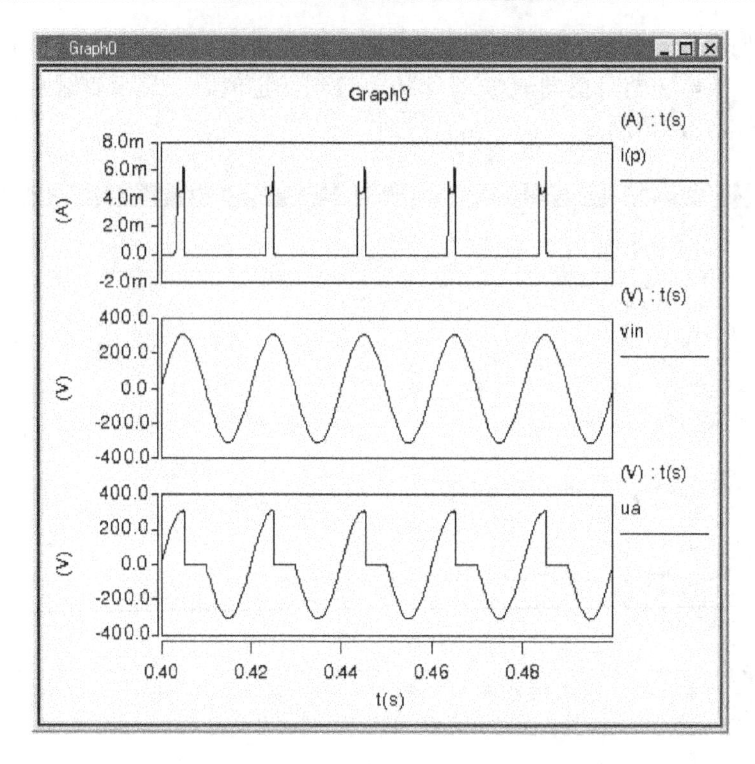

图 2-12 移相触发电路仿真结果（R2 = 50kΩ）

2.2 MOSFET 栅极驱动电路

与前面介绍的晶闸管不同，MOSFET 是场控型电力电子器件，是用栅极电压来控制漏极电流的，因此其驱动电路简单、驱动功率小、开关速度快、工作频率高、热稳定性好，但是电流容量小、耐压低，一般适用于不超过 10kW 的电力电子装置。

由于栅极和源极之间是绝缘的，所以在器件导通和关断的稳定状态都不可能出现栅极电流，需要的仅是一个栅极电压。但是器件的各电极之间都存在电容，从驱动的输入端看相当于一个电容网络，因此驱动电压的变化将产生电容充放电电流，充放电时间常数决定栅极电压变化的速率，进而影响器件的开关速度。为了减小时间常数，要求驱动回路的电阻尽可能小。初学者容易忽视的一个问题是，欲使场控器件关断时，必须为栅 - 源极之间提供放电通路或在栅极 - 源极之间加反向电压，不能简单地撤掉栅极 - 源极之间的正向驱动电压而使栅极 - 源极之间开路。

MOSFET 对驱动信号有以下几点要求：

1）触发脉冲要有足够快的上升和下降速度，即脉冲前沿要求陡峭。

2）为使 MOSFET 可靠触发及导通，触发脉冲电压应高于阈值电压，同时不能超过最大触发额定电压。

3）驱动电路输出电阻应较低，导通时以低电阻对栅极电容充电，关断时为栅极电荷提供低电阻放电回路。

2.2.1　单晶体管驱动电路

图2-13是用单晶体管直接驱动MOSFET的电路仿真模型。这是MOSFET驱动电路中最简单的一种形式，由于MOSFET的输入阻抗很高，所以可以用TTL器件或CMOS器件直接驱动。图中，v_pulse为驱动信号源。v_pulse为高电平时，晶体管VT导通，其发射极电流为MOSFET的输入电容充电，建立栅控电场，使栅极电位迅速上升，MOSFET导通；v_pulse信号为低电平时，晶体管截止，MOSFET栅极－源极之间储存的电荷经VD放电，使MOSFET关断。由于晶体管的放大作用，使充电电流放大，加快了电场的建立，提高了MOSFET的导通速度。

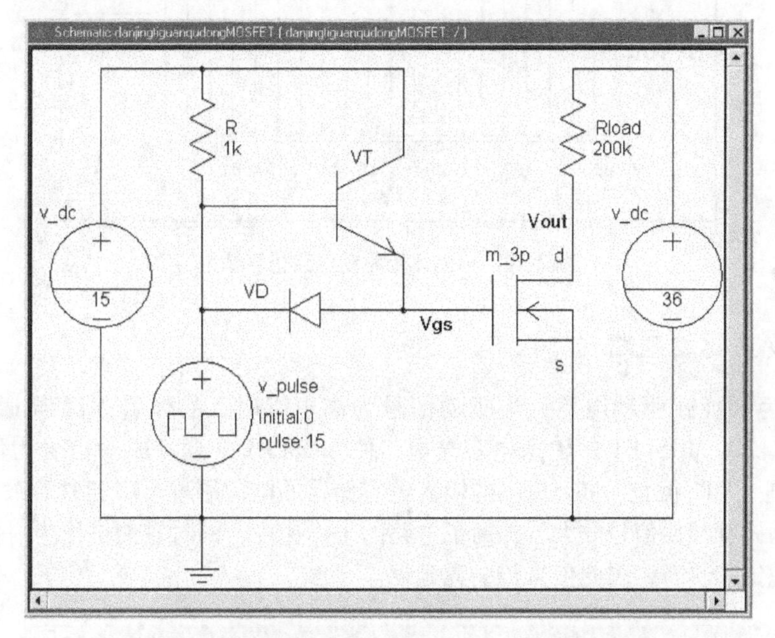

图2-13　单晶体管直接驱动MOSFET的电路仿真模型

大多数元器件在之前章节中都已介绍过，这里给出MOSFET提取路径，见表2-5。元器件参数设置如图2-13所示。

表2-5　元器件提取路径

元器件名称	提 取 路 径
MOSFET	Power System\Semiconductor Devices\MOSFET\MOSFET, 3 pin N Channel, Transisitor

对瞬态分析仿真器做如下设置：

End Time：1；

Time Step：1u；

Run DC Analysis First：Yes；

Plot After Analysis：Yes-Open Only；

Waveforms at Pins：Across and Through Variables。

单击“OK”执行瞬态分析。这里分别对门极触发脉冲和负载电压进行观测，仿真结果如图 2-14 所示。

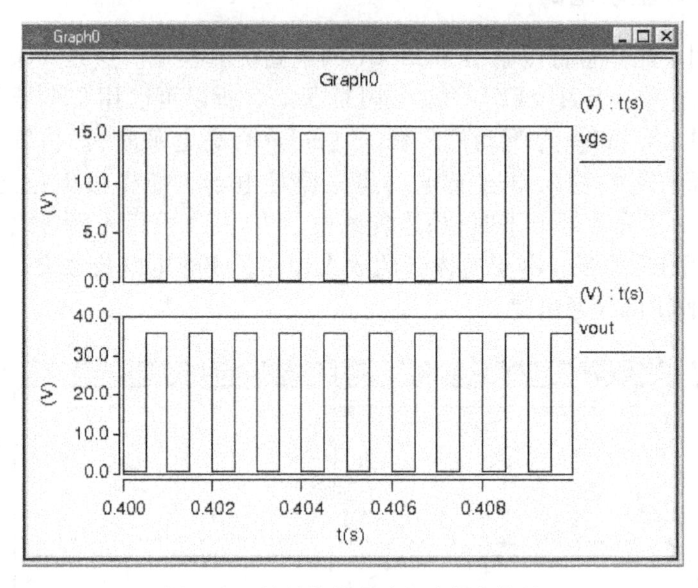

图 2-14　单晶体管驱动电路仿真结果

2.2.2　推挽式驱动电路

图 2-15 为推挽式驱动电路，当驱动信号为高电平时，晶体管 VT1 导通、VT2 截止，VT1 发射极电流为 MOSFET 的输入电容充电，使 MOSFET 导通。驱动信号为低电平时，晶体管 VT2 导通、VT1 截止，MOSFET 的输入电容储存的电荷通过 VT2 迅速释放，使 MOSFET 关断。两个晶体管都使信号放大，提高了电路的工作速度，同时它们是作为射极输出器工作的，不会出现饱和状态，因此信号传输无延迟。

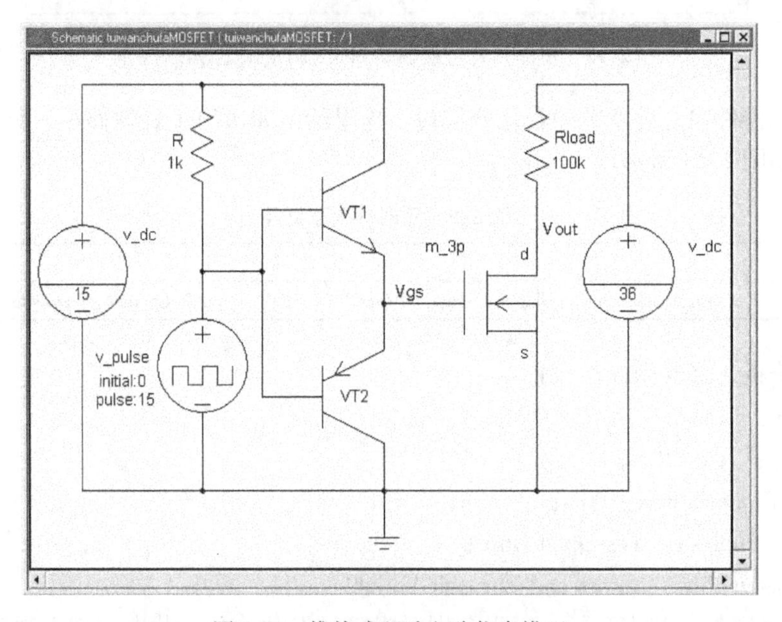

图 2-15　推挽式驱动电路仿真模型

这里元器件的提取路径及参数设置与单晶体管驱动电路完全相同。瞬态分析仿真器设置也与之前相同，执行瞬态分析，对门极触发脉冲和负载电压进行观测，仿真结果如图2-16所示。

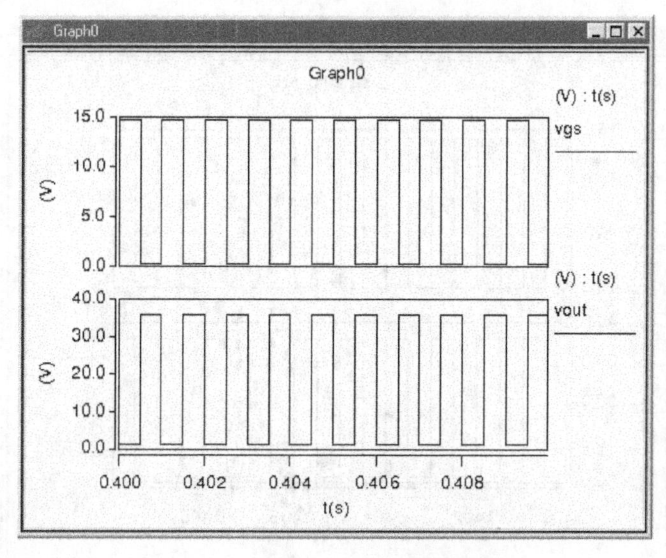

图2-16　推挽式驱动电路仿真结果

2.2.3　隔离式驱动电路

在有些场合，需要在驱动电路和主电路之间实行电气隔离，如多个电力电子器件组成桥式接线时，控制电路共地而各桥臂开关器件的电位各不相等，电气隔离是必要的。隔离的方法多采用脉冲变压器实现磁耦合或通过光电器件实现光电耦合。图2-17为一种简单的采用脉冲变压器的磁耦合驱动电路。晶体管VT导通时，脉冲变压器的一次绕组中电流上升，使得二次侧感应出上正下负的电压，该电压通过二极管VD1为MOSFET的输入电容充电，使MOSFET导通。VT截止时，脉冲变压器无感应电压输出，MOSFET的栅极－源极之间的电压由正变零，使MOSFET关断。

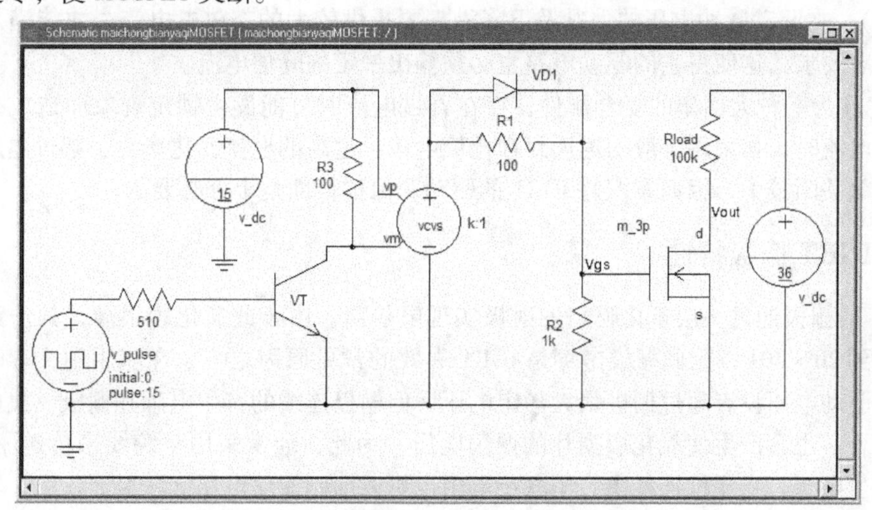

图2-17　脉冲变压器驱动电路仿真模型

这里同样将脉冲变压器理想化，采用压控电压源来代替。执行瞬态分析，对门极触发脉冲和负载电压进行观测，仿真结果如图 2-18 所示。

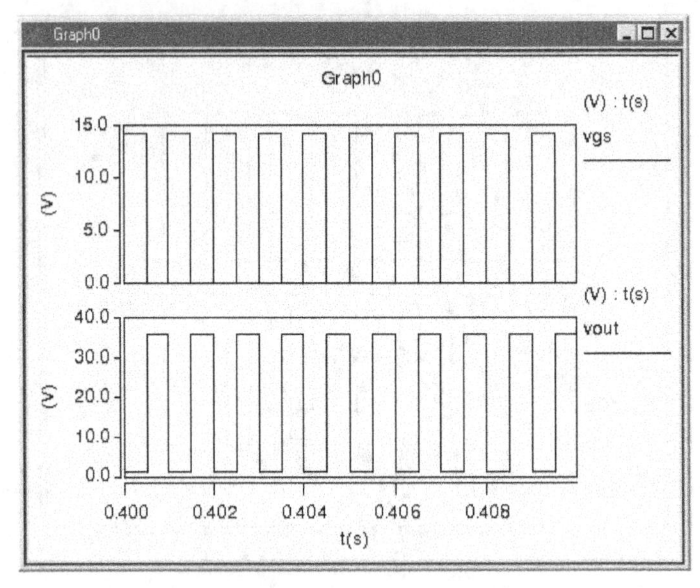

图 2-18　脉冲变压器驱动电路仿真结果

2.3　IGBT 栅极驱动电路

IGBT 是 MOSFET 与双极晶体管的复合器件。它既有 MOSFET 易驱动的特点，又具有功率晶体管电压、电流、容量大等优点。其频率特性介于 MOSFET 与功率晶体管之间，可正常工作于几十千赫兹频率范围内，故在较高频率的中、大功率应用中占据了主导地位。

IGBT 是电压控制型器件，在它的栅极 - 射极之间施加十几伏的直流电压，只有 μA 级漏电流流过，基本上不消耗功率。但 IGBT 的栅 - 射极之间存在着较大的寄生电容（几千至上万皮法），在驱动脉冲电压的上升及下降沿需要提供较大的充放电电流，才能满足导通和关断的动态要求，这使得它的驱动电路也必须输出一定的峰值电流。

IGBT 作为一种大功率的复合器件，存在着过电流时可能发生锁定现象而造成损坏的问题。在过电流时，如采用一般的速度封锁栅极电压，过高的电流变化率会引起过电压，为此需要采用软关断技术，因而掌握好 IGBT 的驱动和保护特性是十分必要的。

2.3.1　IGBT 栅极特性

IGBT 的栅极通过一层氧化膜与发射极实现电隔离。由于此氧化膜很薄，其击穿电压一般只能达到 20 ~ 30V，因此栅极击穿是 IGBT 失效的常见原因之一。在应用中，有时虽然保证了栅极驱动电压没有超过栅极最大额定电压，但栅极连线的寄生电感和栅极 - 集电极之间的电容耦合，也会产生使氧化层损坏的振荡电压。为此，通常采用双绞线来传送驱动信号，以减小寄生电感。在栅极连线中，串联小电阻也可以抑制振荡电压。

由于 IGBT 的栅极-发射极和栅极-集电极之间存在着分布电容 C_{ge} 和 C_{gc}，以及发射极驱动电路中存在有分布电感 L_e，这些分布参数的影响，使得 IGBT 的实际驱动波形与理想驱动波形不完全相同，并产生了不利于 IGBT 导通和关断的因素。

同样，栅极串联电阻对栅极驱动波形的影响也是设计电路时需要考虑的一个问题。栅极驱动电压的上升、下降速率对 IGBT 导通、关断过程有着较大的影响。IGBT 的 MOS 沟道受栅极电压的直接控制，而 MOSFET 部分的漏极电流控制着双极部分的栅极电流，使得 IGBT 的导通特性主要取决于它的 MOSFET 部分，所以 IGBT 的导通受栅极驱动波形的影响较大。IGBT 的关断特性主要取决于内部少子的复合速率，少子的复合受 MOSFET 的关断影响，所以栅极驱动对 IGBT 的关断也有影响。

在高频应用时，驱动电压的上升、下降速率应快一些，以提高 IGBT 开关速率，同时降低损耗。在正常状态下，IGBT 导通越快，损耗越小。但在导通过程中，如有续流二极管的反向恢复电流和吸收电容的放电电流，则导通越快，IGBT 承受的峰值电流越大，越容易导致 IGBT 受损。此时应降低栅极驱动电压的上升速率，即增加栅极串联电阻的阻值，抑制该电流的峰值，其代价是较大的导通损耗。利用此技术，导通过程的电流峰值可以控制在任意值。

栅极电阻 R_g 的选取对 IGBT 的驱动能力有很大的影响。栅极电阻可实现以下功能：

（1）消除栅极振荡　绝缘栅器件（IGBT、MOSFET）的栅极-射极（或栅-源）之间是容性结构，栅极回路的寄生电感又是不可避免的，如果没有栅极电阻，那么栅极回路在驱动脉冲的激励下要产生很强的振荡，因此必须串联一个电阻加以迅速衰减。

（2）转移驱动器的功率损耗　电容、电感都是无功元件，如果没有栅极电阻，驱动功率就将绝大部分消耗在驱动器内部的输出管上，使其温度上升很多。

（3）调节功率开关器件的通断速度　栅极电阻小，开关器件通断速度快、开关损耗小；反之则开关通断速度慢，同时开关损耗大。但驱动速度过快将使开关器件的电压和电流变化率大大提高，从而产生较大的干扰，严重的将使整个装置无法工作，因此必须统筹兼顾。

针对不同型号的 IGBT，栅极电阻的选取会有很大的差异，不同品牌的 IGBT 模块可能有各自特定的要求，可在其参数手册的推荐值附近调试。初试可如表 2-6 所示选取。

表 2-6　栅极电阻选取的一般规则

IGBT 额定电流/A	50	100	200	300	600	800	1000	1500
R_g 阻值范围/Ω	10～20	5.6～10	3.9～7.5	3～5.6	1.6～3	1.3～2.2	1～2	0.8～1.5

（4）栅极电阻功率的确定　栅极电阻的功率由 IGBT 栅极驱动的功率决定，一般来说栅极电阻的总功率应至少是栅极驱动功率的两倍。IGBT 栅极驱动功率为

$$P = fUQ \tag{2-1}$$

式中，f 为工作频率；U 为驱动输出电压的峰－峰值；Q 为栅极电荷。

U 的选取可参考 IGBT 模块参数手册。例如，常见 IGBT 驱动器（如 TX－KA101）输出正电压为 15V，负电压为 －9V，则 $U = 24\text{V}$，假设 $f = 10\text{kHz}$，$Q = 2.8\mu\text{C}$，可计算出 $P = 0.67\text{W}$，栅极电阻应选取 2W 电阻。

同时，在设计电路时，驱动器应尽量靠近 IGBT 以减小引线长度，驱动的栅极－射极引线绞合，并且不要用过粗的线，电路板上的两根驱动线的距离尽量靠近，栅极电阻使用无感电阻，如果是有感电阻，可以用几个并联以减小电感。

在设计 IGBT 驱动时必须注意以下几点：

1）栅极正向驱动电压的大小将对电路性能产生重要影响，必须正确选择。当正向驱动电压增大时，IGBT 的导通电阻下降，使开通损耗减小；但若正向驱动电压过大，则负载短路时，其短路电流 I_C 随 U_{ge} 增大而增大，可能使 IGBT 出现擎住效应，导致门控失效，从而造成 IGBT 的损坏；若正向驱动电压过小，会使 IGBT 退出饱和导通区而进入线性放大区域，使 IGBT 过热损坏；使用中选 $12V \leqslant U_{ge} \leqslant 18V$ 为好。栅极负偏置电压可防止由于关断时浪涌电流过大而使 IGBT 误导通，一般负偏置电压选 -10 ~ -5V 为宜。另外，IGBT 导通后驱动电路应提供足够的电压和电流幅值，使 IGBT 在正常工作及过载情况下不致退出饱和导通区而损坏。

2）IGBT 快速导通和关断有利于提高工作频率，减小开关损耗。但在大电感负载下，IGBT 的开关频率不宜过大，因为高速导通和关断时，会产生很高的尖峰电压，极有可能造成 IGBT 或其他元器件被击穿。

3）当 IGBT 关断时，栅极 - 射极电压很容易受 IGBT 和电路寄生参数的干扰，使栅极 - 射极电压不稳而引起器件误导通。为防止这种现象发生，可以在栅极 - 射极之间并接一个电阻。此外，在实际应用中为防止栅极驱动电路出现高压尖峰，最好在栅极 - 射极之间并接两只反向串联的稳压二极管，其稳压值应与正负栅压相同。

2.3.2　分立元器件构成的 IGBT 驱动电路

图 2-19 为采用光耦合器等分立元器件构成的 IGBT 驱动电路。当输入控制信号为高电平时，光耦合器导通，晶体管 VT1 截止，VT2 导通，输出 +15V 驱动电压。当输入控制信号为低电平时，光耦合器截止，VT1、VT3 导通，输出 -10V 电压。+15V 和 -10V 电源需靠近驱动电路，驱动电路输出端及电源地端至 IGBT 栅极和发射极的引线应采用双绞线，长度应尽量短。

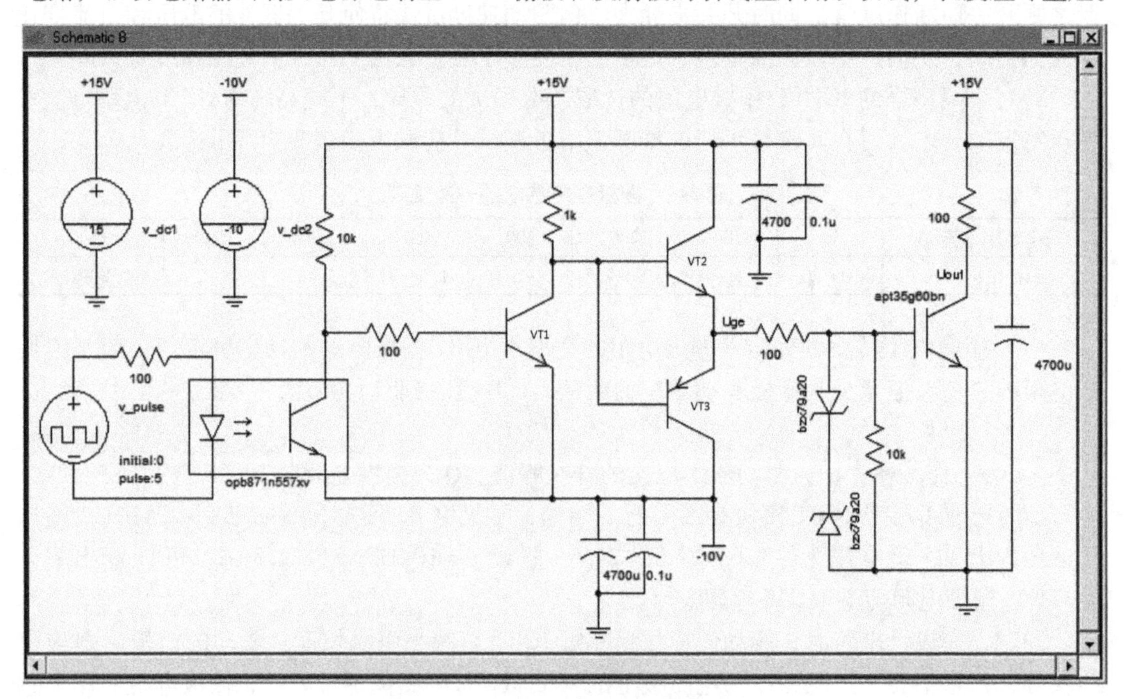

图 2-19　光耦隔离型 IGBT 驱动电路

元器件提取路径见表2-7。这里的直流电压源与电路之间的连接采取网络标号的形式，网络标号是一种具有电气连接属性的标号，也就是说，如果把两个元器件引脚或两个引线打上了相同的网络标号，这两个引脚或两根引线就连接起来了，相当于用导线连接，在电路元器件较多时用起来比较简洁。

表2-7　元器件提取路径

元器件名称	提取路径
脉冲电压源	Power System \ Source, Power& Ground \ Electrical Sources \ Voltage Sources \ Voltage Sources, Pulse
直流电压源	Power System\Source, Power& Ground\Electrical sources\Voltage Sources\Voltage Source, Constant Ideal DC Supply
光耦合器	MAST Part Library\Optical Fiber Commun. Blocks\Optocoupler Components\opb871n557xv
IGBT	Power System\Semiconductor Devices\IGBT\IGBT Components\apt35g60bn
晶体管(NPN型)	Power System\Semiconductor Devices\BJTs\BJT, 3 pin NPN, Transisitor
晶体管(PNP型)	Power System\Semiconductor Devices\BJTs\BJT, 3 pin PNP, Transisitor
稳压管	Power System \ Semiconductor Devices \ Diodes \ Diodes (Zener) Components \ 20-25 Volts \ bzx79a20
电阻	Power System\Passive Elements\Resistors\Resistor(I)
电容	Power System\Passive Elements\Capacitors\Capacitor(I)
参考地	Power System\Source, Power& Ground\Power& Ground\Ground (Saber Node 0)

在进行电路仿真之前，需要合理设置电路中各元器件的参数，各元器件属性设置见表2-8。这里主要对脉冲电压源的幅值、频率及占空比进行设置，其他元器件参数可参见图2-20。

表2-8　元器件属性

元器件名称	属性名	值
脉冲电压源	initial (初始值)	0
	pulse (脉冲值)	5
	tr (上升时间)	1u
	tf (下降时间)	1u
	delay (延迟)	0
	width (脉冲宽度)	0.5m
	period (周期)	1m

对瞬态分析仿真器做如下设置：

End Time：1；

Time Step：1u；

Run DC Analysis First：Yes；

Plot After Analysis：Yes-Open Only；

Waveforms at Pins：Across and Through Variables。

单击“OK”执行瞬态分析。这里分别对门极驱动电压与负载两端电压进行观测，仿真结果如图2-20所示。

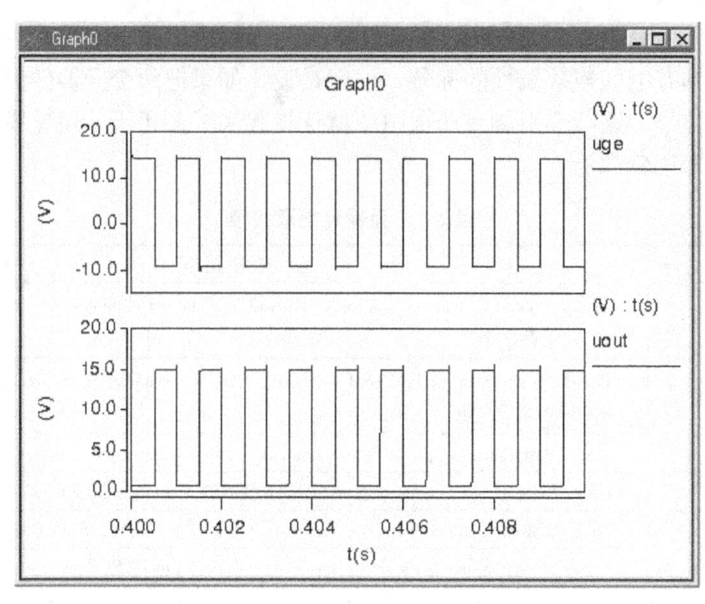

图 2-20　光耦隔离型 IGBT 驱动电路仿真结果

2.3.3　半桥集成驱动电路 IR2110

在功率变换装置中，根据主电路的结构，其功率开关器件一般采用直接驱动和隔离驱动两种方式。采用隔离驱动方式时，需要将多路驱动电路、控制电路、主电路互相隔离，以免引起灾难性的后果。隔离驱动可分为电磁隔离和光电隔离两种方式。光电隔离具有体积小、结构简单等优点，但存在共模抑制能力差、传输速度慢的缺点。快速光耦隔离的频率也仅几十千赫兹。电磁隔离用脉冲变压器作为隔离器件，其响应速度快，原一、二次侧的绝缘强度高，dv/dt 共模干扰抑制能力强。但信号的最大传输宽度受磁饱和特性的限制，因而信号的顶部不易传输，而且信号的最小宽度又受磁化电流所限，且脉冲变压器体积大、笨重、加工复杂。

凡是隔离驱动方式，每路驱动都要一组辅助电源，若是三相桥式变换器，则需要六组，而且还要互相悬浮，增加了电路的复杂性。随着驱动技术的不断成熟，已有多种集成厚膜驱动器推出，如 EXB840/841、EXB850/851、M57959L/AL、M57962L/AL、HR065 等，它们均采用的是光耦隔离，仍受上述缺点的限制。美国 IR 公司生产的 IR2110 驱动器，兼有光耦隔离（体积小）和电磁隔离（速度快）的优点，是中小功率变换装置中驱动器件的首选。

1. IR2110 的内部结构及特点

IR2110 采用 HVIC 和闩锁抗干扰 CMOS 制造工艺，DIP14 脚封装。具有独立的低端和高端输入通道；悬浮电源采用自举电路，其高端工作电压可达 500V，$dv/dt = \pm 50V/ns$，15V 下静态功耗仅 116mW；输出的电源端（脚 3）电压范围为 10 ~ 20V；逻辑电源电压范围（脚 9）为 5 ~ 15V，可方便地与 TTL、CMOS 电平相匹配，而且逻辑电源地和功率地之间允许有 ±5V 的偏移量；工作频率高，可达 500kHz；导通、关断延迟小，分别为 120ns 和 94ns；图腾柱输出峰值电流为 2A。

IR2110 的内部功能框图如图 2-21 所示，由三部分组成：逻辑输入、电平平移及输出保护。如上所述 IR2110 的特点，可以为装置的设计带来许多方便。尤其是高端悬浮自举电源的成功设计，可以大大减少驱动电源的数目，三相桥式变换器仅用一组电源即可。

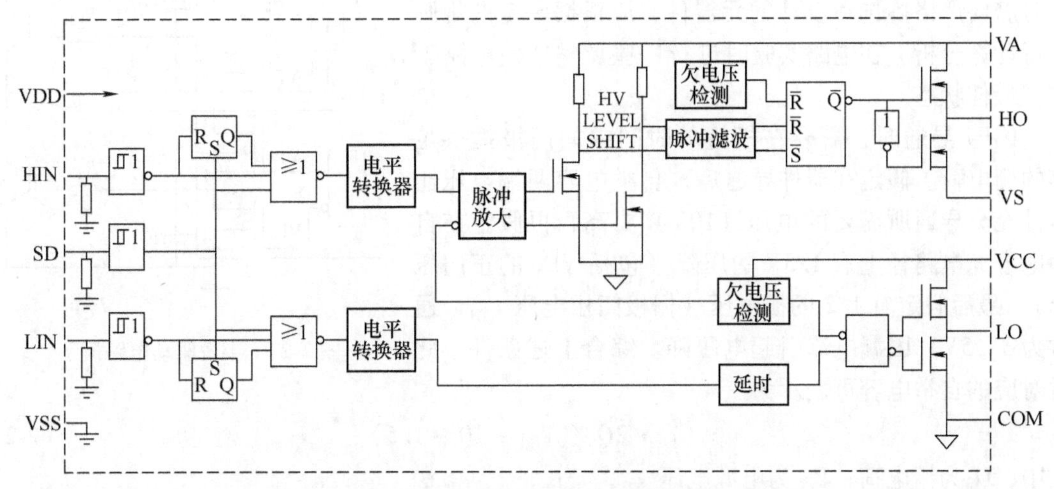

图 2-21　IR2110 的内部结构

IR2110 各引脚功能见表 2-9。

表 2-9　IR2110 各引脚功能

引脚编号	引脚名称	功　能
1	LO	低端输出
2	COM	公共端
3	VCC	低端固定电源电压
4	NC	空端
5	VS	高端浮置电源偏移电压
6	VB	高端浮置电源电压
7	HO	高端输出
8	NC	空端
9	VDD	逻辑电源电压
10	HIN	逻辑高端输入
11	SD	关断
12	LIN	逻辑低端输入
13	VSS	逻辑电路地电位端，其值可以为 0V
14	NC	空端

2. 高压侧悬浮驱动的自举原理

IR2110 用于驱动半桥的电路如图 2-22 所示。图中，C_1、VD_1分别为自举电容和二极管，C_2为 V_{CC}的滤波电容。假定在 V_1关断期间，C_1已充到足够的电压（$V_{C1} \approx V_{CC}$）。当 HIN 为高电平时，V_{C1}加到 V_1的门极和发射极之间，C_1通过 VF_1、R_{g1}和 V_1门极－栅极电容 C_{gc1}放电，C_{gc1}被充电。此时 V_{C1}可等效为一个电压源。当 HIN 为低电平时，VF_2 导通，VF_1 断开，V_1栅电荷经 R_{g1}、VF_2 迅速释放，V_1关断。经短暂的死区时间（t_d）之后，LIN 为高电平，V_2导通，V_{CC}经 V_{D1}、V_2给 C_1充电，迅速为 C_1补充能量。如此循环反复。

3. 自举元器件的分析与设计

自举二极管（VD_1）和电容（C_1）是 IR2110 在应用时需要严格挑选和设计的元器件，应根据一定的规则进行计算分析。在电路实验时进行一些调整，使电路工作在最佳状态。

IGBT 导通时，需要在极短的时间内向门极提供足够的栅电荷。假定在器件导通后，自举电容两端电压比器件充分导通所需要的电压（10V）要高，再假定在自举电容充电路径上有 1.5V 的压降（包括 VD_1 的正向压降），最后假定有 1/2 的栅电压（栅极门槛电压 V_{TH}，通常为 3 ~5V）因漏电流引起电压降。综合上述条件，此时对应的自举电容可表示为

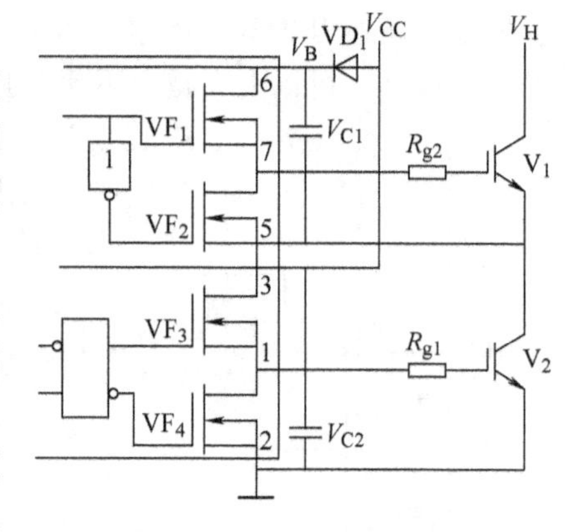

图 2-22　半桥驱动电路模型

$$C_1 > 2Q_g/(V_{CC} - 10 - 1.5) \tag{2-2}$$

式中，Q_g为栅电荷；V_{CC}为电源电压。

若某型号 IGBT 完全导通所需栅电荷为 $Q_g = 1.5\mu C$，$V_{CC} = 15V$，经计算可知，$C_1 = 8.6\mu F$，可取比计算值略大一些的电容，且耐压值应高于 25V。

同时，在选择自举电容大小时，应综合考虑悬浮驱动的最宽导通时间 $t_{on(max)}$ 和最窄导通时间 $t_{on(min)}$。导通时间既不能太大影响窄脉冲的驱动性能，也不能太小而影响宽脉冲的驱动要求。根据功率器件的工作频率、开关速度、门极特性对导通时间进行选择，估算后经调试而定。

自举二极管是另一个十分重要的自举器件，它能够对直流侧的高压进行阻断，流过二极管的电流是栅极电荷与功率器件开关频率之积，一般都在 1A 以下。为了减少电荷损失，应选择反向漏电流小的快恢复二极管，如 1N4933、MR820 等。

IR2110 半桥驱动电路仿真模型如图 2-23 所示。IGBT 的型号为 APT35G60BN，查数据手册可知，功率等级为 600V/35A，栅极电荷 $Q_g = 45nC$，代入式（2-2）计算得：$C_1 = 0.0257\mu F$，可选择 0.1μF 的电容。

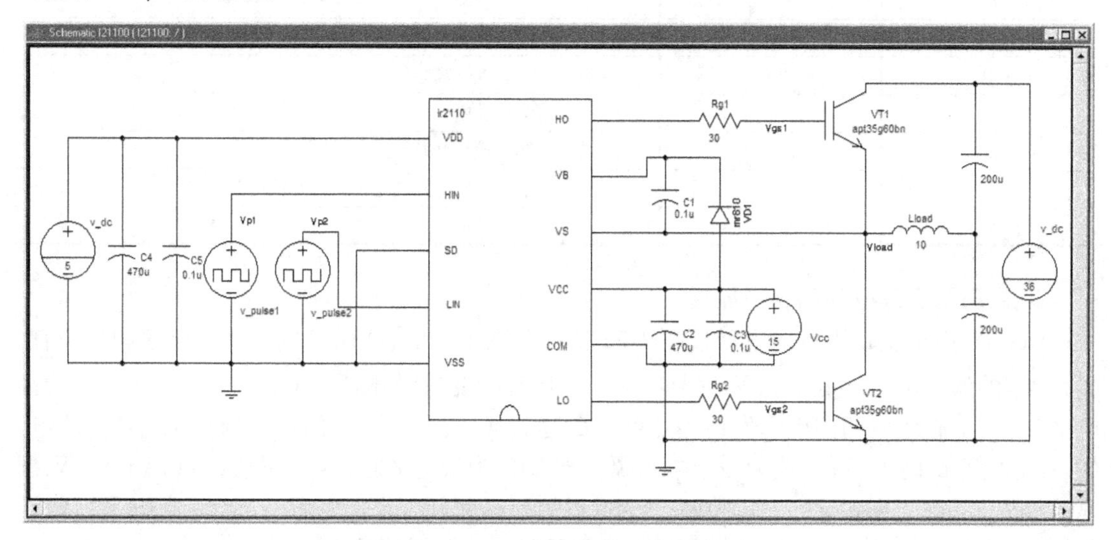

图 2-23　IR2110 半桥驱动电路仿真模型

自举二极管选择 MR810 快恢复二极管，反向恢复时间为 0.75μs。

栅极电阻的阻值选取为 $R_g = 30\Omega$，仿真参数设置中可不考虑电阻的功率问题。

提取元器件的名称及路径见表 2-10。

表 2-10　元器件提取路径

元器件名称	提取路径
直流电压源	Power System\Source, Power& Ground\Electrical sources\Voltage Sources\Voltage Source, Constant Ideal DC Supply
脉冲电压源	Power System\Source, Power& Ground\Electrical Sources\Voltage Sources\Voltage Sources, Pulse
IR2110	Power System\Functional Elements\Power Device Components\ir2110
快恢复二极管	Power System\Semiconductor Devices\Diodes\Diode(General) Components\mr810
IGBT	Power System\Semiconductor Devices\IGBT\IGBT Components\apt35g60bn
电感	Power System\Passive Elements\Inductors&Coupling\Inductor(-)
电阻	Power System\Passive Elements\Resistors\Resistor(|)
电容	Power System\Passive Elements\Capacitors\Capacitor(|)
参考地	Power System\Source, Power& Ground\Power& Ground\Ground (Saber Node 0)

脉冲电压源参数设置见表 2-11。其他元器件参数如图 2-23 所示。

表 2-11　元器件属性

元器件名称	属性名	值
脉冲电压源 1	initial（初始值）	0
	pulse（脉冲值）	5
	tr（上升时间）	0.1u
	tf（下降时间）	0.1u
	delay（延迟）	0
	width（脉冲宽度）	50u
	period（周期）	100u
脉冲电压源 2	initial（初始值）	0
	pulse（脉冲值）	5
	tr（上升时间）	0.1u
	tf（下降时间）	0.1u
	delay（延迟）	50u
	width（脉冲宽度）	50u
	period（周期）	100u

在做仿真时，需要正确理解仿真所研究的对象，只有在参数取值合理的情况下，才能获得理想的仿真结果，否则会出现仿真中断、计算结果不收敛等提示。由于此电路与之前电路相比结构较为复杂，结构越是复杂，仿真速度越慢，因此在这里对仿真结束时间进行调整。

对瞬态分析仿真器做如下设置：

End Time：10m；

Time Step：1u；

Run DC Analysis First：Yes；

Plot After Analysis：Yes-Open Only；

Waveforms at Pins：Across and Through Variables。

单击“OK”执行瞬态分析。这里分别对IGBT栅极驱动电压与负载两端电压进行观测，仿真结果如图2-24所示。

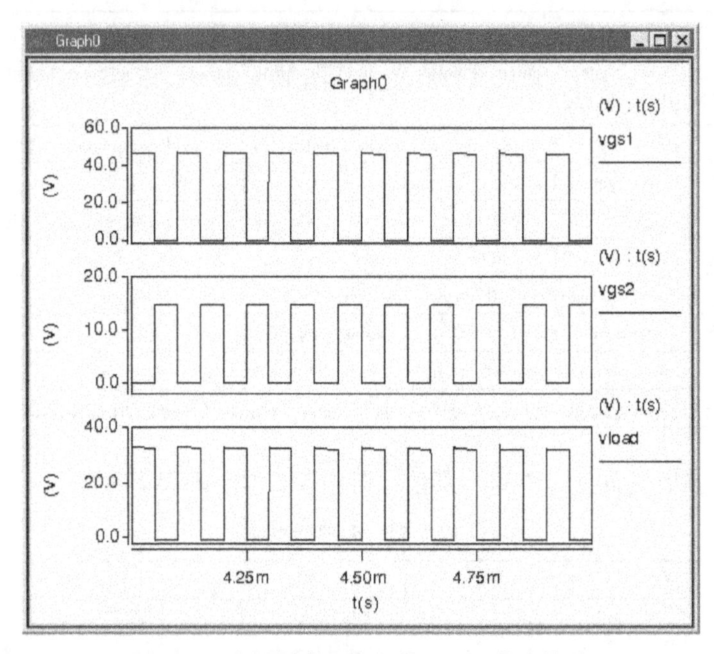

图2-24 半桥集成驱动电路IR2110仿真结果

由图2-24可知，由于电路元件的计算及取值较为合理，IGBT栅极驱动信号基本为理想的脉冲信号，上桥臂驱动信号对“地”被举升至48V，输出节点测试波形为36V矩形波，与负载电源电压等级一致。

IR2110是一种性能比较优良的驱动集成电路，无须扩展可直接用于小功率的变换器中，使电路更加紧凑。在应用中如需扩展，附加硬件成本也不高，空间增加不大。然而其内部高侧和低侧通道分别有欠电压封锁保护功能，但与其他驱动集成电路相比，保护功能略显不足，可以通过其他保护措施加以弥补。

第 3 章　电力电子变流电路仿真

3.1　整流电路

整流电路又称为交流 - 直流变换电路，其功能是实现交流电向直流电的转变。整流电路通常由主电路、滤波器和变压器等组成，主电路多由硅整流二极管和晶闸管组成。电源电路中的整流电路主要有半波整流电路、全波整流电路和桥式整流电路三种。

3.1.1　单相可控整流电路仿真

单相可控整流电路交流侧接单相交流电源，本节将介绍单相半波可控整流电路、单相桥式全控整流电路以及单相桥式半控整流电路的仿真。

1. 单相半波可控整流电路（电阻负载）

单相半波可控整流电路通常采用半控器件晶闸管作为开关器件，在部分应用场合中负载基本上是电阻，电阻负载的特点是电压与电流成正比，波形相同且同相位。通过改变晶闸管触发延迟角的大小，可以使输出电压的平均值发生变化，改变触发时刻，输出电压与电流波形随之改变。输出电压为极性不变但瞬时值变化的脉动直流，且只在正半周出现，因此称为半波整流。

（1）建立仿真模型　在 Saber 仿真平台上菜单栏中单击 ，出现 Parts Gallery 对话框，在库中逐级打开元器件库，选取合适的元器件将其放置在仿真平台上，如图 3-1 所示。元器件的名称及提取路径见表 3-1。

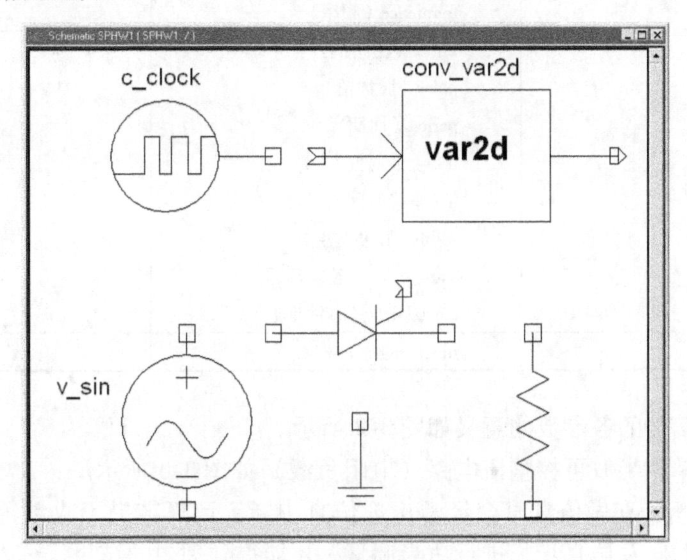

图 3-1　提取仿真元件

图中首次用到了 c_clock 和 conv_var2d 两个模块，c_clock 为控制源时钟信号,用来产生频率、幅值等参数可调的脉冲信号；conv_var2d 为端点类型转换接口，可将模拟量转变为数字量使用。

表 3-1 元器件提取路径

元器件名称	提 取 路 径
控制源时钟信号	MAST Part Library\Control Systems\Continuous Control Blocks\Control System Sources\Control Source, Clock
端点类型转换模块	MAST Part Library\Control Systems\Interface Models\Interface, var -> Techonolgy\Interface, Var to Digital(logic 4)
电源	Power System \ Source, Power& Ground \ Electrical Sources \ Voltage Sources \ Voltage Sources, Sine
晶闸管	MAST Part Library\Electronic\Ideal Functional Blocks\SCR, with logic gate
电阻	Power System\Passive Elements\Resistors\Resistor(Ⅰ)
参考地	Power System\Source, Power& Ground\Power& Ground\Ground (Saber Node 0)

（2）元器件参数设置　在进行电路仿真之前，需要合理设置电路中各元器件的参数，各元器件属性设置见表 3-2。这里需要对其中的部分元件做简要说明。

晶闸管：选取理想晶闸管模型，驱动信号就是一个数字逻辑信号。

端点类型转换模块：将控制源时钟信号转变为晶闸管所能接收的数字信号。属性栏中 thresh 为门限值，当输入控制信号大于或等于门限时，其输出为逻辑 1，输入控制信号小于门限值时，转换元器件的输出为逻辑 0。

表 3-2 元器件属性

元器件名称	属 性 名	值
电源	amplitude（幅值）	310
	frequence（频率）	50
控制源时钟信号	initial（初始值）	0
	pulse（脉冲值）	1
	period（周期）	20m
	tr（上升时间）	1u
	tf（下降时间）	1u
	width（脉冲宽度）	0.1m
	start_delay（触发延迟）	0
	clock_delay(时钟延迟)	0
电阻	rnom（阻值）	5

控制源时钟信号的各参数的意义如图 3-2 所示。

连接完成的单相半波可控整流电路（电阻负载）如图 3-3 所示。

（3）瞬态分析　在做仿真时会经常出现仿真中断、计算结果不收敛等提示，这时需要用户对仿真结束时间及仿真步长进行适当调整，才能得到理想的结果。

对瞬态分析仿真器做如下设置：

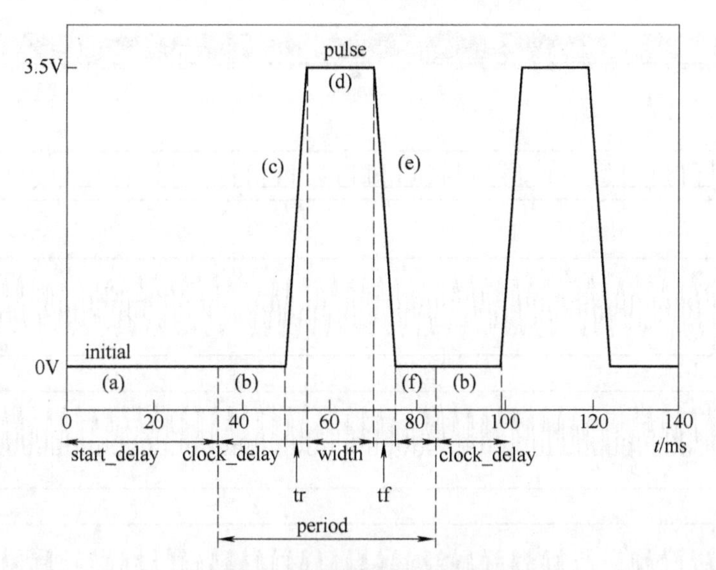

图 3-2　控制源时钟信号参数

a—触发脉冲　b—时钟延迟　c—上升时间　d—脉冲宽度　e—下降时间　f—下一脉冲触发延迟

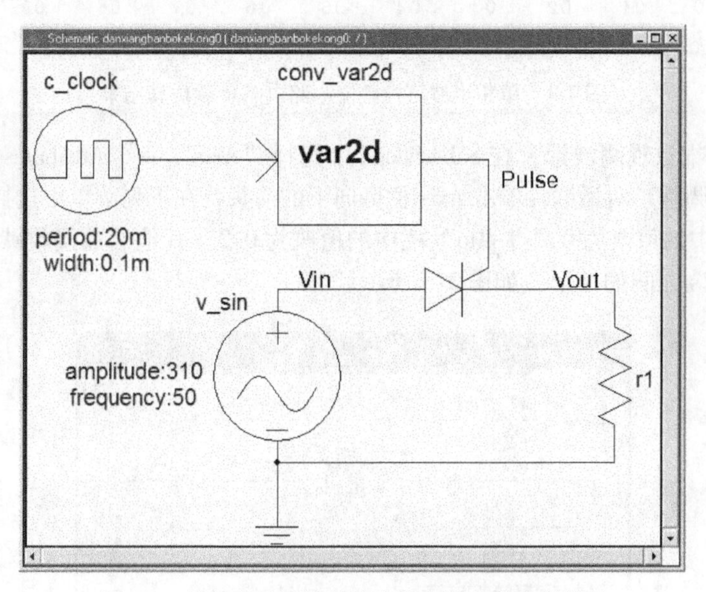

图 3-3　单相半波可控整流电路电阻负载仿真模型

End Time：1；

Time Step：1m；

Run DC Analysis First：Yes；

Plot After Analysis：Yes-Open Only；

Waveforms at Pins：Across and Through Variables。

单击“OK”执行瞬态分析。这里分别对触发脉冲、输入电压、输出电压和输出电流进行观测，仿真结果如图 3-4 所示。

为了能够更清楚地观察仿真结果，需要调整坐标的范围，这里重复说明坐标的调整方

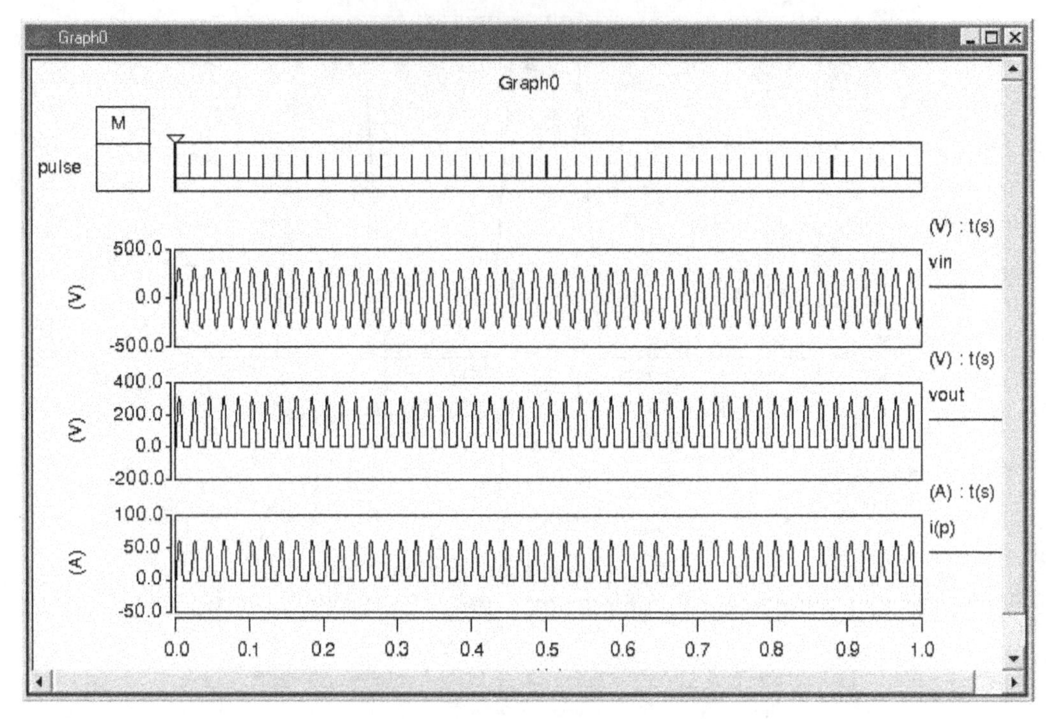

图 3-4　单相半波可控整流电路电阻负载仿真结果

法，以方便读者细致观测波形。在 SaberScope 中选择“Axis”→“Attributes”菜单开启 Axis Attributes（坐标调整）对话框，单击 Axis 栏旁向下的箭头，在下列菜单中选择“AxisX（0）”，将“Range”栏中的值改为 0，将“to”栏中的值改为 0.2，其他参数接收默认设置，即显示器只显示 0 ~ 0.2s 之间的波形，如图 3-5 所示。

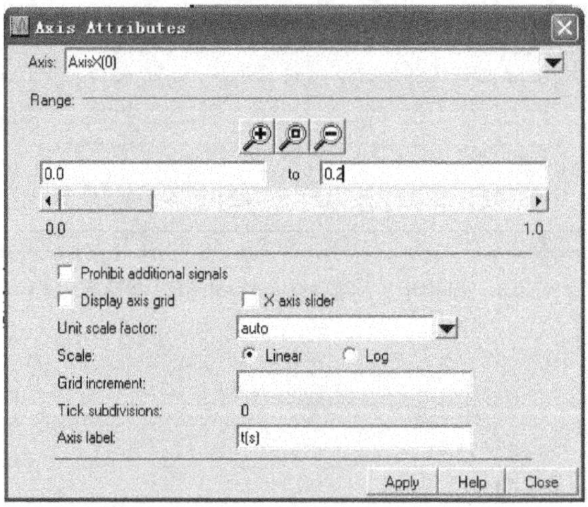

图 3-5　坐标调整对话框

调整坐标后的仿真结果如图 3-6 所示。

（4）改变元器件触发延迟角　将触发延迟角设置为 30°。由于工频电源的周期为 20ms，即 20ms 对应 360°，30°所对应的时间为 5ms/3，那么将控制时钟源的 start_delay 属性值设置

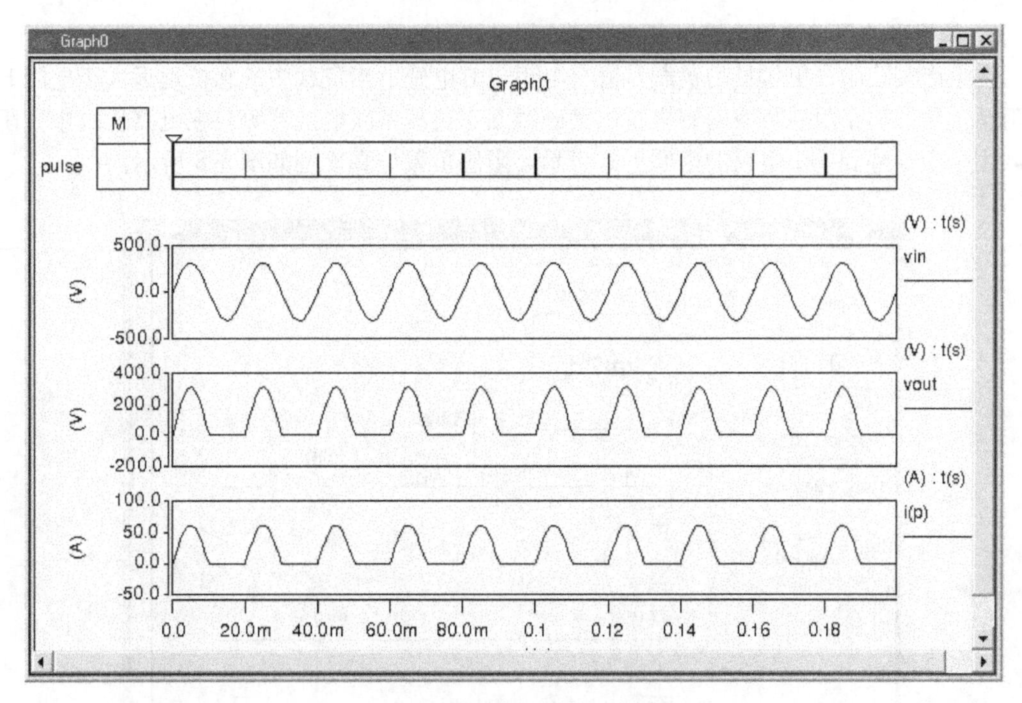

图 3-6　调整坐标后的仿真结果

为 5m/3，就可以模拟晶闸管触发延迟角为 30°的情况。触发延迟角为 30° 时的仿真结果如图 3-7 所示。

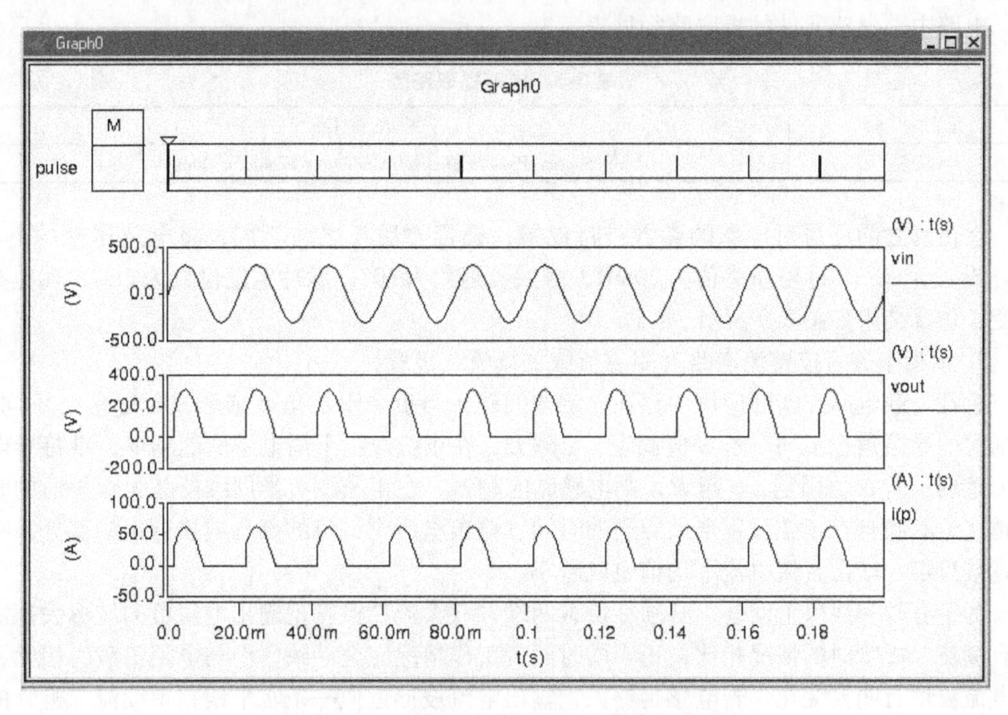

图 3-7　触发延迟角为 30°的仿真结果

2. 单相半波可控整流电路（阻感负载）

在生产实践中，更常见的负载是既有电阻也有电感，当负载中的感抗远远大于电阻时称为阻感负载，属于阻感负载的有电机的励磁线圈、负载串联电抗器等。在电路仿真中，阻感负载用一个电感和一个电阻的串联形式表示。阻感负载仿真模型如图 3-8 所示。

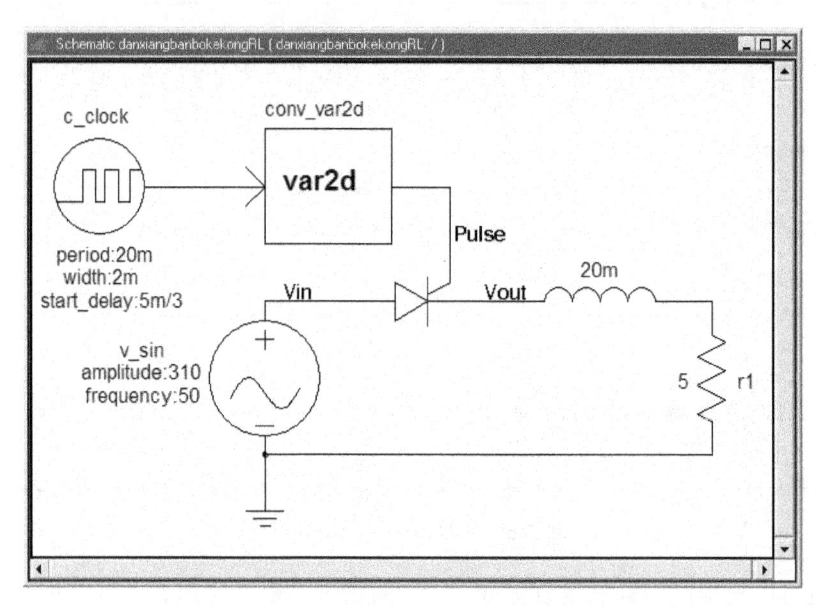

图 3-8　单相半波可控整流电路阻感负载仿真模型

电路中，电感元件的提取路径见表 3-3。

表 3-3　电感提取路径

元件名称	提取路径
电感	Power System\Passive Elements\Inductors&Coupling\Inductor(–)

在仿真之前还需对电感的参数进行设置，设置方法与之前相同，将电感属性的 l（感值）设置为20m，即电感感值为20mH，触发延迟角为30°，脉冲宽度设置为2ms，其他参数不变，仿真结果如图 3-9 所示。

3. 单相半波可控整流电路（阻感负载加续流二极管）

感性负载电路在实际应用中存在一定的问题，当负载阻抗角 φ 或触发延迟角 α 不同时，晶闸管的导通角也不同。若 φ 值固定，α 越大，在正弦波正半周电感储能越少，维持导电的能力越弱；若 α 值固定，φ 越大，则电感储能越多，在正弦波负半周维持晶闸管导通的时间就越接近晶闸管在正弦波正半周导通的时间。输出电压中，负的部分越接近正的部分，平均值越接近零，输出直流电流平均值也就越小。

为了有效解决以上问题，必须在负载两端并联续流二极管把输出电压负向波形去掉。与没有续流二极管时的情况相比，正半周时两者工作情况完全一致，但与电阻负载时相比，输出电流波形有明显变化。若电感足够大，输出电流波形近似一条水平线，带续流二极管的单相半波可控整流电路仿真模型如图 3-10 所示。

电路中，二极管的提取路径见表 3-4。

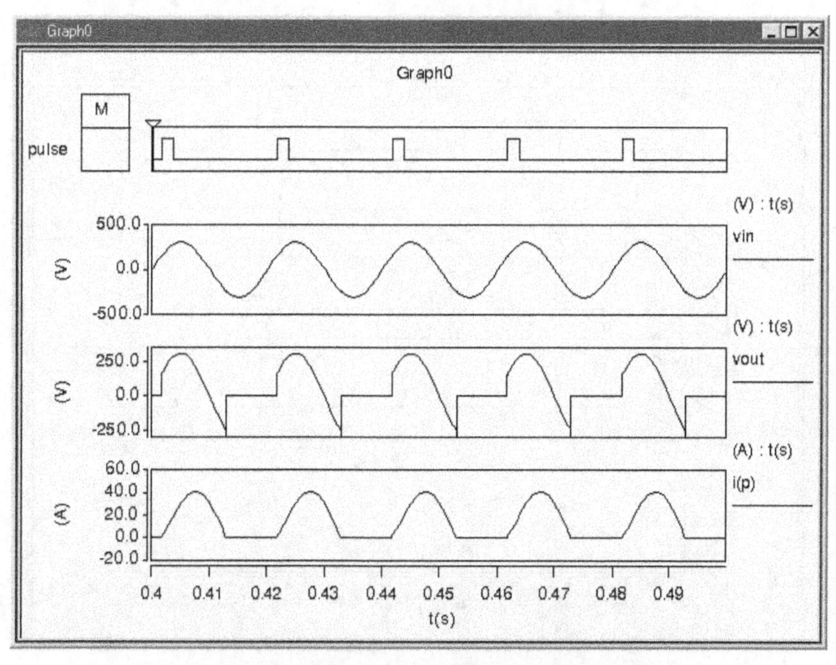

图3-9　触发延迟角为30°的阻感负载仿真结果

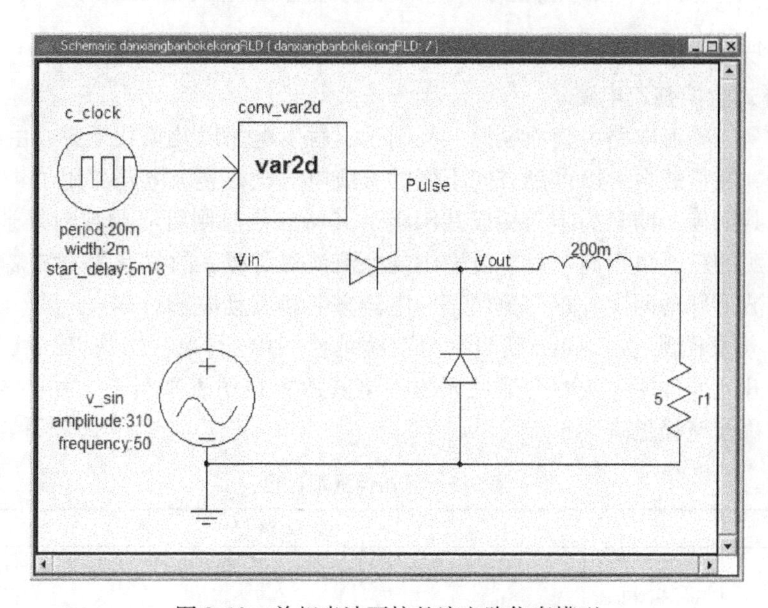

图3-10　单相半波可控整流电路仿真模型

表3-4　二极管提取路径

元器件名称	提取路径
二极管	Power System\Semiconductor Devices\Diodes\Diode

同样设置触发延迟角为30°，其他参数不变，仿真结果如图3-11所示。

单相半波可控整流电路具有结构简单、造价低等特点，但输出脉动大，因此实际上很少应用此种电路，分析该电路的目的在于建立起可控整流的基本概念，同时熟悉Saber仿真软

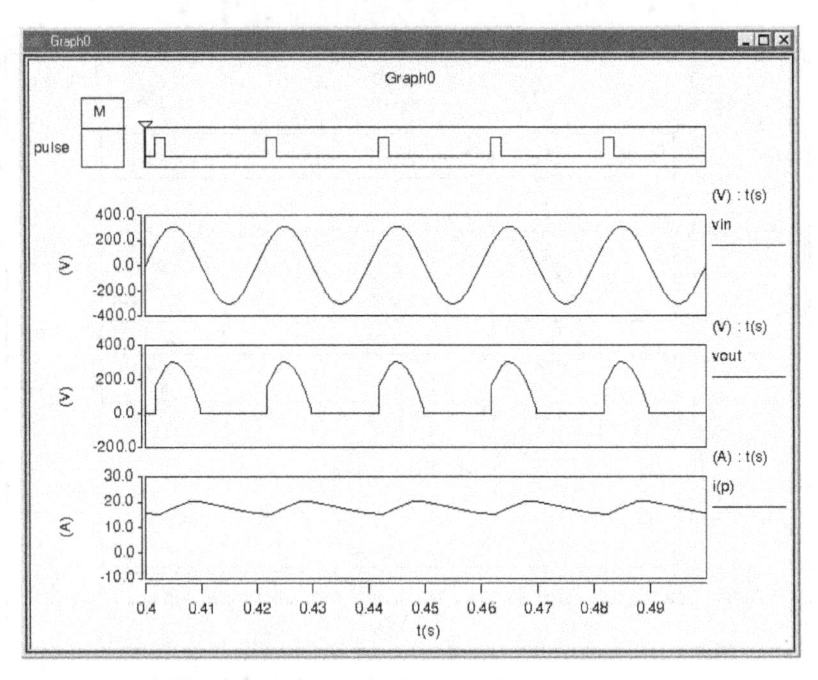

图 3-11　触发延迟角为 30°带续流二极管的阻感负载仿真波形

件在电力电子技术中的应用。

4. 单相桥式全控整流电路

单相桥式全控整流电路由交流电源、晶闸管、触发电路以及负载组成，由于晶闸管的单向半控导电性，在负载上可以得到方向不变的直流电。全控整流电路共用了 4 只晶闸管：两只晶闸管接成共阴极，两只晶闸管接成共阳极，其特点是晶闸管必须成对导通以构成回路。由于在交流电源的正、负半周都有整流输出的电流流过负载，故称其为全波整流。在一个周期内整流电压波形脉动两次，正、负两半周电流方向相反且波形对称。

（1）建立仿真模型　在 Saber 仿真平台上菜单栏中单击，出现 Parts Gallery 对话框，在库中逐级打开元器件库，选取合适的元器件将其放置在仿真平台上，如图 3-12 所示。提取元器件的名称及路径见表 3-5。

表 3-5　元器件提取路径

元器件名称	提 取 路 径
控制源时钟信号	MAST Part Library \ Control Systems \ Continuous Control Blocks \ Control System Sources \ Control Source, Clock
端点类型转换模块	MAST Part Library\Control Systems\Interface Models\Interface, var -> Techonolgy\Interface, Var to Digital(logic 4)
电源	Power System\Source, Power& Ground\Electrical Sources\Voltage Sources\Controlled Voltage Sources\Voltage Sources, Sine
晶闸管	MAST Part Library\Electronic\Ideal Functional Blocks\SCR, with logic gate
电阻	Power System\Passive Elements\Resistors\Resistor(Ⅰ)
输入接口	MAST Part Library\Schematic Design\Connectors\Offpage Left(input)
输出接口	MAST Part Library\Schematic Design\Connectors\Offpage Right(output)
参考地	Power System\Source, Power& Ground\Power& Ground\Ground (Saber Node 0)

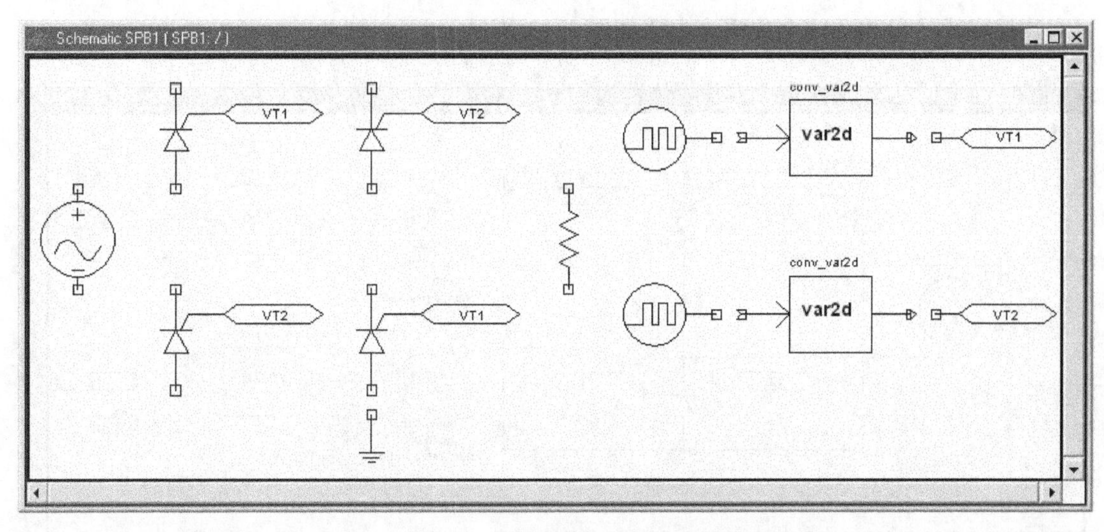

图3-12　提取仿真元器件

（2）元器件参数设置　在进行电路仿真之前，需要合理设置电路中各元器件的参数，各元器件属性设置见表3-6，触发延迟角设置为30°。这里需要对前面章节中未使用过的部分元器件做简要说明。

表3-6　元器件属性

元器件名称	属　性　名	值
电源	amplitude（幅值）	310
	frequence（频率）	50
控制源时钟信号1	initial（初始值）	0
	pulse（脉冲值）	1
	period（周期）	20m
	tr（上升时间）	1u
	tf（下降时间）	1u
	width（脉冲宽度）	0.1m
	start_ delay（触发延迟）	1.667m
控制源时钟信号2	initial（初始值）	0
	pulse（脉冲值）	1
	period（周期）	20m
	tr（上升时间）	1u
	tf（下降时间）	1u
	width（脉冲宽度）	0.1m
	start_ delay（触发延迟）	11.667m
电阻	rnom（阻值）	5
输入输出端口	Name（端口名称）	VT1/VT2

输入输出接口：在输入输出接口上可以设置接口名称，相同名称的两个接口在电气上是相连的，即具有相同名称的接口相当于是用一根导线连接起来的，接口一般用于较复杂的仿真模型中，多使用在连线较多或需要连线的元器件距离较远的情况下，这样可以使模型简洁明了。

连接完成的单相桥式全控整流电路如图 3-13 所示。

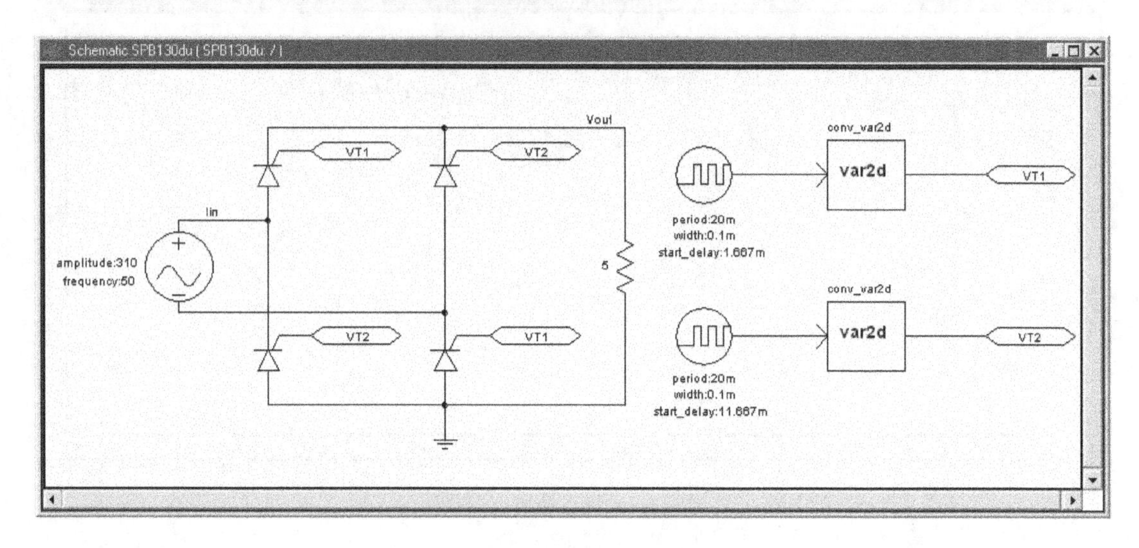

图 3-13　单相桥式整流电路仿真模型

（3）执行瞬态分析　这里分别对触发脉冲、输入电流、输出电压和输出电流进行观测，仿真结果如图 3-14 所示。

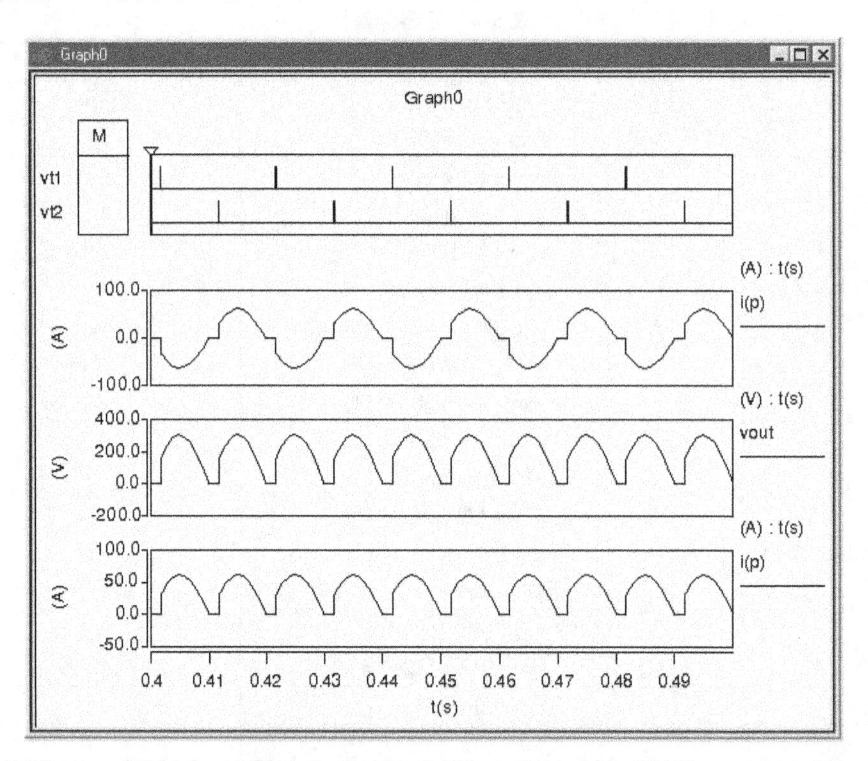

图 3-14　触发延迟角为 30°单相桥式整流电路的仿真结果

5. 单相桥式全控整流电路（阻感负载）

在阻感负载单相桥式全控整流电路中，由于电感的存在，使输出电压出现负波形，如果负载电感很大，则负载电流连续且波形近似为一条直线，流过晶闸管的电流为矩形波。阻感负载电路如图3-15所示。

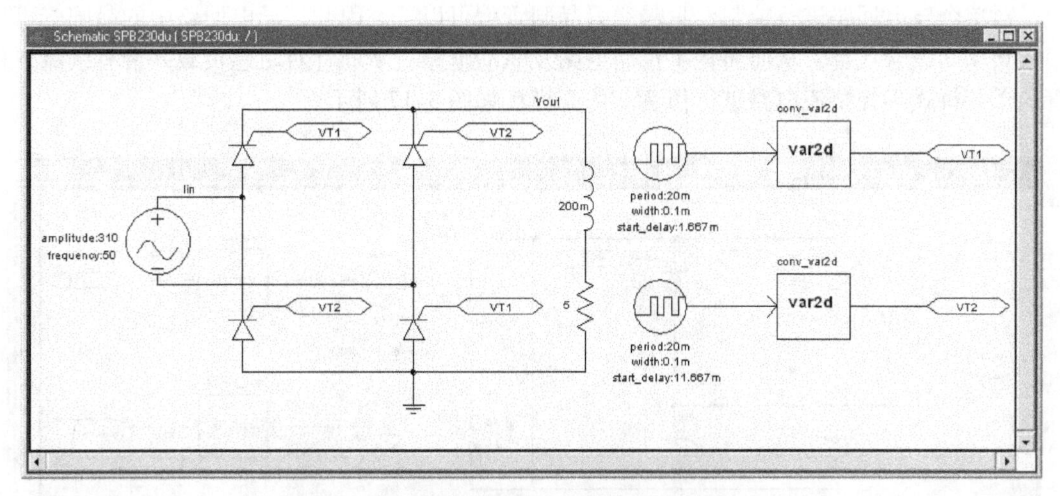

图3-15　单相桥式全控整流电路阻感负载电路仿真模型

电路中，电感元件的提取路径见表3-7。

表3-7　电感提取路径

元件名称	提取路径
电感	Power System\Passive Elements\Inductors&Coupling\Inductor(-)

在仿真之前还需对电感的参数进行设置，设置方法与之前相同，将电感属性的l（感值）设置为200m，其他参数不变，晶闸管脉冲、输出电流与电压的仿真结果如图3-16所示。

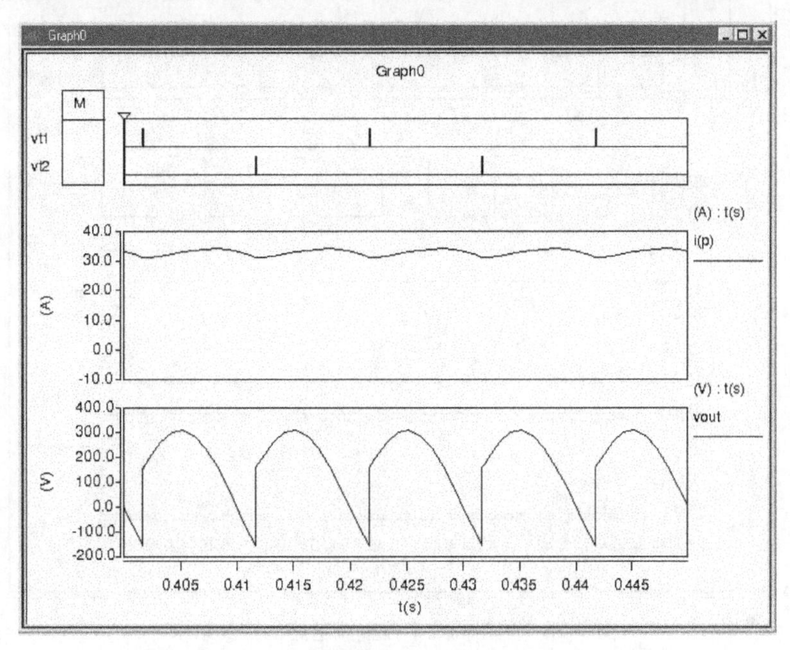

图3-16　阻感负载单相桥式整流电路的仿真结果

6. 单相桥式半控整流电路

在单相桥式全控整流电路中，每半个周期由两只晶闸管同时导通以控制导电回路，实际上，对单个导电回路进行控制，只需一只晶闸管就可以了。因此，导电回路中的晶闸管可以用大功率二极管代替，从而简化了控制电路及驱动电路，下面针对阻感负载并带有续流二极管的单相桥式半控整流电路进行仿真。仿真模型如图 3-17 所示。

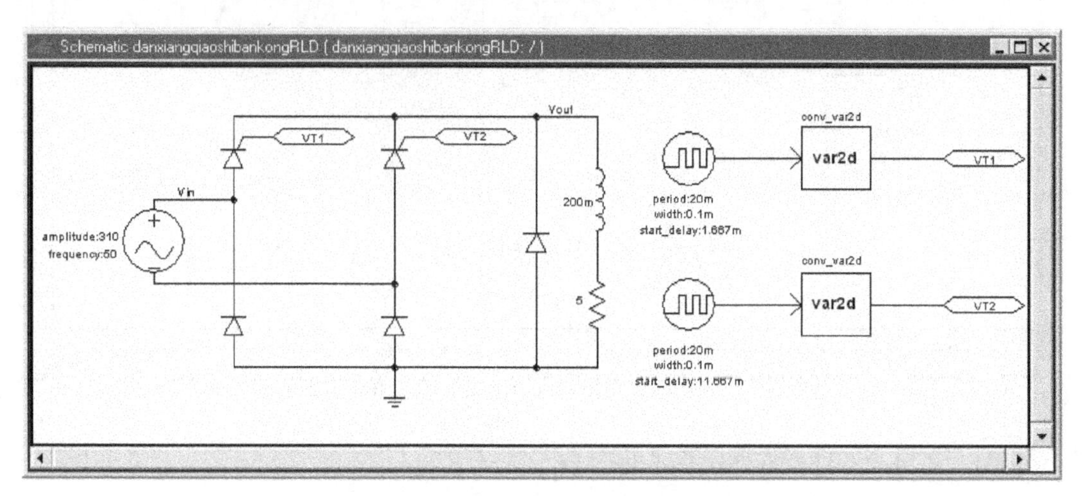

图 3-17　单相桥式半控整流电路仿真模型

脉冲信号、晶闸管 VT1 流过的电流、负载两端电压与负载电流的仿真结果如图 3-18 所示。

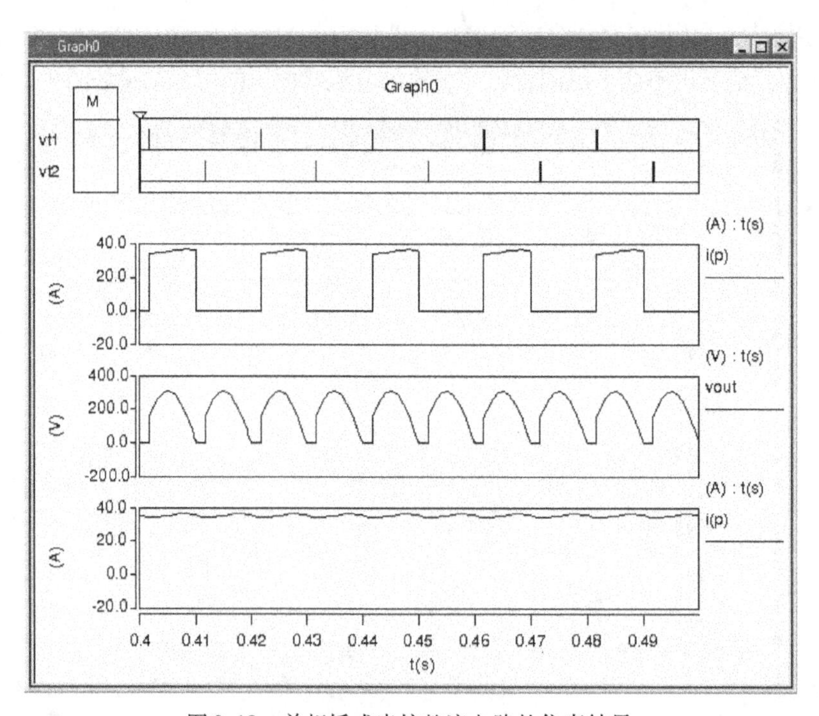

图 3-18　单相桥式半控整流电路的仿真结果

续流过程由续流二极管完成，在续流阶段晶闸管关断，从而避免了某一只晶闸管持续导通使电路失控，同时续流期间导电回路中只有一个管压降，有利于降低损耗。

3.1.2 三相可控整流电路仿真

单相整流电路的输出电压较低，给负载提供的容量较小，输出电压的谐波分量较大。当整流负载容量较大，或要求直流电压脉动小、易滤波，或要求快速控制时，通常情况采用对电网来说是平衡的三相整流装置。

三相整流电路的类型很多，包括三相半波、三相全控桥式、三相半控桥式、双反星形以及由此发展起来的适用于大功率的 12 相整流电路等。但最基本的电路还是三相半波整流电路，其余类型的电路都可以看作是三相半波电路以不同方式串联或并联组成的。

1. 三相半波可控整流电路（共阴极）

三相半波可控整流的特点是：只对半波整流，晶闸管采取共阴极接法，负载电路是通过“地”构成的回路。仿真电路如图 3-19 所示，这里晶闸管的触发延迟角为 30°。

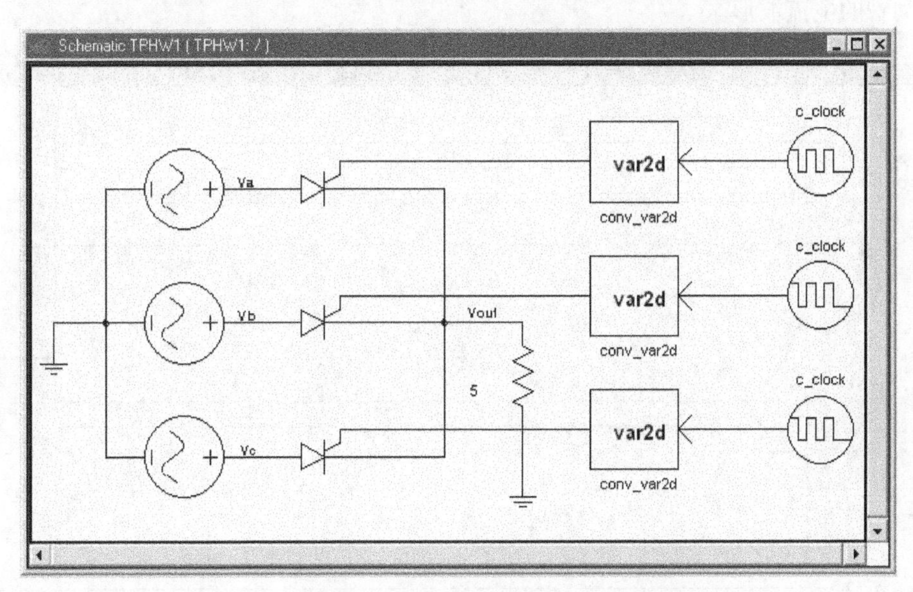

图 3-19 共阴极三相半波可控整流电路仿真模型

图中所使用的电子元器件已经在前面章节介绍过，因此元器件的提取路径这里不再赘述。由于三相电源每相之间存在相位差的问题，因此这里重点说明如何设置三相电源及晶闸管驱动信号。元器件参数设置见表 3-8，三相电源幅值及频率均相同，只是相位不同；三相控制信号只是触发延迟不同，其余参数均相同。

表 3-8 元器件属性

元器件名称	属 性 名	值
电源 a	amplitude（幅值）	310
	frequence（频率）	50
	phase（相位）	0
电源 b	phase（相位）	-120

（续）

元器件名称	属 性 名	值
电源 c	phase（相位）	120
控制源时钟信号 a	initial（初始值）	0
	pulse（脉冲值）	1
	period（周期）	20m
	tr（上升时间）	1u
	tf（下降时间）	1u
	width（脉冲宽度）	1m
	start_delay（触发延迟）	1.667m
控制源时钟信号 b	start_delay（触发延迟）	20m/3 +1.667m
控制源时钟信号 c	start_delay（触发延迟）	40m/3 +1.667m

仿真结果如图 3-20 所示。图中包含三相驱动信号、三相电压源波形、负载电压波形及流过晶闸管的电流波形。

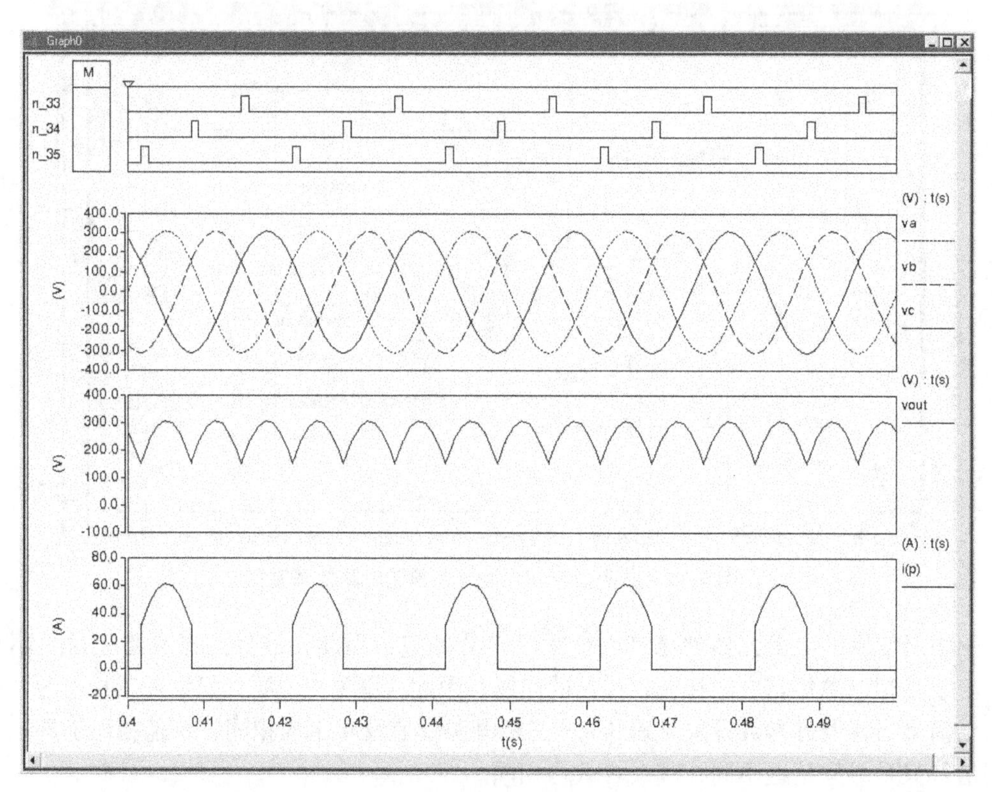

图 3-20 共阴极三相半波可控整流电路的仿真结果

2. 三相半波可控整流电路（共阳极）

三只晶闸管的阳极接成公共端就构成了共阳极的三相半波可控整流电路。此时，只有阳极电位高于阴极电位时，晶闸管才能导通，因此，晶闸管需在相电压的负半周才能被触发。其工作时的波形与共阴极接法类似，只是输出极性不同，共阳极三相半波可控整流电路仿真模型如图 3-21 所示。

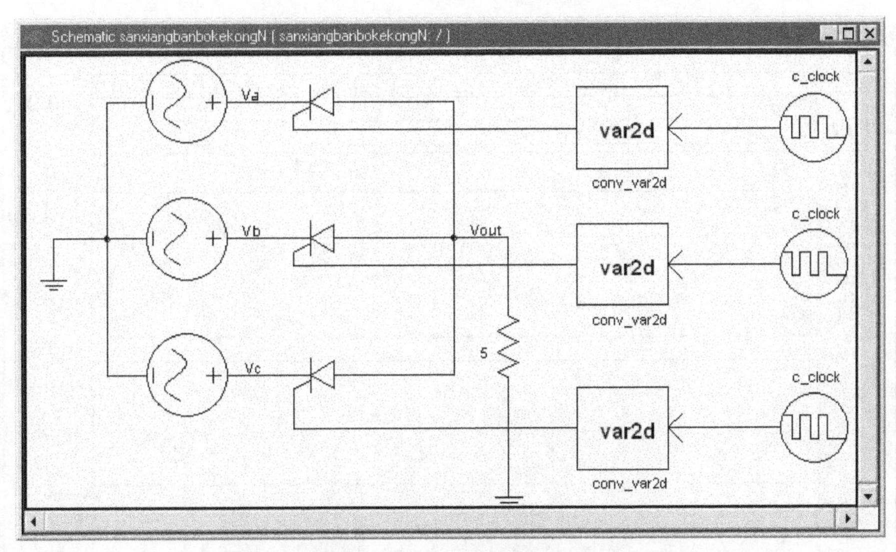

图3-21　共阳极三相半波可控整流电路仿真模型

在该电路中，由于晶闸管为共阳极接法，因此与之前共阴极接法相比，其驱动信号相位要滞后180°，控制源时钟信号属性设置见表3-9。

表3-9　控制源时钟信号属性设置

元器件名称	属 性 名	值
控制源时钟信号 a	initial（初始值）	0
	pulse（脉冲值）	1
	period（周期）	20m
	tr（上升时间）	1u
	tf（下降时间）	1u
	width（脉冲宽度）	0.1m
	start_delay（触发延迟）	11.667m
控制源时钟信号 b	start_delay（触发延迟）	20m/3 +11.667m
控制源时钟信号 c	start_delay（触发延迟）	40m/3 +11.667m

三相驱动信号、三相电压源波形、负载电压波形及流过晶闸管的电流波形如图3-22所示。

3. 三相桥式全控整流电路（电阻负载）

三相桥式全控整流电路可以看作共阴极三相半波可控整流电路（VT1、VT3、VT5）与共阳极三相半波可控整流电路（VT4、VT6、VT2）的串联。共阴极组在相电压的正半周导通，共阳极组在相电压的负半周导通，输出电压是正负两个输出电压的串联。三相桥式全控整流电路仿真模型如图3-23所示，图中触发延迟角 $\alpha = 0°$。

三相桥式全控整流电路其特点为：在一个周期内，晶闸管的导通顺序为VT1→VT2→VT3→VT4→VT5→VT6，相位依次相差60°，共阴极组（VT1、VT3、VT5）的触发脉冲依次相差120°，共阳极组（VT4、VT6、VT2）的触发脉冲依次相差120°，同一相上下桥臂的触发脉冲相差180°；每个时刻均需要两只晶闸管同时导通，向负载提供回路，共阴极组和共

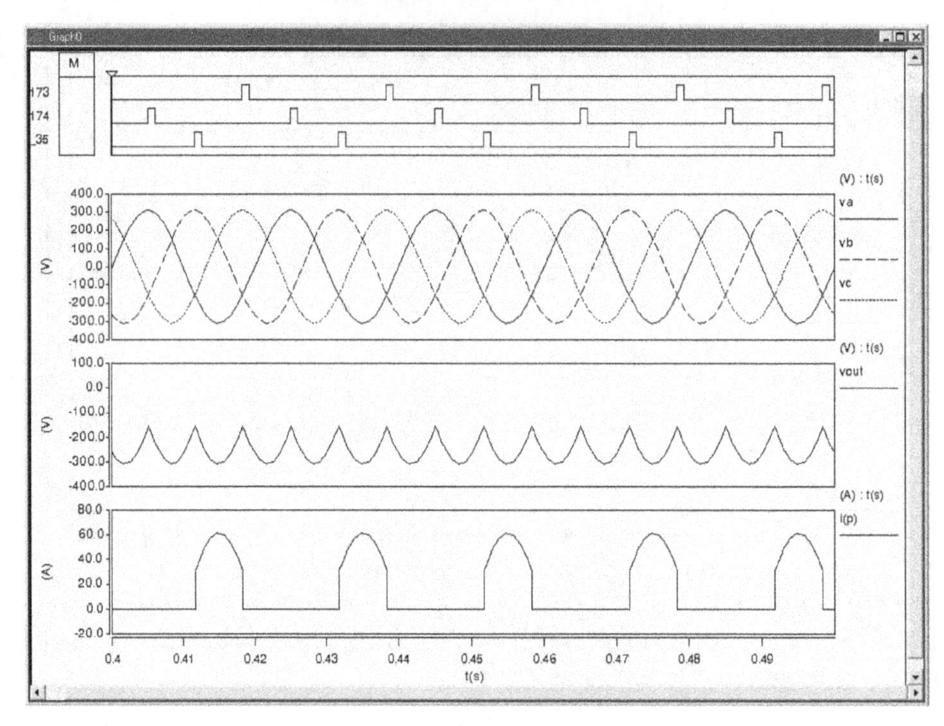

图 3-22　共阳极三相半波可控整流电路的电流波形

阳极组各一只晶闸管导通且不能为同一相；整流输出电压在一个周期内脉动 6 次，每次脉动波形完全相同。

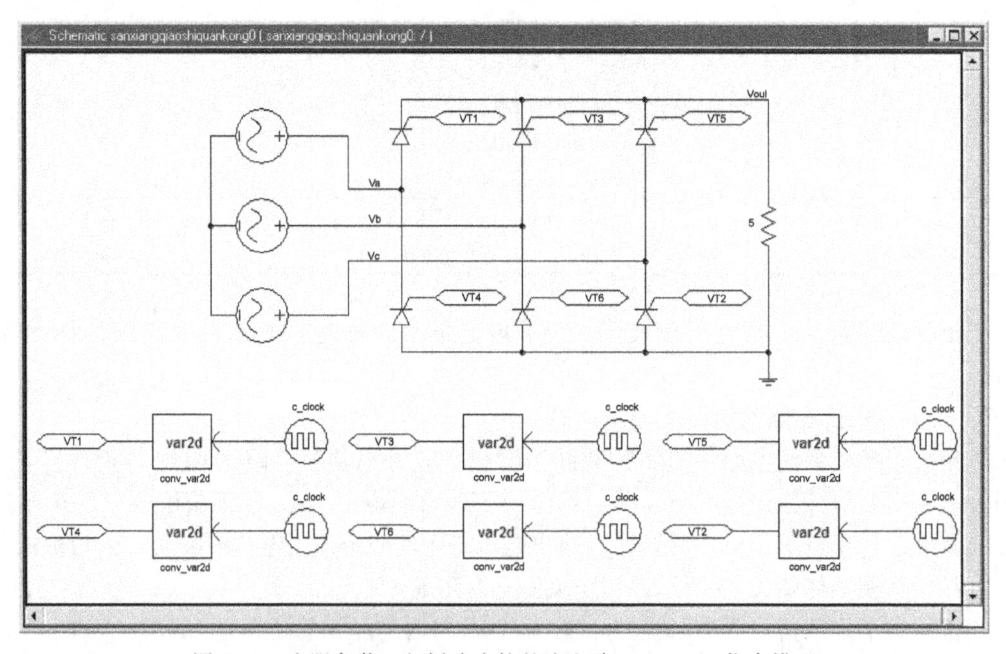

图 3-23　电阻负载三相桥式全控整流电路（$\alpha=0°$）仿真模型

这里对 6 只晶闸管触发脉冲的相位要求十分严格，稍有不当，仿真就会出现错误提示，控制源时钟信号属性设置见表 3-10。

表3-10　$\alpha=0°$控制源时钟信号属性设置

元器件名称	属　性　名	值
控制源时钟信号1	initial（初始值）	0
	pulse（脉冲值）	1
	period（周期）	20m
	tr（上升时间）	1u
	tf（下降时间）	1u
	width（脉冲宽度）	1m
	start_delay（触发延迟）	1.667m
控制源时钟信号2	start_delay（触发延迟）	10m/3+1.667m
控制源时钟信号3	start_delay（触发延迟）	20m/3+1.667m
控制源时钟信号4	start_delay（触发延迟）	10m+1.667m
控制源时钟信号5	start_delay（触发延迟）	40m/3+1.667m
控制源时钟信号6	start_delay（触发延迟）	50m/3+1.667m

三相桥式全控整流电路仿真结果（三相驱动信号、流过晶闸管的电流波形及负载电压波形）如图3-24所示。由于参考地设置的原因，Va、Vb、Vc对“地”测试所得到的波形并非理想正弦信号，但对实验结果无影响，因此图中未给出测试波形。

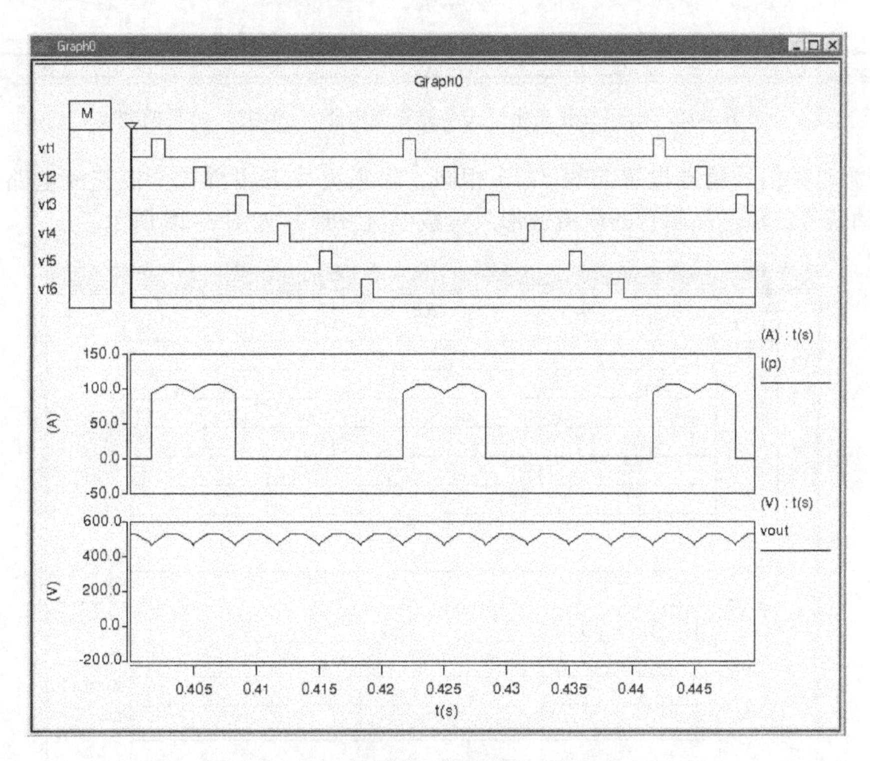

图3-24　三相桥式全控整流电路仿真结果

4. 三相桥式全控整流电路（阻感负载）

三相桥式全控整流电路多数情况下用于阻感负载，阻感负载与电阻负载的区别在于：由于负载电感的存在，相同的输出整流电压加到负载上，得到的负载电流波形不同，如果电感值足够大，输出负载电流近似一条水平线。$\alpha = 0°$时，阻感负载三相桥式全控整流电路如图3-25所示。

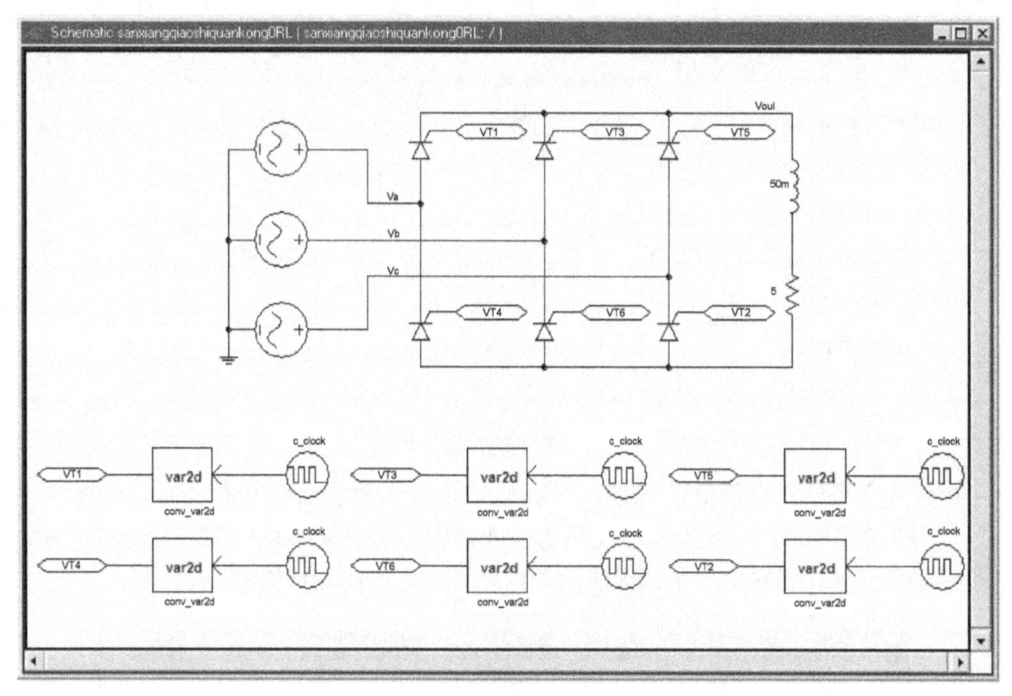

图3-25　阻感负载三相桥式全控整流电路（$\alpha = 0°$）仿真模型

控制源时钟信号属性设置与表3-10相同，阻感负载三相桥式全控整流电路仿真结果（三相驱动信号、流过晶闸管的电流波形及负载电流波形）如图3-26所示。

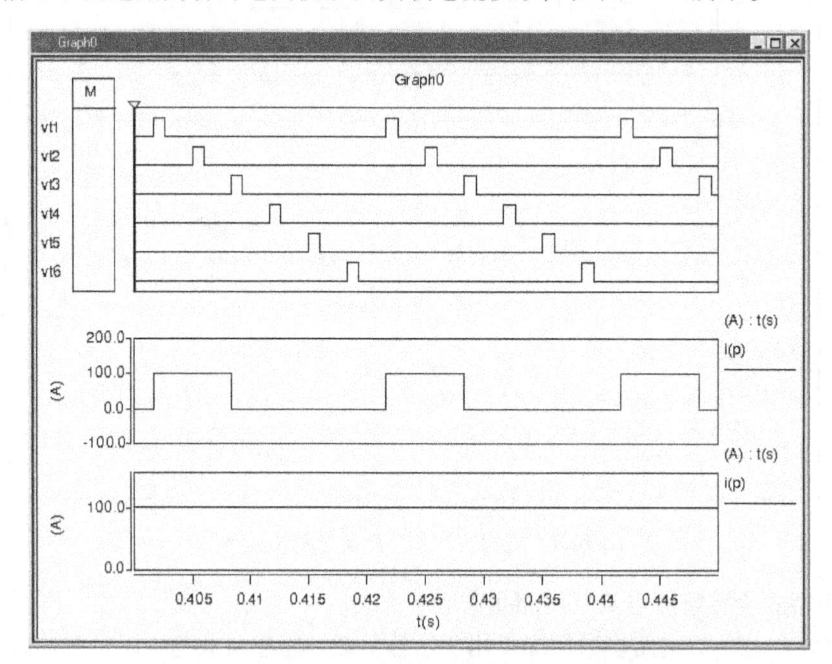

图3-26　阻感负载三相桥式全控整流电路仿真结果

5. 三相桥式半控整流电路（电阻负载）

在中等容量的整流装置或不要求可逆的电力拖动中，可采用比三相桥式全控整流电路更简单、经济的三相桥式半控整流电路，它由共阴极接法的三相半波可控整流电路和共阳极接法的三相半波不可控整流电路串联而成，整流二极管总是在自然换流点换流，晶闸管则要在触发脉冲的控制下换到阳极电位高的那一相中去，输出电压是两组整流电压之和。电阻负载三相桥式半控整流电路如图3-27所示。

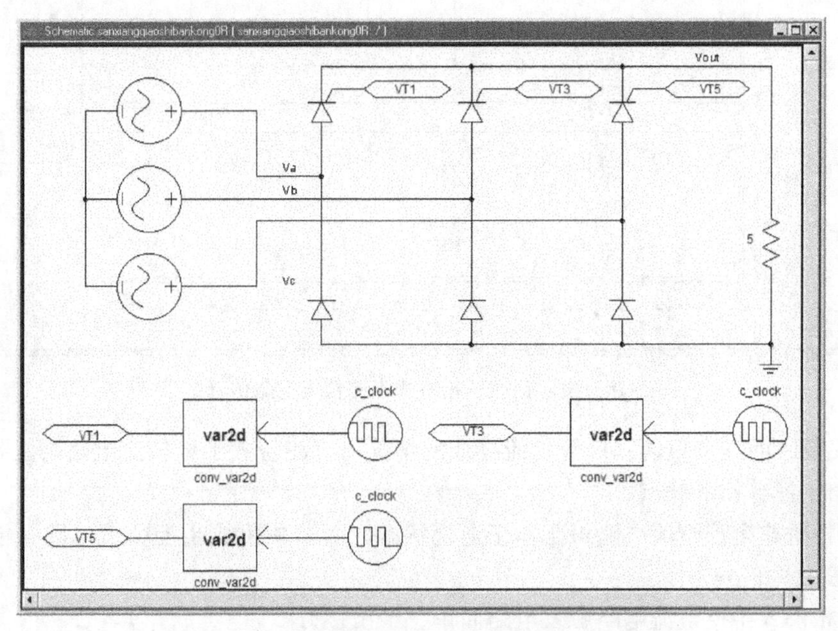

图3-27　电阻负载三相桥式半控整流电路仿真模型

控制源时钟信号属性设置见表3-11。

表3-11　控制源时钟信号属性设置

元器件名称	属　性　名	值
控制源时钟信号1	initial（初始值）	0
	pulse（脉冲值）	1
	period（周期）	20m
	tr（上升时间）	1u
	tf（下降时间）	1u
	width（脉冲宽度）	1m
	start_delay（触发延迟）	1.667m
控制源时钟信号3	start_delay（触发延迟）	20m/3+1.667m
控制源时钟信号5	start_delay（触发延迟）	40m/3+1.667m

电阻负载三相桥式半控整流电路仿真结果（三相驱动信号、流过晶闸管的电流波形及负载电压波形）如图3-28所示。

6. 三相桥式半控整流电路（阻感负载加续流二极管）

大电感负载两端必须加续流二极管，否则当控制角大于180°时，会发生某个导通的晶

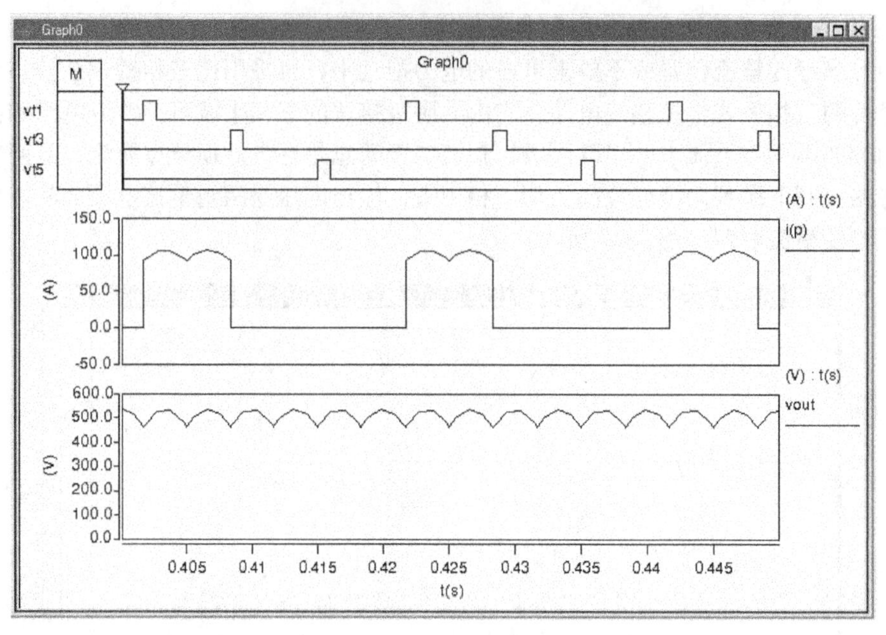

图 3-28　电阻负载三相桥式半控整流电路仿真结果

闸管不能关断，而三个整流二极管轮流导通的情况。三相桥式半控整流电路与三相桥式全控整流电路相比各有如下优点：

1）三相桥式全控整流电路可工作于逆变状态，而三相桥式半控整流电路只能工作于可控整流状态。

2）三相桥式半控整流电路触发电路简单，经济性好。

3）三相桥式全控整流电路输出电压脉动小。

阻感负载带续流二极管三相桥式半控整流电路如图 3-29 所示。

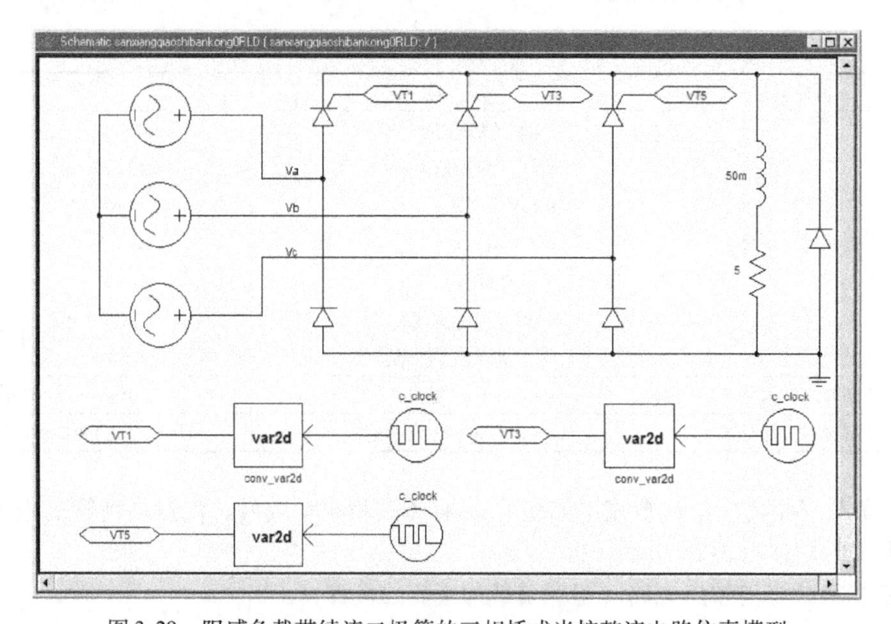

图 3-29　阻感负载带续流二极管的三相桥式半控整流电路仿真模型

阻感负载带续流二极管的三相桥式半控整流电路仿真结果（三相驱动信号、流过晶闸管的电流波形及负载电压波形）如图3-30所示。

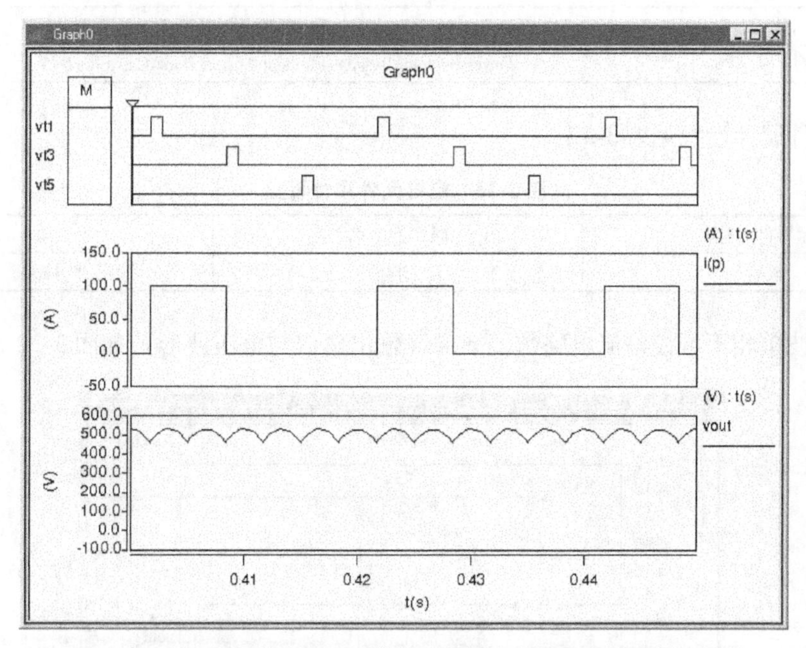

图3-30　阻感负载带续流二极管的三相桥式半控整流电路仿真结果

3.1.3　电容滤波不可控整流电路仿真

前面章节所介绍的整流电路均是可控整流电路，而在许多应用场合中，也会采用不可控整流电路经电容滤波后向负载提供直流电源，供逆变器、斩波器等使用。不可控整流电路的形式与全控整流电路类似，只是将其中的晶闸管换为整流二极管。目前比较常用的是单相不可控整流电路和三相不可控整流电路。

1. 感容滤波单相不可控整流电路

此电路常用于小功率场合，电路仿真模型如图3-31所示。

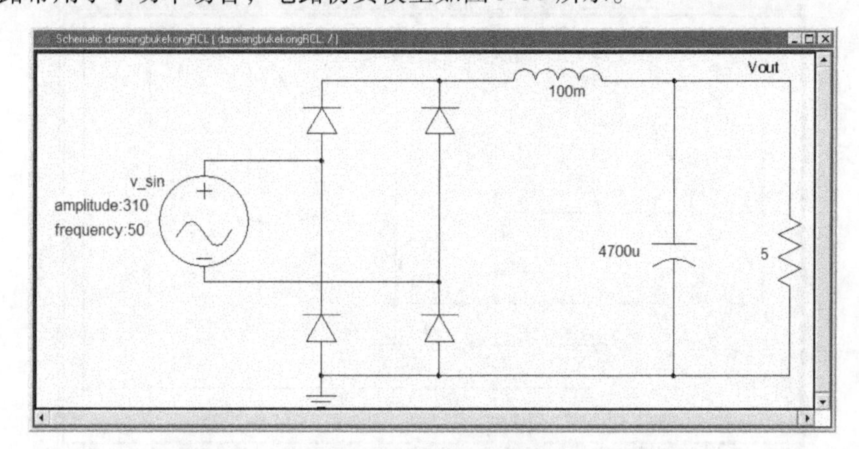

图3-31　感容滤波单相不可控整流电路仿真模型

电路中，电感元件的提取路径见表 3-12。

表 3-12　电容提取路径

元器件名称	提 取 路 径
电容	Power System\Passive Elements\Capacitors\Capacitor(Ⅰ)

电容元件属性设置见表 3-13。

表 3-13　电容元件属性设置

元器件名称	属　性　名	值
电容	C（容值）	4700u

感容滤波单相不可控整流电路仿真结果（输出电流与电压波形）如图 3-32 所示。

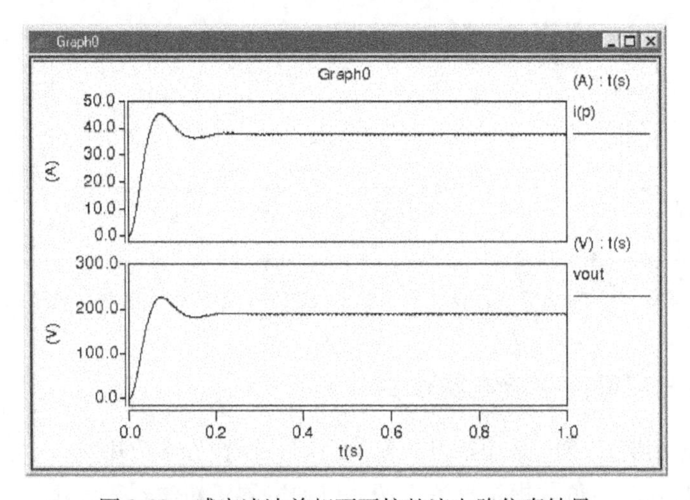

图 3-32　感容滤波单相不可控整流电路仿真结果

2. 感容滤波三相不可控整流电路

在三相不可控整流电路中，最常见的是三相桥式结构，电路仿真模型如图 3-33 所示。

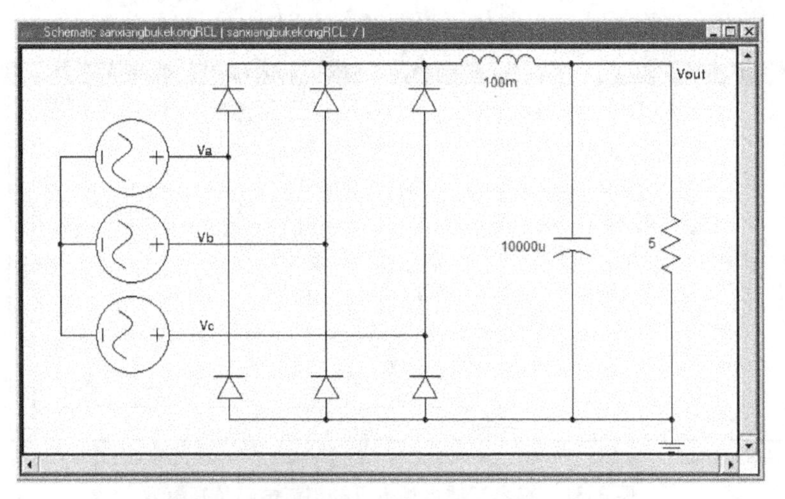

图 3-33　感容滤波三相不可控整流电路仿真模型

由于三相电源每相之间存在相位差的问题，因此这里需说明如何设置三相电源。元器件参数设置见表3-14，三相电源幅值及频率均相同，只是相位不同。

表3-14　元器件属性

元器件名称	属　性　名	值
电源 a	amplitude（幅值）	310
	frequency（频率）	50
	phase（相位）	0
电源 b	phase（相位）	-120
电源 c	phase（相位）	120

感容滤波三相不可控整流电路仿真结果如图3-34所示。

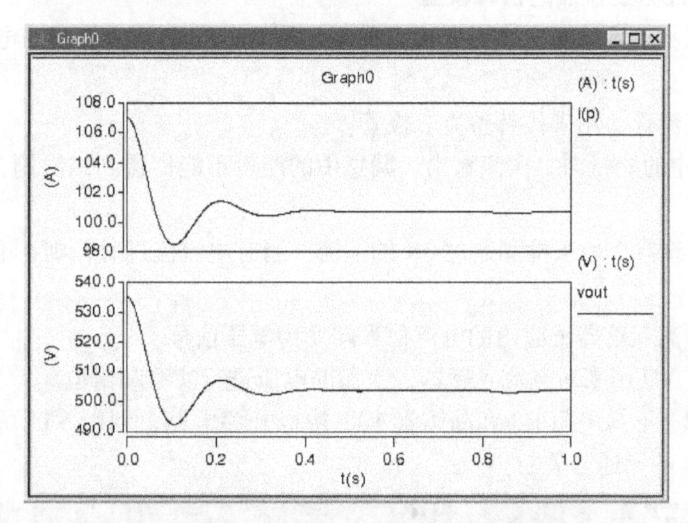

图3-34　感容滤波三相不可控整流电路仿真结果

3.1.4　同步整流电路仿真

在本节中，将要讨论基于同步整流技术的反激变换器。反激变换器具有电路简单、输入输出电压隔离、成本低、空间要求少等优点，在小功率开关电源中得到了广泛的应用。但输出电压较低时，输出电流较大。传统的反激变换器，二次侧整流二极管通态损耗和反向恢复损耗较大、效率较低。利用同步整流技术，可以将整流二极管用通态电阻极低的功率MOSFET来替代，将同步整流技术应用到反激变换器，能够很好地提高变换器效率。

1. 同步整流反激变换器的工作原理

反激变换器二次侧的整流二极管用理想开关代替，构成同步整流反激变换器，基本拓扑结构如图3-35a所示。

为实现反激变换器的同步整流，一次侧开关管与二次侧同步整流管必须按顺序工作，即两管的导通时间不能重叠。当一次侧开关管导通时，同步整流管关断，变压器储存能量；当一次侧开关管关断时，同步整流管导通，变压器将存储的能量传递到负载，驱动信号时序如图3-35b所示。在实际电路中，为了避免两管同时导通，在两管导通与关断时刻之间应有一定时间的延迟。

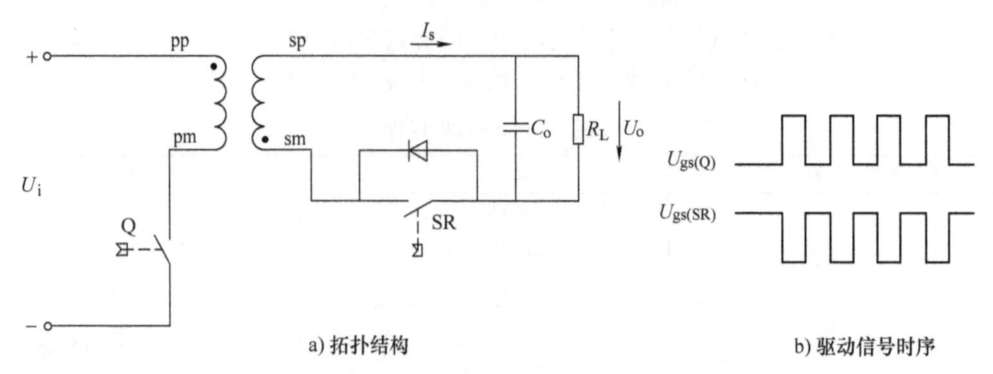

a) 拓扑结构　　b) 驱动信号时序

图 3-35　同步整流反激变换器的工作原理基本拓扑

2. 同步整流反激变换器的仿真模型

图 3-36 为同步整流反激变换器的仿真模型。图中，同步整流管驱动电路各元器件的功能说明如下：

SR 为同步整流管，用来代替整流二极管。

一次侧电感中的能量向二次侧输出，漏感中的能量不能传递到二次侧，转移到电容 Cc，通过 Rc 消耗掉。

T2 为电流互感器，用来检测通过 SR 的电流，当有电流流过时，则在电流互感器二次侧感应出电流。

R1 用来将电流互感器感应出的电流信号转变为电压信号。

C1 和二极管 VD 用来对电流互感器二次侧的电压进行滤波和钳位。

偏置电阻 R2、下拉电阻 R3 和晶体管 VT1 构成开关电路，利用 VT1 的饱和与截止，实现同步整流管 SR 的导通与关断。

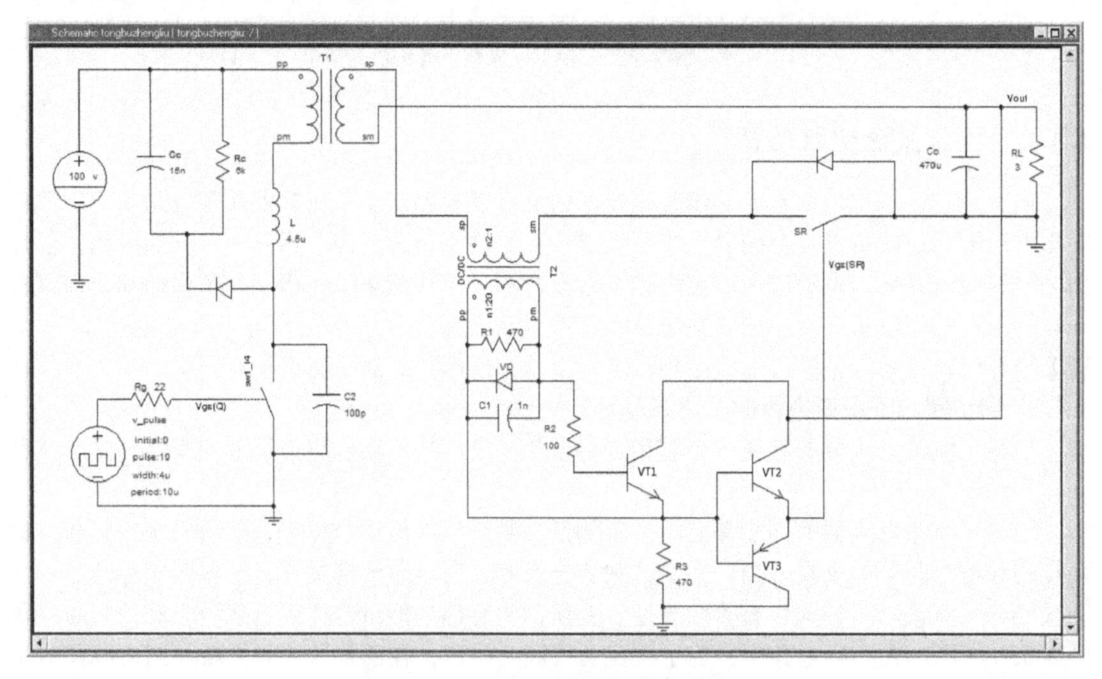

图 3-36　同步整流反激变换器仿真电路

VT2 和 VT3 构成图腾柱输出电路，提供足够大的电流，使同步整流管的驱动电压迅速上升到所需值，保证同步整流管快速导通，同时为同步整流管关断时提供反向抽取电流回路，加速其关断。

同步整流管的驱动是同步整流电路的一个重要问题，需要合理选择。本节采用分立器件构成驱动电路，该驱动电路结构简单、成本较低，适合宽输入电压范围的变换器。SR 的驱动电压取自变换器输出电压，因此使用该驱动电路的同步整流变换器的输出电压需满足 SR 驱动电压要求。该驱动电路的基本工作原理是：电流互感器 T2 与二次侧同步整流管串联在同一支路，用来检测流过同步整流管的电流，当有电流流过时，在互感器二次侧感应出电流，该电流通过 R1 转变成电压信号，当电压值达到并超过晶体管 VT1 的发射结正向电压时，VT1 导通，达到二极管 VD 导通电压时，VD 导通对其钳位。晶体管 VT1 导通后，输出电压通过图腾柱输出电路驱动 SR 导通。当 SR 中的电流在电流互感器二次侧电阻 R1 上的采样电压降低到 VT1 导通的阈值以下时，VT1 关断，SR 关断。

电路中，变压器和电流互感器的提取路径见表 3-15。

表 3-15　元器件提取路径

元器件名称	提 取 路 径
变压器 T1	MAST Part Library\Magnetics\Transformers\Transformer, 2 Wind Linear
电流互感器 T2	MAST Part Library\Magnetics\Transformers\Transformer, 2 Wind DC
开关 SR	MAST Part Library\Electronic\Digital Blocks\Switch, Analog SPST w\Logic Enbl

设计技术指标如下：

输入电压 U_i：100 ~ 375V（DC）；

输出电压 U_o：12V；

开关频率：100kHz；

占空比：40%；

工作方式：连续模式。

电路中，由于元器件的个数较多，各元器件参数的设置可参见图 3-36。

对瞬态分析仿真器的设置需要注意的是，由于电路复杂且开关频率的设计较高，因此电路仿真的速度较慢，如果仿真长时间处于运行状态，可通过单击窗口中的 Stop 来终止仿真进程，此时 CosmosScope 也会自动运行，不会影响仿真结果，只是显示的时间轴长短不同。为了顺利地完成仿真，这里对瞬态分析仿真器做如下设置：

End Time：60m；

Time Step：1u；

Run DC Analysis First：Yes；

Plot After Analysis：Yes-Open Only；

Waveforms at Pins：Across and Through Variables。

这里分别对两个晶体管的触发脉冲、输出电压和输出电流进行观测，仿真结果如图 3-37 所示。

仿真结果与本节对同步整流反激变换器和同步整流管驱动电路的工作原理分析一致，同时仿真结果证明，该驱动电路可以很好地实现同步整流功能。

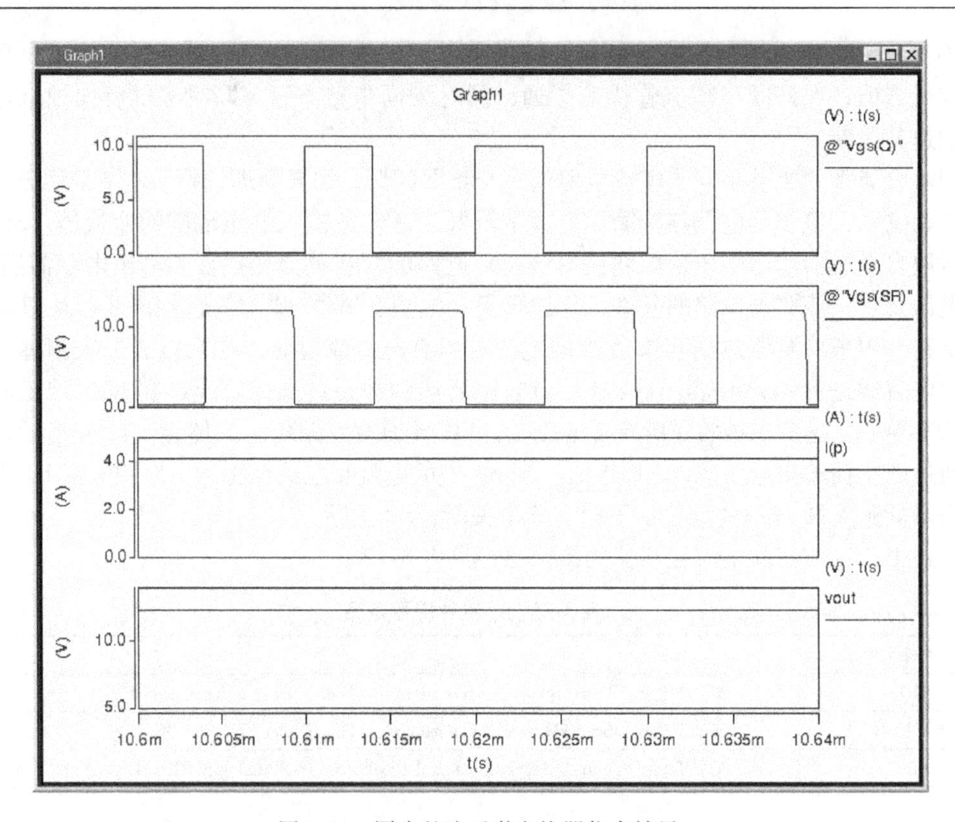

图 3-37　同步整流反激变换器仿真结果

图 3-38 为输入电压 100V、200V、250V、300V 和 375V 满载条件下，分别采用同步整流和二极管整流时系统效率的分布图。可以看出，在多个电压等级下，同步整流的效率都要优于二极管整流。

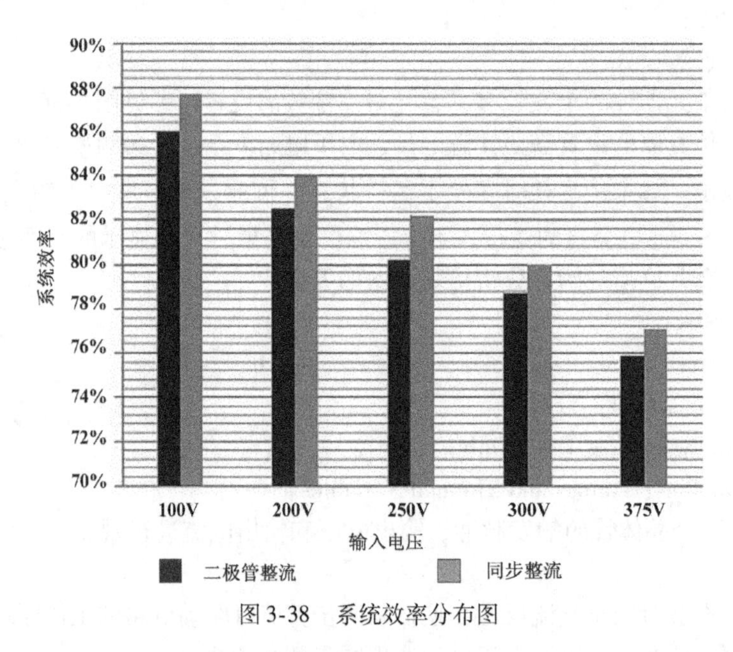

图 3-38　系统效率分布图

3.1.5　功率因数校正电路仿真

功率因数指的是有效功率与总耗电量（视在功率）之间的关系，也就是有效功率除以总耗电量（视在功率）的比值。基本上，功率因数可以衡量电力被有效利用的程度，当功率因数值越大，代表其电力利用率越高。

而传统的 AC-DC 变换器和开关电源，其输入电路普遍采用了全桥二极管不可控整流方式。虽然不可控整流器电路简单可靠，但它们会从电网中吸取高峰值电流，使输入端电流和交流电压均发生畸变。大量电气设备自身的稳压电源，其前置级电路实际上是一个峰值检波器，高压电容滤波器上的充电电压使整流器的导通角减小为原来的1/3，电流脉冲变成了非正弦的窄脉冲，因而在电网输入端产生了失真很大、时间很短、峰值很高的周期性尖峰电流。另外，输入电流中除基波外，还含有丰富的奇次谐波分量，这反映了这类装置网侧电流的较大畸变，且滤波电容 C 越大，网侧电流畸变越严重，功率因数也就越低。

在正弦电路中，功率因数是由电流与电压的相角差 φ 决定的，这种情况下功率因数就是 $\cos\varphi$。对于非正弦电路如公共电网，电压为纯正弦波形，而电流波形畸变较大，因此，功率因数（PF）定义为

$$PF = \frac{P}{S} = \frac{UI_1\cos\varphi}{UI} = \frac{I_1}{I}\cos\varphi = \gamma\cos\varphi \tag{3-1}$$

式中，P 为有功功率；S 为视在功率；I_1 为基波电流的有效值；I 为畸变电流的有效值；γ 为基波因数或畸变因子；$\cos\varphi$ 为基波电压与基波电流间的相移因数。

可见，功率因数（PF）是由基波因数和移相因数所决定的。$\cos\varphi$ 低，则表示用电设备的无功功率大，设备利用率低，导线、变压器绕组损耗大。同时，γ 值低，则表示输入电流谐波分量大，将造成输入电流波形畸变，对电网造成污染，严重时，还会造成三相四线制供电中线电位偏移，导致用电设备损坏。

电压谐波总畸变率 THD_u 和电流谐波总畸变率 THD_i 分别定义为

$$THD_u = \frac{U_\mathrm{h}}{U_1} \times 100\% \tag{3-2}$$

$$THD_i = \frac{I_\mathrm{h}}{I_1} \times 100\% \tag{3-3}$$

式中，U_h 为总谐波电压有效值；U_1 为基波电压有效值；I_h 为总谐波电流有效值；I_1 为基波电流有效值；

1. 未采取功率因数校正的电路仿真

图3-39所示为未采取功率因数校正的电路，本节以电容滤波单相不可控桥式整流电路为例进行仿真说明。

未采用功率因数校正电路的仿真结果（输入电压、输入电流及负载电压波形）如图3-40所示。

图中可以看出输入电流存在明显的畸变，这里需要对输入电流畸变率（THD）进行计算。在 Saber 中，THD 的计算很容易实现。想要测量 THD 的值，需要先进行时域仿真，可单击“Analyses”→“Fourier”→“Fourier”（见图3-41）打开傅里叶分析对话框（见图3-42）。

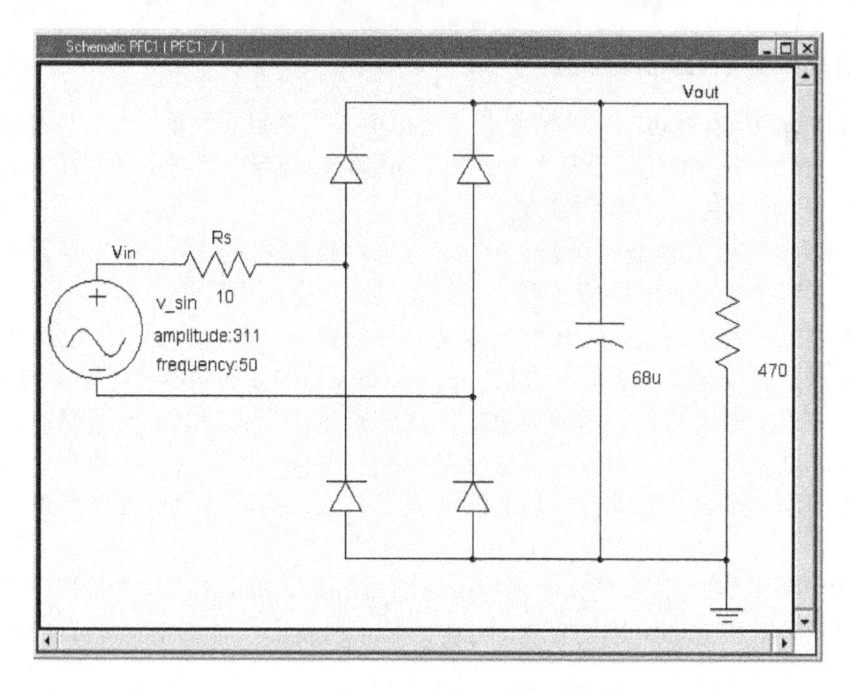

图 3-39　未采用功率因数校正的电路仿真模型

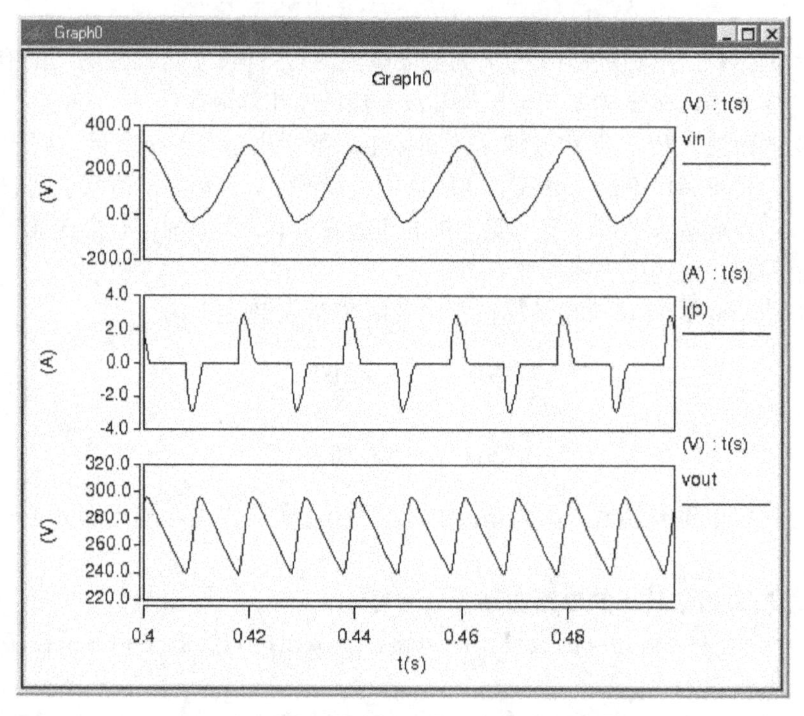

图 3-40　未采用功率因数校正电路的仿真结果

这里需要设置两个参数，一个是 Number of Harmonics（谐波数），一个是 Fundamental Frequency（基波频率），设置好参数后单击“OK”，运行完成后单击 >cmd 按钮，出现如图 3-43 所示界面，即可看到畸变率。

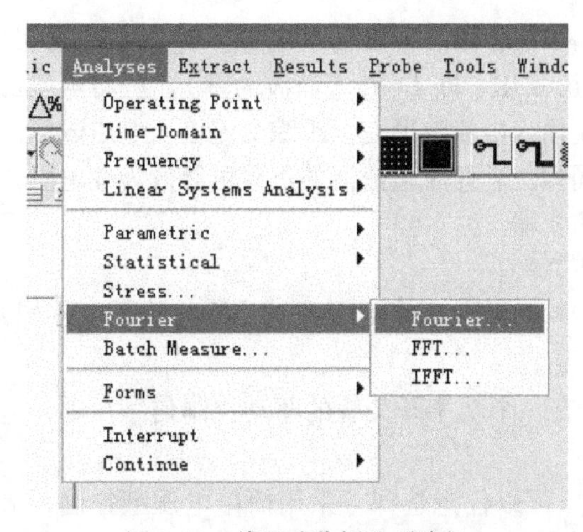

图3-41　傅里叶分析选项路径

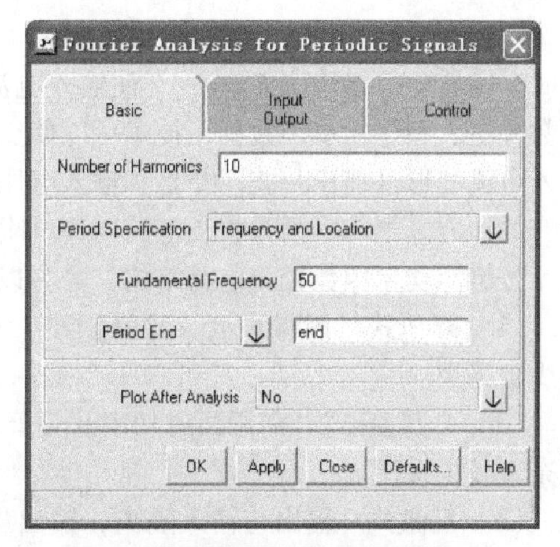

图3-42　周期信号傅里叶分析对话框

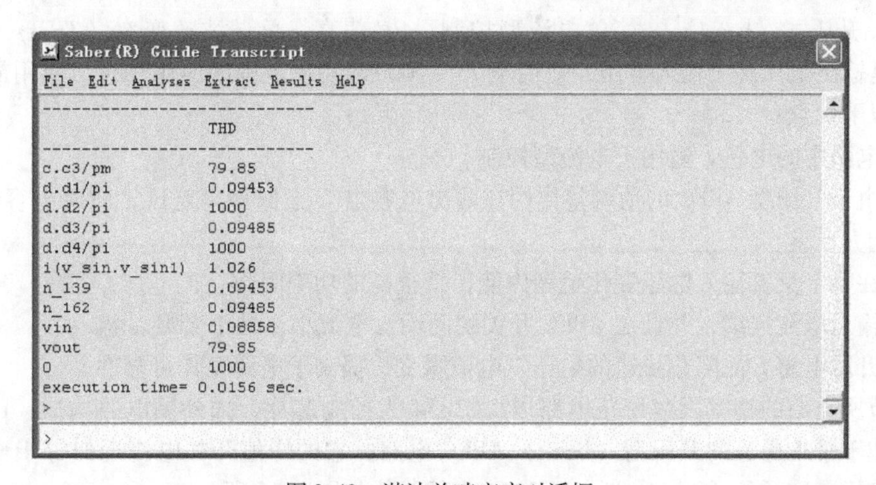

图3-43　谐波总畸变率对话框

如需要确定输入电流的畸变率，在 i（v_ sin. v_ sin1）对应的一行可以找到其 *THD* 值。功率因数可计算为

$$PF = \frac{1}{\sqrt{1 + THD^2}} = 69.8\%$$

2. 提高输入端功率因数的策略

对于整流电路而言，由于想要得到一个较为平滑的直流输出电压，所以采用了滤波电容。然而，正是滤波电容和整流二极管的非线性共同作用，使得输入电流发生了畸变。如果去掉滤波电容，则输入电流成为近似的正弦波，这提高了输入侧的功率因数并减少了输入电流的谐波，但整流电路的输出电压却为脉动波，不是所需的较平滑的直流输出电压。因此，要使输入电流为正弦波，同时输出电压为平滑的直流输出，需在整流电路和滤波电容之间插入功率因数校正电路，插入了功率因数校正环节的整流电路如图3-44所示。

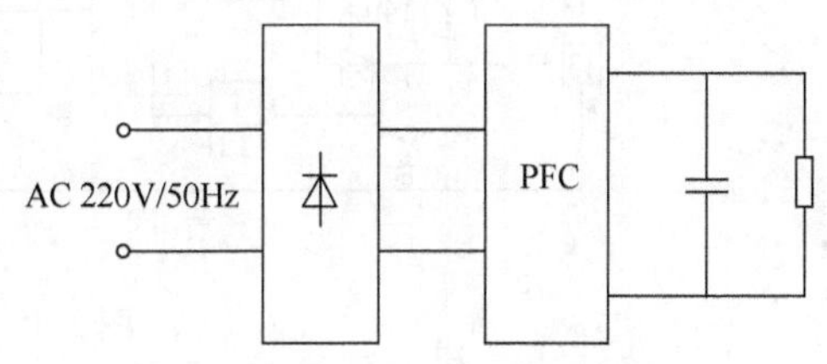

图3-44　采用功率因数校正的电路

由式（3-1）可知，要提高功率因数，有两个途径：①使输入电压、输入电流同相位。此时，$\cos\varphi=1$，所以 $PF=\gamma$；②使输入电流正弦化，即 $I=I_1$（谐波为零），从而实现功率因数校正。利用功率因数校正技术可以使交流输入电流波形完全跟踪交流输入电压波形，使输入电流波形呈纯正弦波，并且和输入电压同相位，此时整流器的负载可等效为纯电阻，所以有的地方又把功率因数校正电路叫作电阻仿真器。

按有源功率因数校正电路结构，分为以下几种：

（1）降压式　因噪声大，滤波困难，功率开关管上电压应力大，控制驱动电平浮动，很少被采用。

（2）升/降压式　需用两个功率开关管，有一个功率开关管的驱动控制信号浮动，电路复杂，较少采用。

（3）反激式　输出与输入隔离，输出电压可以任意选择，采用简单电压型控制，适用于 150W 以下功率的应用场合。

（4）升压式（boost）　简单电流型控制，*PF* 值高，总谐波畸变率（*THD*）小，效率高，但是输出电压高于输入电压，适用于 75～2000W 功率范围的应用场合，应用最为广泛。它具有以下优点：

1）电路中的电感 *L* 适用于电流型控制。

2）由于升压型 APFC 的预调整作用在输出电容器 *C* 上保持高电压，所以电容器 *C* 体积小、储能大。

3）在整个交流输入电压变化范围内能保持很高的功率因数。

4）输入电流连续，并且在 APFC 开关瞬间输入电流小，易于 EMI 滤波。

5）升压电感 *L* 能阻止快速的电压、电流瞬变，提高了电路工作可靠性。

本节所介绍的功率因数校正电路以 UC3854 为控制芯片，加外围电路构成。UC3854 是一种工作于平均电流的升压型（boost）APFC 电路，它的峰值开关电流近似等于输入电流，是目前使用最广泛的 APFC 电路，UC3854 内部结构如图 3-45 所示。

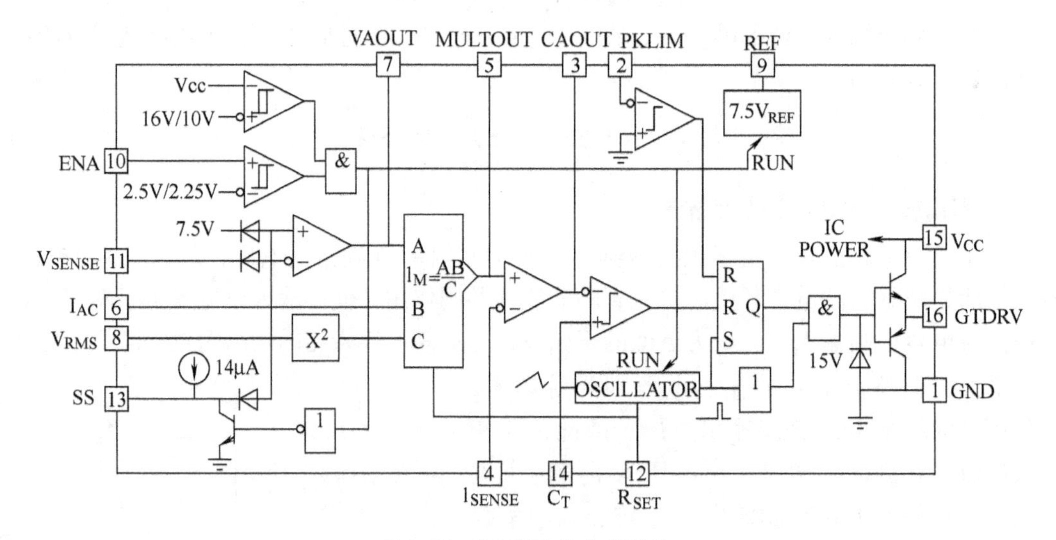

图 3-45　UC3854 的内部结构

UC3854引脚功能如下：

GND（引脚1）：接地端，器件内部电压均以此电压为基准。

PKLIM（引脚2）：峰值限定端，接电流检测电阻的电压负端，当电流峰值过高时，电路将被关闭。

CAOUT（引脚3）：电流误差放大器输出端，对输入总线电流进行检测，并向脉冲宽度调制器发出电流校正信号的宽带运放输出。

I_{SENSE}（引脚4）：电流检测信号接至电流放大器反向输入端，引脚电压应高于－0.5V（应采用二极管对地保护）。

MULTOUT（引脚5）：乘法放大器的输出和电流误差放大器的同相输入端。

I_{AC}（引脚6）：乘法器的前馈交流输入端，引脚的设定电压为6V。

VAOUT（引脚7）：误差电压放大器的输出电压，但若低于1V，乘法器便无输出。

V_{RMS}（引脚8）：前馈总线有效值电压端，与跟输入线电压有效值成正比的电阻相连时，可对线电压的变化进行补偿。

V_{REF}（引脚9）：基准电压输出端，可对外围电路提供10mA的驱动电流。

ENA（引脚10）：允许比较器输入端，不用时与＋5V电压相连。

V_{SENSE}（引脚11）：电压误差放大器反相输入端，在芯片外与反馈网络相连，或通过分压网络与功率因数校正器输出端相连。

R_{SET}（引脚12）：端信号与地接入不同的电阻，用来调节振荡器的输出和乘法器的最大输出。

SS（引脚13）：软启动端，与误差放大器同相端相连。

C_T（引脚14）：接对地电容器，作为振荡器的定时电容。

V_{CC}（引脚15）：正电源阈值为10～16V。

GTDRV（引脚16）；PWM信号的图腾输出端，外接MOSFET管的栅极，该电压被钳位在15V。

基于UC3854的功率因数校正电路如图3-46所示。

电路中，UC3854的提取路径见表3-16。

表3-16　UC3854提取路径

元器件名称	提取路径
UC3854	MAST Part Library\Electronic\PWM Control\PWM and PFC Component\UC3854

由于此电路结构极为复杂，因此电路仿真的速度较慢，而仿真时间不能设置得太短，否则电路还未达到稳定状态。这里对瞬态分析仿真器做如下设置：

End Time：300m；

Time Step：1u；

Run DC Analysis First：Yes；

Plot After Analysis：Yes-Open Only；

Waveforms at Pins：Across and Through Variables。

电路仿真结果如图3-47所示。

图中分别给出了输入电压、输入电流和输出电压的波形，输入电压由于对“地”测试

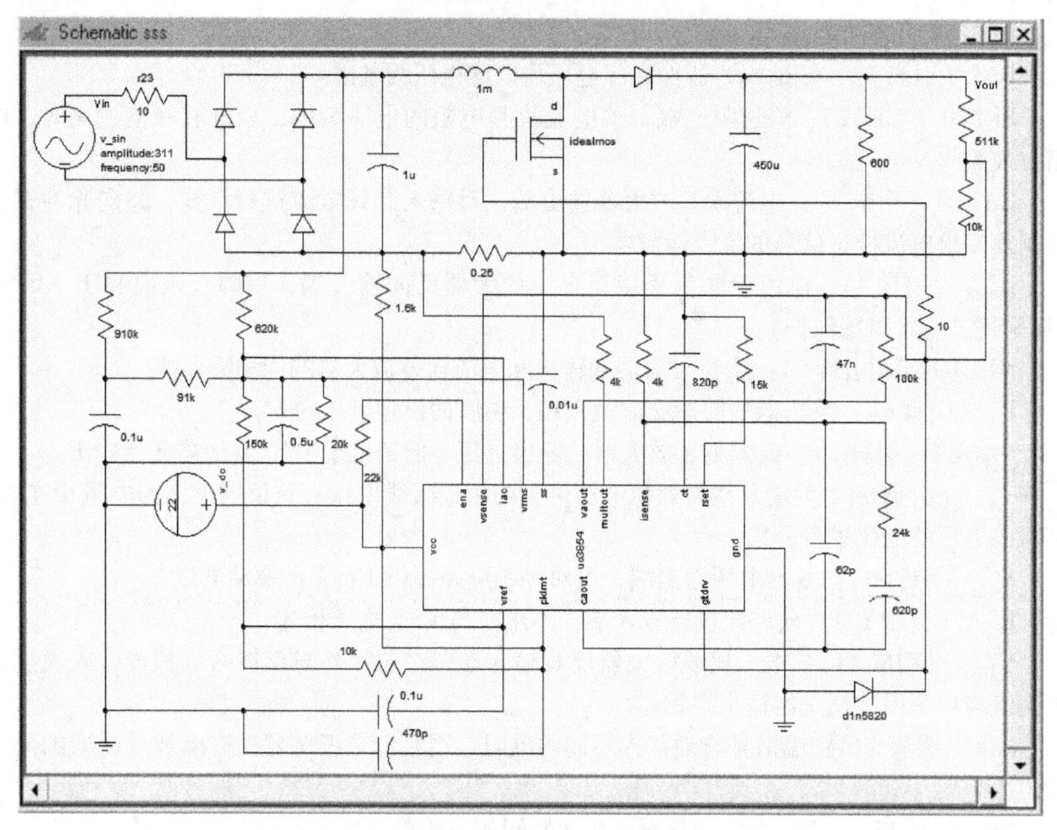

图 3-46　基于 UC3854 的功率因数校正电路

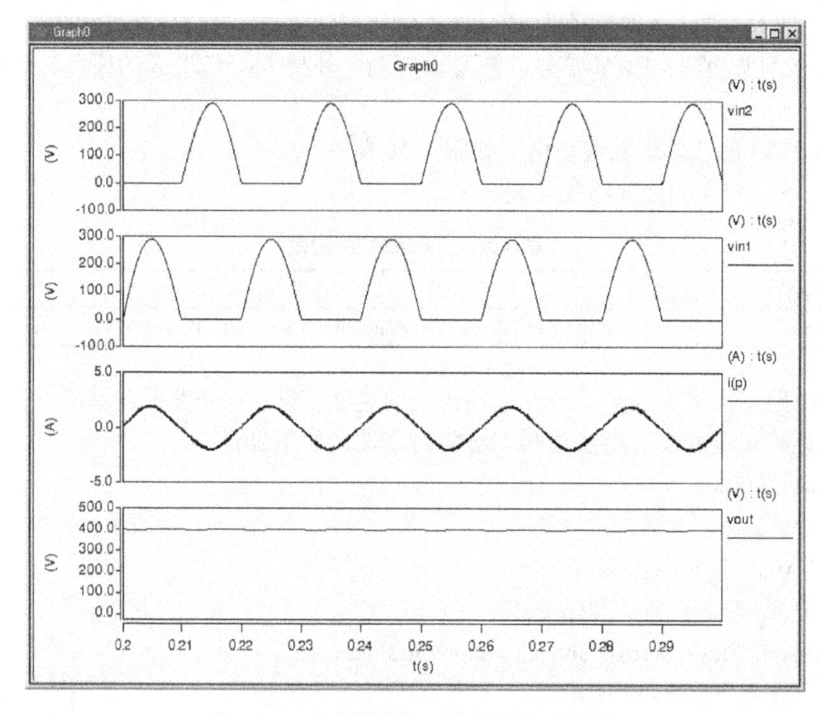

图 3-47　功率因数校正电路的仿真结果

点不同的原因，分别显示了正弦波的正输入端对测试点的电压 vin1 和负输入端对测试点的电压 vin2，两者相位互补。输入电流畸变率的计算如图 3-48 所示。

```
Saber(R) Guide Transcript
File  Edit  Analyses  Extract  Results  Help
dp.dp1/ni              0.4302
dp.dp1/pi              7.61
dp.dp2/ni              0.4391
dp.dp2/pi              7.61
dp.dp3/ni              104.2
dp.dp3/pi              0.4391
dp.dp4/ni              104.2
dp.dp4/pi              0.4302
dp.dp5/ni              8.869
dp.dp5/pi              19.14
i(l.l1)                7.605
i(v_dc.v_dc1)          14.75
i(v_sin.v_sin1)        0.08393
n_10                   19.14
n_14                   7.894
n_25                   1.207
>
```

图 3-48　谐波总畸变率对话框

功率因数的计算结果为

$$PF = \frac{1}{\sqrt{1 + THD^2}} = 99.6\%$$

对此电路而言，其最大输出功率为 250W，输入交流电压范围为 80 ~ 270V，线电压频率范围为 47 ~ 65Hz，输出电压为直流 400V。

3.2　直流斩波电路

直流斩波（DC Chopper）电路的功能是将直流电变为另一种固定的或可调的直流电，也称为直流 - 直流变换器（DC-DC Converter），直流斩波电路被广泛应用于可控直流开关稳压电源和直流电机的调速控制。直流斩波电路一般是指直接将直流变成直流的情况，不包括直流 - 交流 - 直流的情况。直流斩波电路的种类很多，包括 6 种基本斩波电路：降压斩波电路、升压斩波电路、升降压斩波电路、Cuk 斩波电路、Sepic 斩波电路和 Zeta 斩波电路，前两种是最基本电路。

在直流斩波器中输入电流无自然过零点，因此，斩波器中多以具有自关断能力的电力电子器件作为开关器件。同时，利用不同的基本斩波电路可构成复合斩波电路，利用相同结构的斩波电路也可构成多相多重斩波电路。

3.2.1　降压斩波电路仿真

降压斩波电路又被称为 Buck 变换器，能够对输入电压进行降压变换，控制器件通常采用 IGBT 或 MOSFET 等全控型器件。对于斩波电路的控制有三种方式：

1）开关周期不变，调节导通时间，即脉冲宽度调制。

2）导通时间不变，调节开关周期，即频率调制。

3）导通时间和开关周期均可调节。

在实际应用中，最常用的是第一种控制方式，本节电路仿真中也应用第一种控制方式来实现对负载电压的调节，降压斩波电路仿真模型如图 3-49 所示。

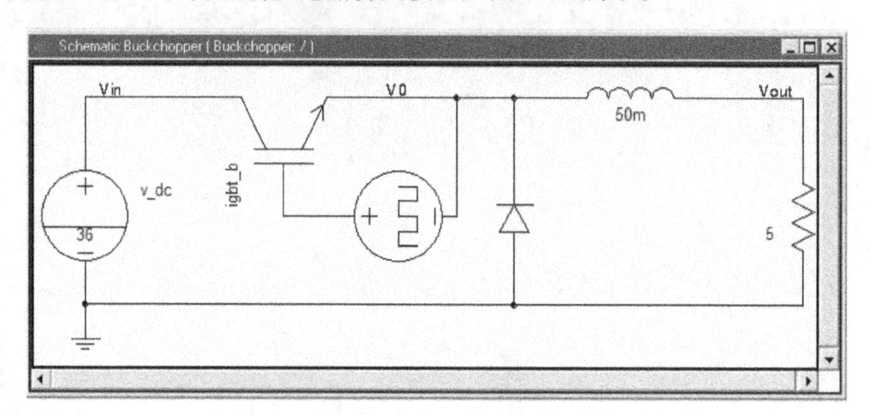

图 3-49　降压斩波电路仿真模型

首先需要对电路中各电子元器件进行提取，提取路径见表 3-17。

表 3-17　元器件提取路径

元器件名称	提取路径
直流电压源	Power System\Source, Power& Ground\Electrical sources\Voltage Sources\Voltage Source, Constant Ideal DC Supply
脉冲电压源	Power System\Source, Power& Ground\Electrical sources\Voltage Sources\Voltage Source, Pulse
IGBT	Power System\Semiconductor Devices\IGBT\IGBT, Buffer Layer, Transistor
电阻	Power System\Passive Elements\Resistors\Resistor(｜)
电感	Power System\Passive Elements\Inductors&Coupling\Inductor(–)
二极管	Power System\Semiconductor Devices\Diodes\Diode
参考地	Power System\Source, Power& Ground\Power& Ground\Ground (Saber Node 0)

在进行电路仿真之前，需要合理设置电路中各元器件的参数，各元器件属性设置见表 3-18。这里需要对其中的部分元器件做简要说明：脉冲电压源中，占空比的设置是由脉冲宽度和周期两个参数决定的，两者之间的比值为脉冲占空比；脉冲的频率取决于脉冲电压源的周期，这里周期为 1ms，即开关频率为 1kHz。

表 3-18　元器件属性

元器件名称	属性名	值
直流电压源	dc_value（直流电压）	36
电阻	rnom（阻值）	5
电感	l（感值）	50m
脉冲电压源	initial（初始值）	0
	pulse（脉冲值）	15
	tr（上升时间）	1u
	tf（下降时间）	1u
	width（脉冲宽度）	0.5m
	period（周期）	1m

对瞬态分析仿真器做如下设置：

End Time：1；

Time Step：1u；

Run DC Analysis First：Yes；

Plot After Analysis：Yes-Open Only；

Waveforms at Pins：Across and Through Variables。

这里需要注意的是对仿真初始步长的设置，设置不当系统会提示出错。单击“OK”执行瞬态分析，仿真结果如图3-50所示。

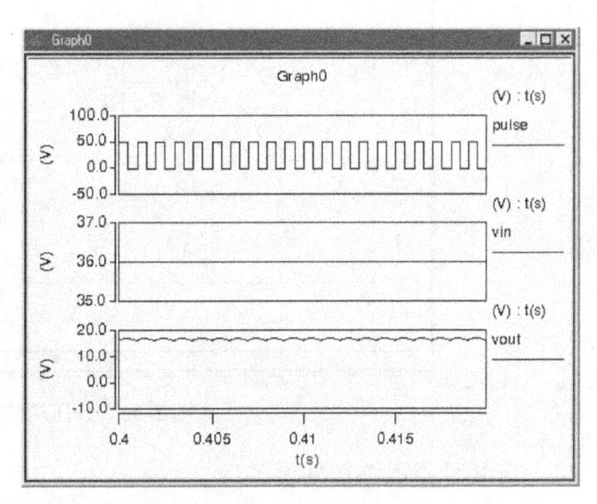

图3-50　降压斩波电路仿真结果（占空比50%）

电路中，驱动信号脉冲宽度为0.5，从中可以看出，在输入电源为36V的条件下，输出电压被调整到18V左右。电路中，脉冲电压源脉冲幅值设置为15V，而图中显示的幅值与设定值不同，这是对地测试点决定的，不影响电路的仿真结果。进一步调整占空比，将脉冲调整为“0.7m”与“0.3m”，可以看到输出电压被调整到25V和11V左右，仿真结果如图3-51所示。

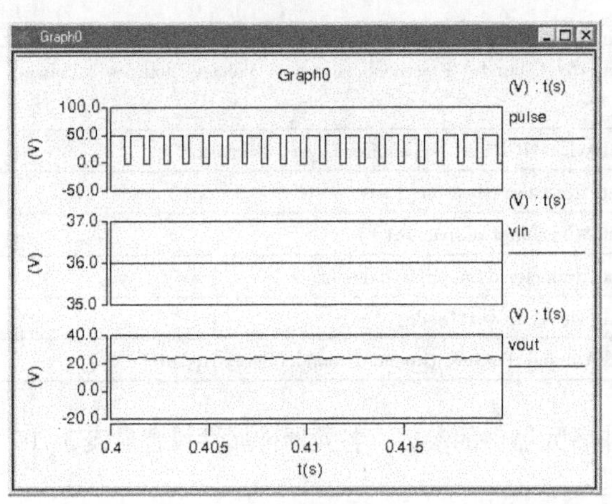

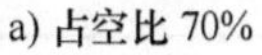

a) 占空比70%

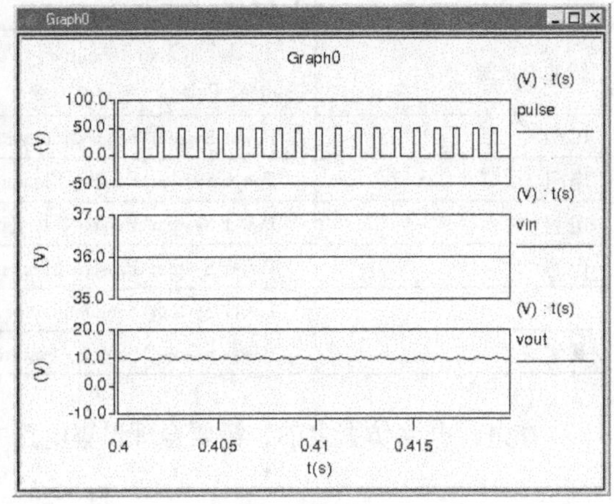

b) 占空比30%

图3-51　降压斩波电路仿真结果

3.2.2　升压斩波电路仿真

升压斩波电路又被称为Boost变换器，其输出平均电压大于输入电压，输出电压与输入电压极性相同，升压斩波电路与降压斩波电路最大的不同是，开关器件与负载并联连接。升压斩波电路之所以能使输出电压高于电源电压，其原因主要有两点：一是电感储能以后具有使电压泵升的作用；二是电容可保持输出电压不变。但在实际应用中，由于电容不可能为无穷大，它会向负载放电，因此电压必然有所下降，所以实际输出的电压会略低于理论值。升压斩波电路仿真模型如图 3-52 所示。

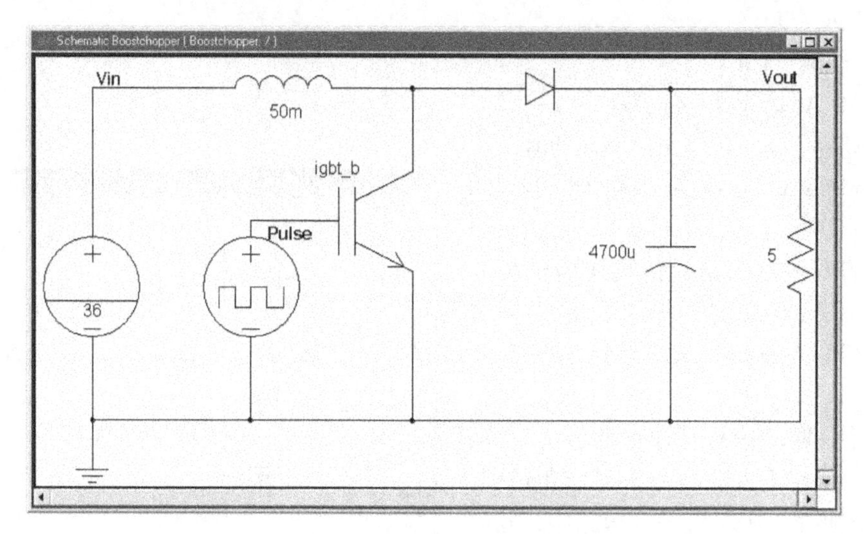

图 3-52　升压斩波电路仿真模型

元器件提取路径见表 3-19。

表 3-19　元器件提取路径

元器件名称	提 取 路 径
直流电压源	Power System \ Source, Power& Ground \ Electrical sources \ Voltage Sources \ Voltage Source, Constant Ideal DC Supply
脉冲电压源	Power System \ Source, Power& Ground \ Electrical sources \ Voltage Sources \ Voltage Source, Pulse
IGBT	Power System \ Semiconductor Devices \ IGBT \ IGBT, Buffer Layer, Transistor
电阻	Power System \ Passive Elements \ Resistors \ Resistor(|)
电容	Power System \ Passive Elements \ Capacitors \ Capacitor(|)
电感	Power System \ Passive Elements \ Inductors&Coupling \ Inductor(–)
二极管	Power System \ Semiconductor Devices \ Diodes \ Diode
参考地	Power System \ Source, Power& Ground \ Power& Ground \ Ground (Saber Node 0)

在进行电路仿真之前，需要合理设置电路中各元器件的参数，各元器件属性设置见表 3-20。

表 3-20　元器件属性

元器件名称	属　性　名	值
直流电压源	dc_value (直流电压)	36
电阻	rnom (阻值)	5
电感	l (感值)	50m
电容	C (容值)	4700u
脉冲电压源	initial (初始值)	0
	pulse (脉冲值)	15
	tr (上升时间)	1u
	tf (下降时间)	1u

（续）

元器件名称	属　性　名	值
脉冲电压源	width（脉冲宽度）	0.5m
	period（周期）	1m

对瞬态分析仿真器做如下设置：

End Time：1；

Time Step：1u；

Run DC Analysis First：Yes；

Plot After Analysis：Yes-Open Only；

Waveforms at Pins：Across and Through Variables。

这里需要注意的是对仿真初始步长的设置，设置不当系统同样会提示出错。单击“OK”执行瞬态分析，仿真结果如图3-53所示。

电路中，驱动信号脉冲宽度为“0.5m”，从图中可以看出，在输入电源为36V的条件下，输出电压被调整到接近70V左右，输出电压近似为输入电压的两倍，所以仿真结果与前面对工作原理的分析一致。进一步调整占空比，将脉冲调整为“0.7m”与“0.3m”，可以看到输出电压被调整到100V和50V左右，仿真结果如图3-54所示。

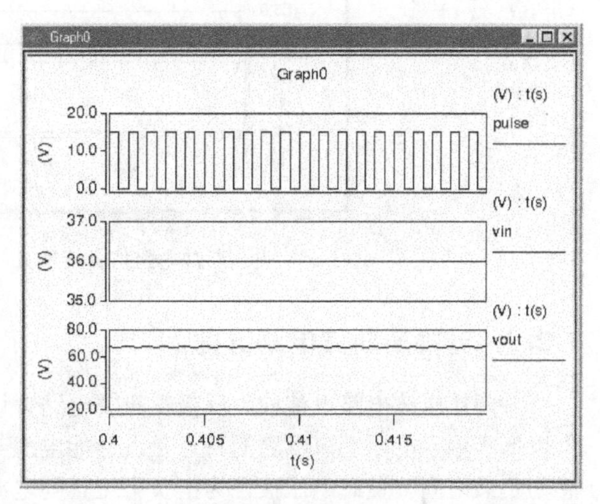

图3-53　升压斩波电路仿真结果（占空比50%）

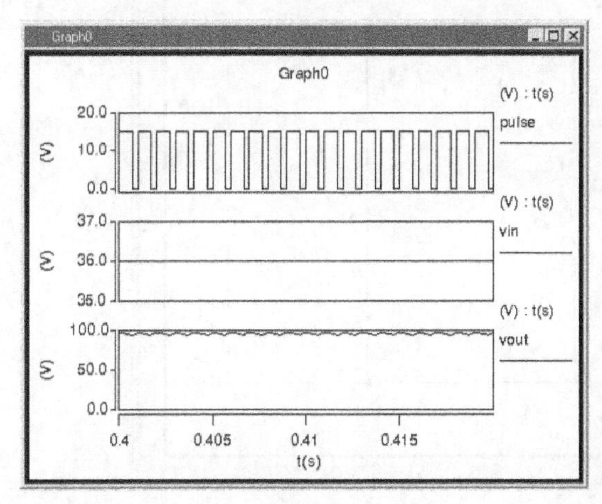

a) 占空比70%

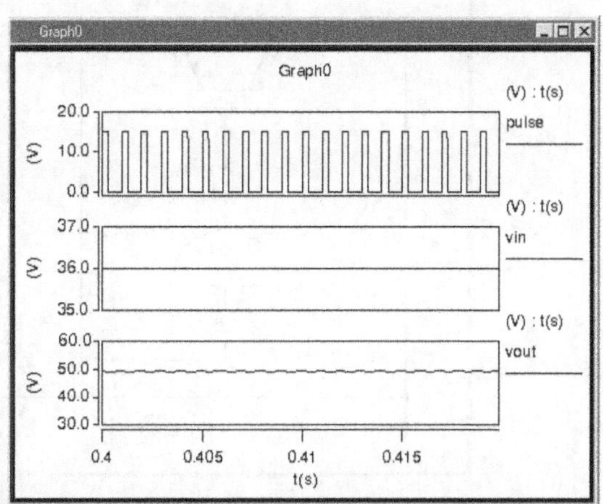

b) 占空比30%

图3-54　升压斩波电路仿真结果

进一步提高开关频率可使输出电压波形更趋于直线，这里将脉冲频率提高到10kHz，即将周期调整为“0.1m”，占空比设置为50%，即将宽度调整为“0.05m”，仿真结果如

图 3-55 所示。

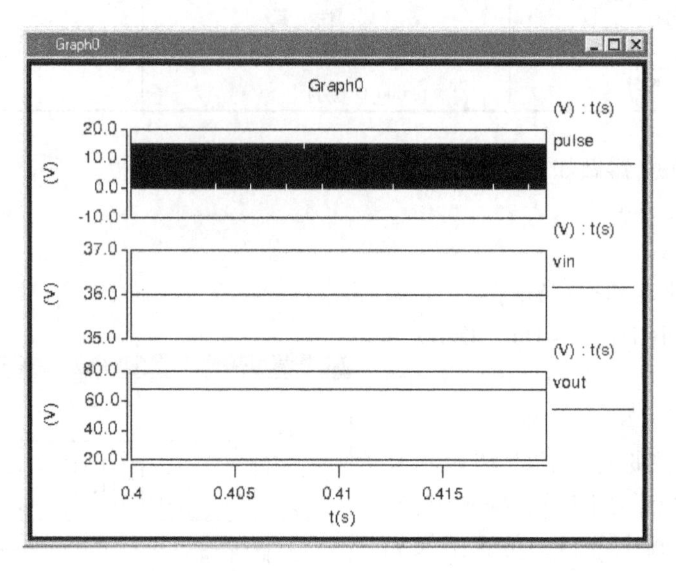

图 3-55　升压斩波电路仿真结果（占空比 50%，开关频率 10kHz)

3.2.3　升降压斩波电路仿真

升降压斩波电路也被称为反极性斩波电路，该电路的输出电压既可以高于输入电压，又可以低于输入电压。该电路的特点是，储能电感与负载并联，续流二极管反向串接在储能电感与负载之间，负载电压极性为上负下正，与电源电压极性相反。当占空比 $0<\alpha<0.5$ 时为降压区，当占空比 $0.5<\alpha<1$ 时为升压区。升降压斩波电路仿真模型如图 3-56 所示。

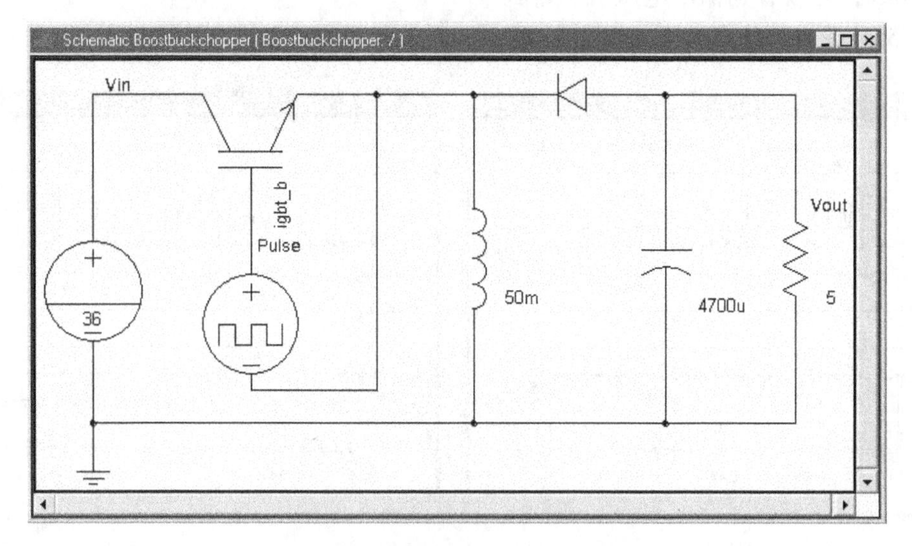

图 3-56　升降压斩波电路仿真模型

此电路中，元器件的提取路径与之前两种斩波电路相同，各元器件仿真参数设置也与之前相同，只需要在仿真时注意脉冲占空比的设置即可。

将占空比设置为30%，此时仿真结果如图3-57所示。

将占空比设置为70%，此时仿真结果如图3-58所示。

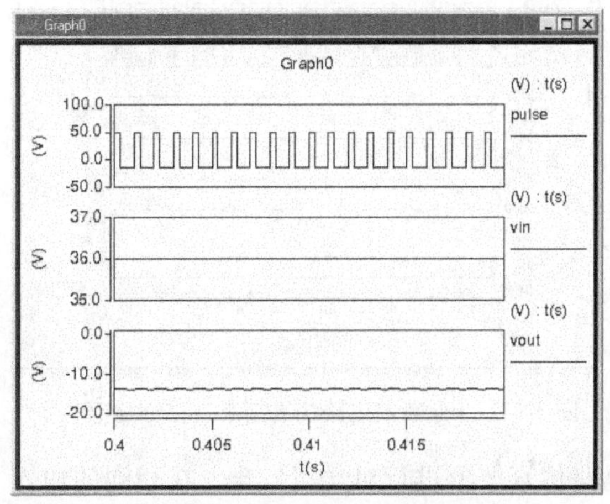

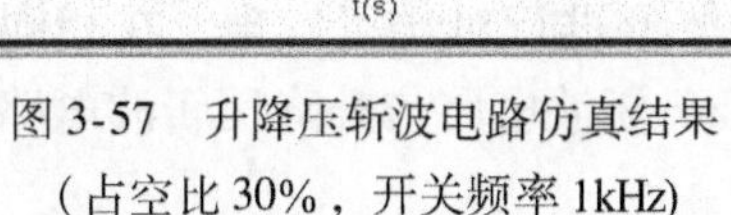
图3-57　升降压斩波电路仿真结果
（占空比30%，开关频率1kHz）

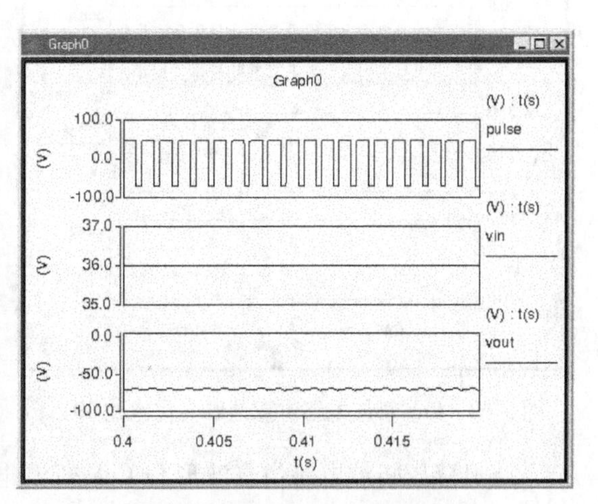

图3-58　升降压斩波电路仿真结果
（占空比70%，开关频率1kHz）

电路中，驱动信号脉冲极性呈现正负变化，同样是因为对地测试点所在电路中的相对位置不同造成的。将脉冲调整为“0.3m”与“0.7m”，可以看到输出电压被调整到－14V和－75V左右。

3.2.4　Cuk斩波电路仿真

Cuk斩波电路是升降压斩波电路的改进型电路，与升降压斩波电路相比，Cuk斩波电路有一个明显的特点：直流输入电流与输出负载电流连续，脉动成分较小，有利于对输入输出进行滤波。同样，Cuk斩波电路也是反极性斩波电路。Cuk斩波电路仿真模型如图3-59所示。

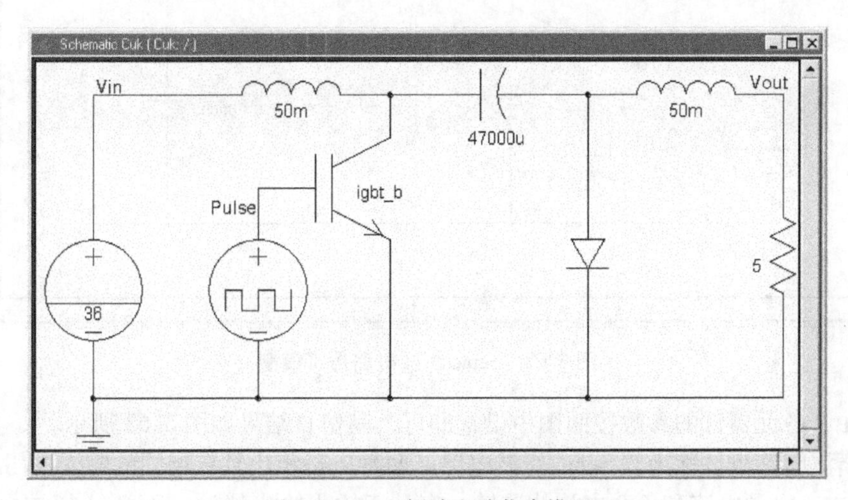

图3-59　Cuk斩波电路仿真模型

将占空比分别设置为30%和70%，Cuk斩波电路仿真结果如图3-60、图3-61所示。

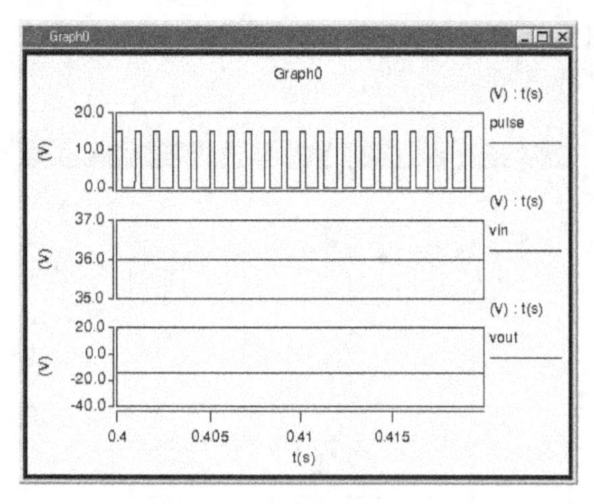

图 3-60　Cuk 斩波电路仿真结果（占空比 30%）

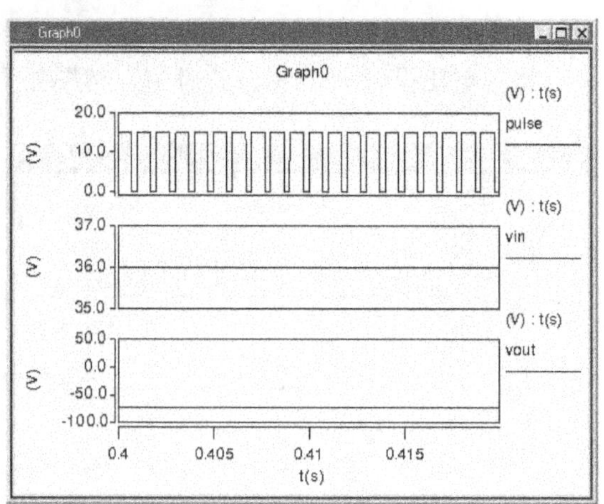

图 3-61　Cuk 斩波电路仿真结果（占空比 70%）

将升降压斩波电路仿真波形与 Cuk 斩波电路仿真波形进行对比可发现，在相同的输入和控制条件下，输出电压波形基本一致，由此可见，Cuk 斩波电路与升降压斩波电路的输出表达式完全相同。

3.2.5　Sepic 斩波电路与 Zeta 斩波电路仿真

图 3-62 为 Sepic 斩波电路仿真模型，这种电路最大的好处是输入输出同极性，尤其适合电池供电的应用场合，允许电池电压高于或者小于所需要的输入电压。另外一个好处是输入输出的隔离，通过主回路上的电容实现。同时具备完全关断功能，当开关管关闭时，输出电压为 0V。其输入-输出关系与升降压斩波电路相同。

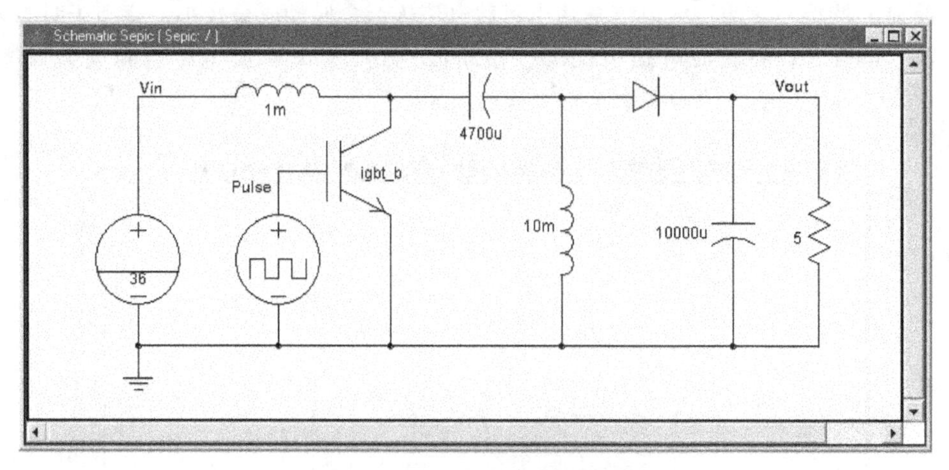

图 3-62　Sepic 斩波电路仿真模型

电路中，各元器件的参数按照图中设置即可，其仿真结果如图 3-63 所示。

Zeta 斩波电路也被称为双 Sepic 斩波电路。两种电路相比具有相同的输入-输出关系。在 Sepic 电路中，电源电流和负载电流均连续，有利于输入输出滤波，而 Zeta 斩波电路的输入输出电流是断续的。在输出极性方面，两者的输出电压均为正极性。这里省略了对 Zeta 斩波电路的仿真，读者有兴趣可仿照 Sepic 斩波电路相关参数设置进行调试。

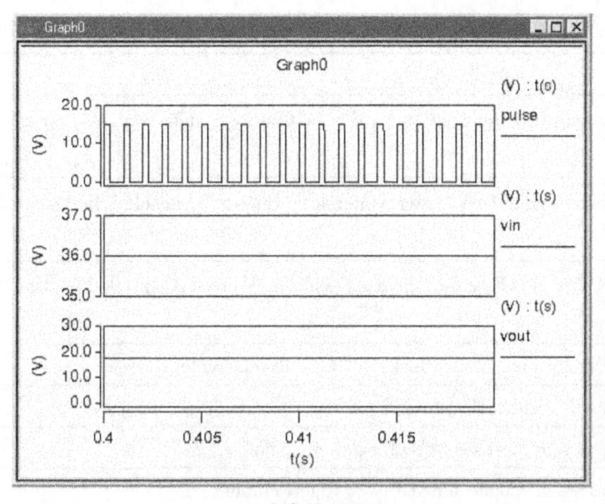

a) 占空比 30%

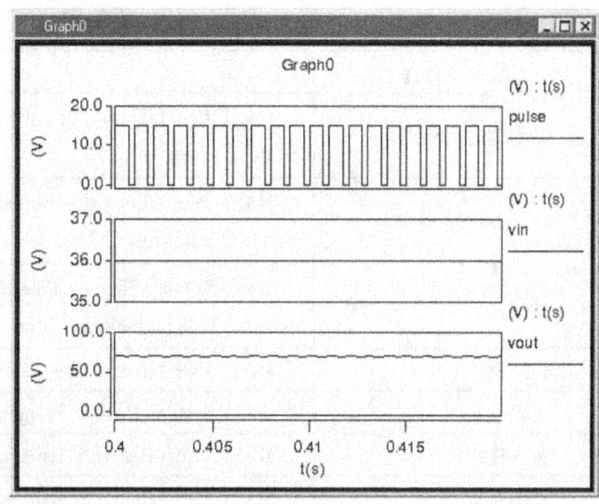

b) 占空比 70%

图 3-63　Sepic 斩波电路仿真结果

3.3　交流-交流变流电路

本节讲述的是交流电力控制电路。交流电力控制电路只改变交流电压或电流的幅值，或对电路的通断进行控制，而不改变交流电的频率。采用相位控制的交流电力控制电路被称为交流调压电路，它使开关器件在电源电压每个周期内指定的时刻导通，为负载提供电源，改变导通时间就可以调节负载两端电压。采用通断控制的交流电力控制电路被称为交流调功电路，它通过控制开关器件的通断，使负载与电源接通几个周期，然后断开几个周期，通过改变通断时间比调节负载电压，这种电路控制简单、功率因数高，适用于时间常数较大的负载，其缺点是输出电压不平滑。本节前面的部分将对典型的交流电力控制电路进行仿真。

将晶闸管反并联后串联在交流电路中，通过控制晶闸管就可以方便地调节输出电压有效值的大小或实现交流电路的通、断控制。因此，交流调压电路可应用于异步电动机的调压调速、恒流软启动、灯光控制、供电系统无功调节等。

在实际应用中，采用相位控制的晶闸管型交流调压电路应用最为广泛，本节将分别讨论单相及三相交流调压电路。

3.3.1　单相交流调压电路（电阻负载）

单相交流调压电路仿真模型如图 3-64 所示，其工作情况与负载性质密切相关。

（1）元器件提取　对仿真电路中的全部元器件进行提取，提取路径见表 3-21。

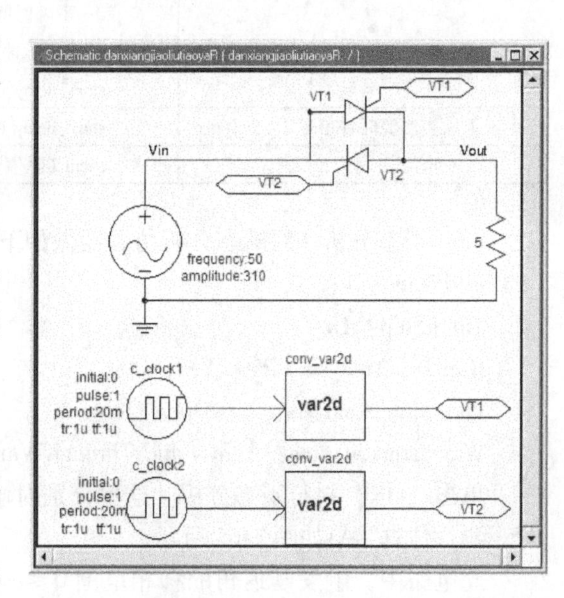

图 3-64　单相交流调压电路（电阻负载）仿真模型

表 3-21　元器件提取路径

元器件名称	提 取 路 径
控制源时钟信号	MAST Part Library\Control Systems\Continuous Control Blocks\Control System Sources\Control Source, Clock
端点类型转换模块	MAST Part Library\Control Systems\Interface Models\Interface, var -> Techonolgy\Interface, Var to Digital(logic 4)
电源	Power System\Source, Power& Ground\Electrical Sources\Voltage Sources\Controlled Voltage Sources\Voltage Sources, Sine
晶闸管	MAST Part Library\Electronic\Ideal Functional Blocks\SCR, with logic gate
电阻	Power System\Passive Elements\Resistors\Resistor(I)
输入接口	MAST Part Library\Schematic Design\Connectors\Offpage Left(input)
输出接口	MAST Part Library\Schematic Design\Connectors\Offpage Right(output)
参考地	Power System\Source, Power& Ground\Power& Ground\Ground (Saber Node 0)

（2）元器件参数设置　在进行仿真之前，需要合理设置电路中各元器件的参数，各元器件属性设置见表 3-22。两个控制源时钟信号相位相差 180°，其他参数相同，触发延迟角设置为 30°。

表 3-22　元器件属性

元器件名称	属　性　名	值
电源	amplitude（幅值）	310
	frequence（频率）	50
控制源时钟信号 1	initial（初始值）	0
	pulse（脉冲值）	1
	period（周期）	20m
	tr（上升时间）	1u
	tf（下降时间）	1u
	width（脉冲宽度）	1m
	start_ delay（触发延迟）	1. 667m
控制源时钟信号 2	start_ delay（触发延迟）	11. 667m
电阻	rnom（阻值）	5

（3）瞬态分析　对瞬态分析仿真器做如下设置：

End Time：1；

Time Step：1m；

Run DC Analysis First：Yes；

Plot After Analysis：Yes-Open Only；

Waveforms at Pins：Across and Through Variables。

单击“OK”执行瞬态分析。这里分别对触发脉冲、输入电压、输出电流和输出电压进行观测，仿真结果如图 3-65 所示。

此电路中，触发延迟角的移相范围 $0 \leqslant \alpha \leqslant \pi$，随着 α 的增大，输出电压平均值逐渐降低，当 $\alpha = \pi$ 时，输出为零。

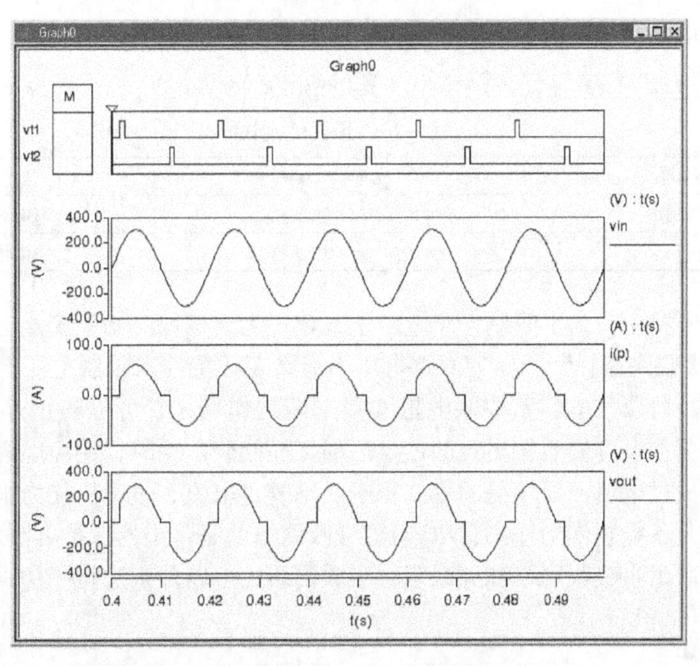

图3-65　单相交流调压电路（电阻负载）仿真结果

3.3.2　单相交流调压电路（阻感负载）

阻感负载单相调压电路仿真模型如图3-66所示。由于负载电感对电流的变化起阻碍的作用，当电源电压反向过零时，电流不能立即为零，这时晶闸管的导通角还与负载阻抗角$\varphi=\arctan(\omega L/R)$有关。在用晶闸管控制的时候只能进行滞后控制，使负载电流更为滞后，所以，阻感负载下，α的最大移相范围是$\varphi\leqslant\alpha\leqslant\pi$。

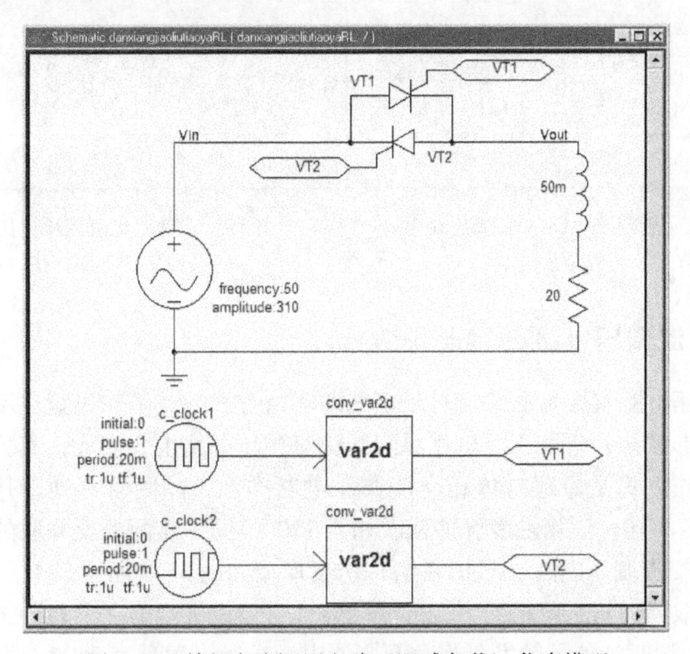

图3-66　单相交流调压电路（阻感负载）仿真模型

元器件的提取路径与之前相同，大部分元器件参数设置也与之前相同，这里设置触发延迟角为 60°，控制源时钟信号触发延迟角设置见表 3-23。

表 3-23　元器件属性

元 件 名 称	属 性 名	值
控制源时钟信号 1	start_delay（触发延迟）	10m/3
控制源时钟信号 2	start_delay（触发延迟）	10m + 10m/3

在阻感负载电路中，为了限制电路电压上升率过大，确保晶闸管安全运行，在晶闸管两端并联 *RC* 阻容吸收网络，利用电容两端电压不能突变的特性来限制电压上升率。因为电路总是存在电感的，所以与电容 *C* 串联电阻 *R* 可起阻尼作用，它可以防止 *R*、*L*、*C* 电路在过渡过程中，因振荡在电容器两端出现的过电压损坏晶闸管。同时，避免电容器通过晶闸管放电电流过大，造成过电流而损坏晶闸管。由于晶闸管过电流、过电压能力很差，如果不采取可靠的保护措施是不能正常工作的，*RC* 阻容吸收网络就是常用的保护方法之一。

本节对未并联阻容吸收网络和并联阻容吸收网络的电路分别进行了仿真实验，仿真结果如图 3-67、图 3-68 所示。

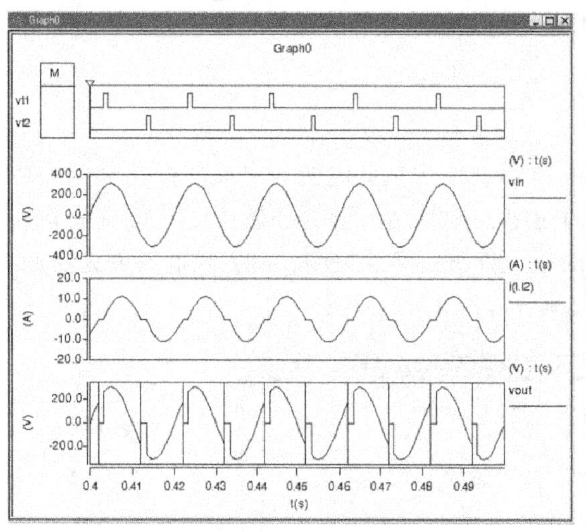

图 3-67　单相交流调压电路（阻感负载无阻容吸收）仿真结果

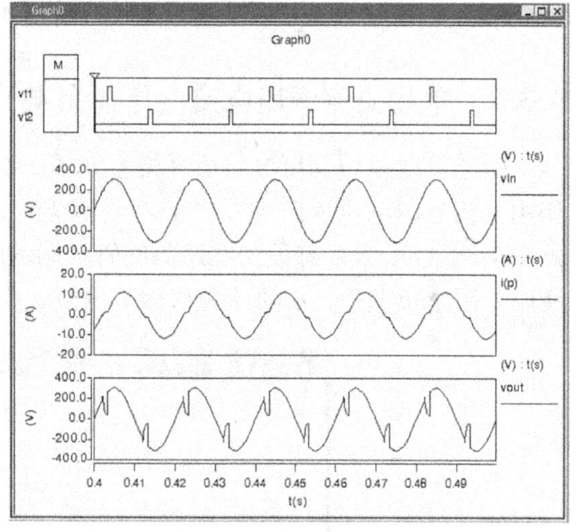

图 3-68　单相交流调压电路（阻感负载带阻容吸收）仿真结果

3.3.3　三相交流调压电路（星形联结）

三相交流调压电路有多种形式，对于不同的联结方式，其工作过程也不相同。比较常见的联结方式为星形联结，它由 3 个单相晶闸管交流调压电路组合而成，其公共点为三相调压器中性线，其工作方式及原理与单相交流调压电路类似，晶闸管导通顺序为 VT1→VT2→VT3→VT4→VT5→VT6，三相触发脉冲依次相差 120°，同一相两个反并联的晶闸管触发脉冲相差 180°。三相交流调压电路（星形联结）仿真模型如图 3-69 所示。

元器件的提取路径与之前相同，大部分元器件参数设置也与之前相同，这里设置触发延迟角为 30°，控制源时钟信号触发延迟角及交流电源参数设置见表 3-24。

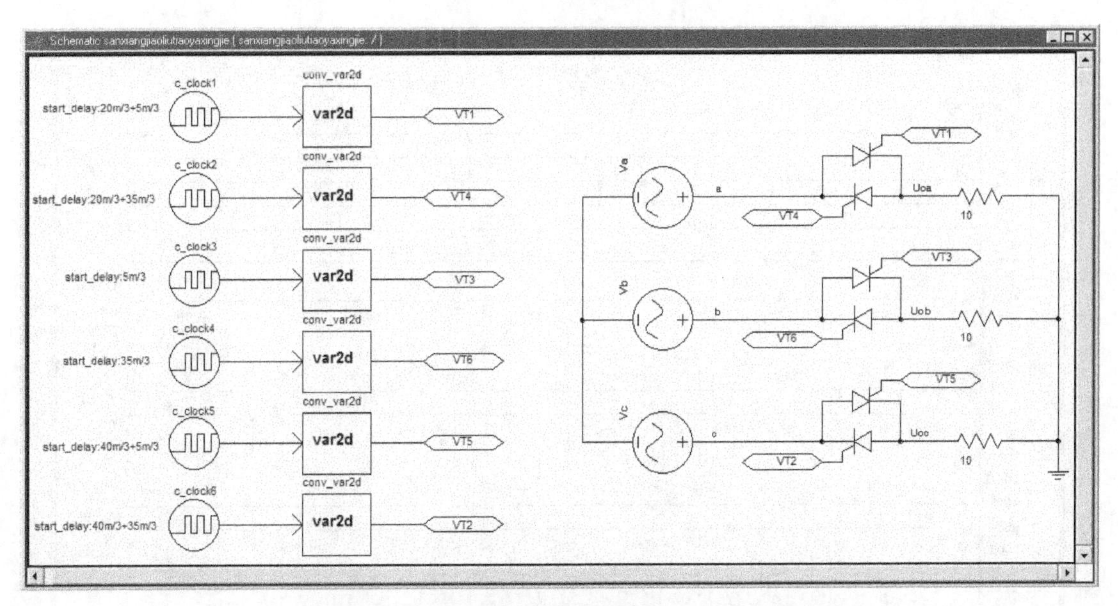

图 3-69　三相交流调压电路（星形联结）仿真模型

表 3-24　元器件属性

元器件名称	属　性　名	值
电源 a	amplitude（幅值）	310
	frequence（频率）	50
	phase（相位）	－120
电源 b	phase（相位）	0
电源 c	phase（相位）	120
控制源时钟信号 1	initial（初始值）	0
	pulse（脉冲值）	1
	period（周期）	20m
	tr（上升时间）	1u
	tf（下降时间）	1u
	width（脉冲宽度）	1m
	start_delay（触发延迟）	20m/3 + 5m/3
控制源时钟信号 2	start_delay（触发延迟）	20m/3 + 35m/3
控制源时钟信号 3	start_delay（触发延迟）	5m/3
控制源时钟信号 4	start_delay（触发延迟）	35m/3
控制源时钟信号 5	start_delay（触发延迟）	40m/3 + 5m/3
控制源时钟信号 6	start_delay（触发延迟）	40m/3 + 35m/3

这里分别对触发脉冲和输出相电压进行观测，仿真结果如图 3-70 所示。

在三相交流调压电路（星形联结）中，每相负载电流为正负对称的缺角正弦波，它包含有较大的奇次谐波，主要是 3 次谐波，谐波次数越低，其含量越大。因此，该电路的应用具有一定的局限性。

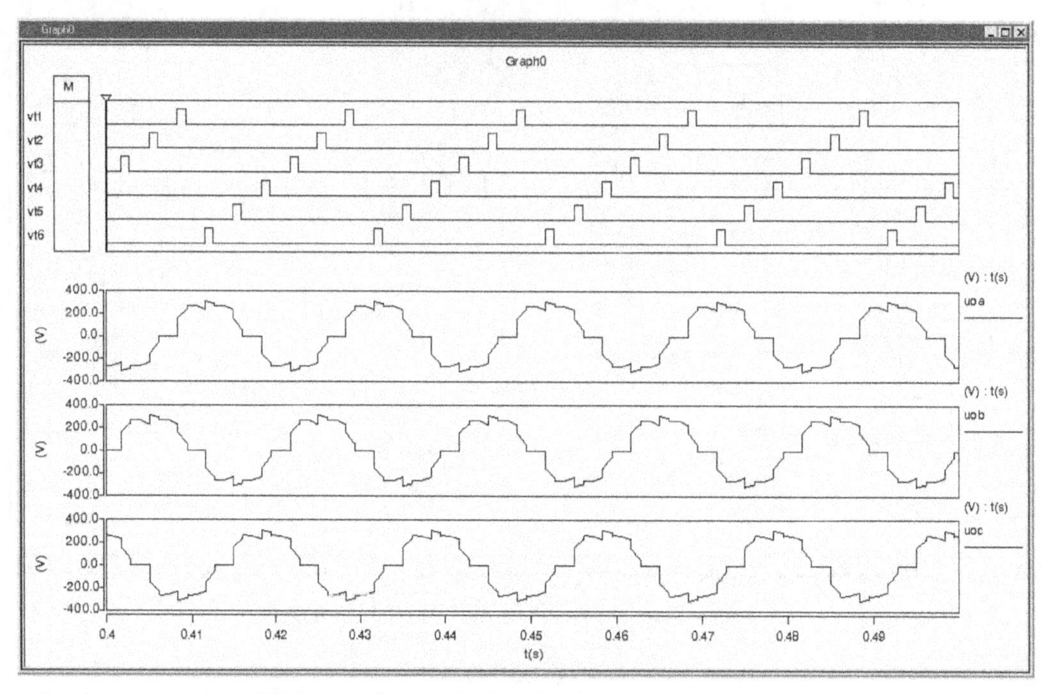

图 3-70　三相交流调压电路（星形联结）仿真结果

3.3.4　三相交流调压电路（支路控制三角形联结）

三角形联结的三相交流调压器由 3 个单相交流调压电路组成，3 个单相调压电路分别在不同的线电压作用下单独工作。每相负载与一对反并联的晶闸管串联组成一个单相调压电路，可采用单相交流调压器的分析方法分别对各相进行分析。由于晶闸管串联在三角形内部，流过的是相电流，在同样线电流的情况下，晶闸管的容量可降低，另外线电流中无 3 的倍数次谐波分量。仿真电路模型如图 3-71 所示。

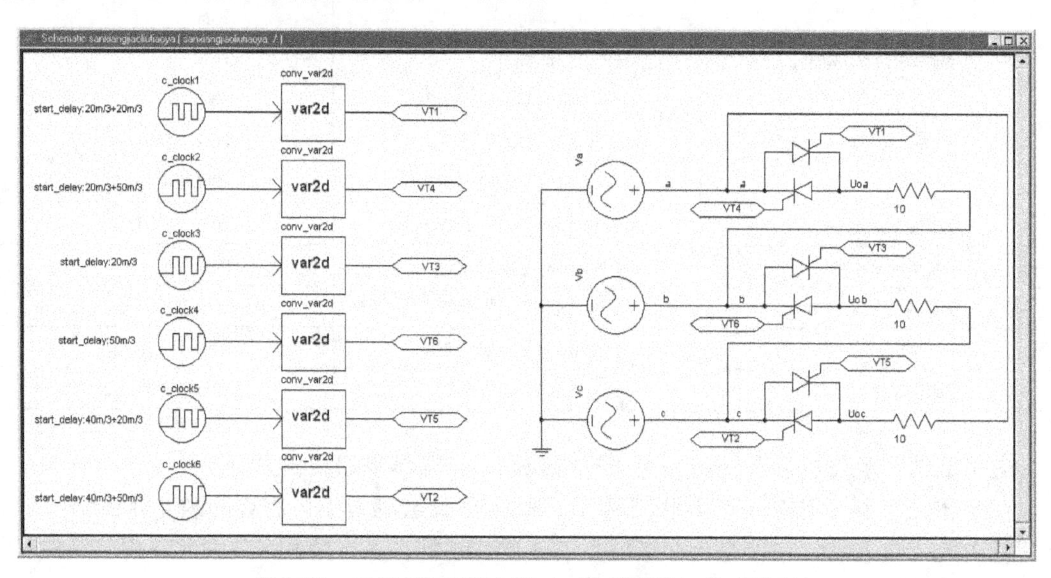

图 3-71　三相交流调压电路（三角形联结）仿真模型

元器件的提取路径和参数设置与星形联结电路相同，这里设置触发延迟角为120°，触发脉冲和相电流仿真结果如图3-72所示。

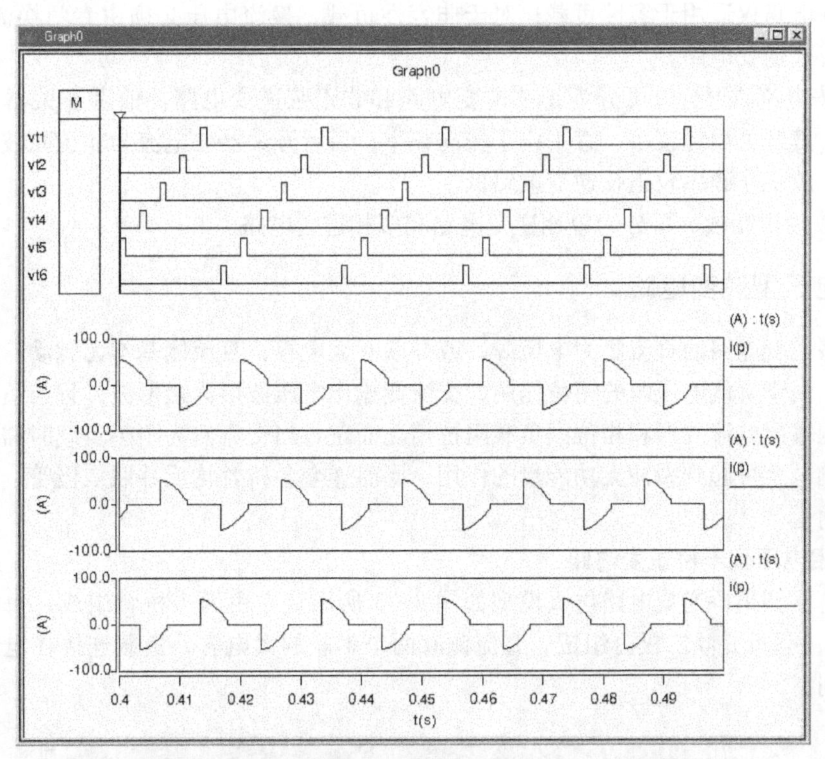

图3-72 三相交流调压电路（三角形联结）仿真结果

3.4 逆变电路

逆变电路与整流电路相对应，其作用是把直流电能变换成交流电能。当交流侧接在电网上，即交流侧接有电源时，称为有源逆变；当交流侧直接和负载连接时，称为无源逆变。

逆变电路的应用非常广泛。在已有的各种电源中，蓄电池、干电池、太阳电池等都是直流电源，当需要这些电源向交流负载供电时，就需要逆变电路。另外，交流电动机调速用变频器、不间断电源、感应加热电源等电力电子装置使用非常广泛，其电路的核心部分都是逆变电路。它的基本功能是在控制电路的作用下将中间直流电路输出的直流电源转换为频率和电压都任意可调的交流电源。

为了满足不同用电设备对交流电源性能参数的要求，已发展了多种逆变电路，并大致可按以下方式分类：

（1）按输出电能的去向分　可分为有源逆变电路和无源逆变电路。前者输出的电能返回公共交流电网，后者输出的电能直接供给用电设备。

（2）按直流电源性质　可分为由电压型直流电源供电的电压型逆变电路和由电流型直流电源供电的电流型逆变电路。

（3）按主电路的器件　可分为由具有自关断能力的全控型器件组成的全控型逆变电路；

由无关断能力的半控型器件（如普通晶闸管）组成的半控型逆变电路。半控型逆变电路必须利用换流电压以关断退出导通的器件。若换流电压取自逆变负载端，称为负载换流式逆变电路，这种电路仅适用于容性负载；对于非容性负载，换流电压必须由专门换流电路产生，称为自换流式逆变电路。

（4）按电流波形分　可分为正弦逆变电路和非正弦逆变电路。前者开关器件中的电流为正弦波，其开关损耗较小，宜工作于较高频率；后者开关器件电流为非正弦波，因其开关损耗较大，故工作频率较正弦逆变电路低。

（5）按输出相数　可分为单相逆变电路和多相逆变电路。

3.4.1　电压型逆变电路

电压型逆变电路的直流侧为电压源，或并联有大电容，直流侧基本无脉动，直流回路呈现低阻抗。由于直流电压源的钳位作用，交流侧输出电压波形为矩形波，且与负载阻抗角无关。交流侧输出电流波形和相位因负载阻抗情况而定，当交流侧为阻感负载时需提供无功功率，直流侧电容可起到缓冲无功能量的作用，同时逆变各桥臂均反并联二极管，进而为无功能量提供通道。

1. 单相电压型半桥逆变电路

单相电压型半桥逆变电路仿真模型如图 3-73 所示。它由两个桥臂组成，每个桥臂由一个 IGBT 和一只反并联二极管组成，直流侧有两个串联的大电容，负载连接在电容交点与桥臂交点之间。

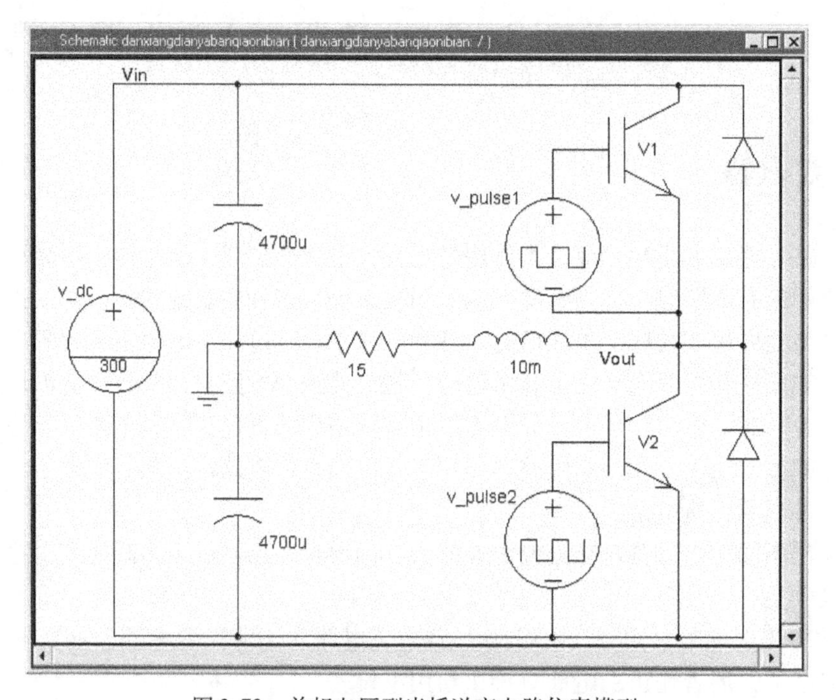

图 3-73　单相电压型半桥逆变电路仿真模型

元器件提取路径见表 3-25 所示。

表3-25　元器件提取路径

元器件名称	提取路径
直流电压源	Power System\Source, Power& Ground\Electrical sources\Voltage Sources\Voltage Source, Constant Ideal DC Supply
脉冲电压源	Power System\Source, Power& Ground\Electrical sources\Voltage Sources\Voltage Source, Pulse
IGBT	Power System\Semiconductor Devices\IGBT\IGBT, Buffer Layer, Transistor
电阻	Power System\Passive Elements\Resistors\Resistor(丨)
电容	Power System\Passive Elements\Capacitors\Capacitor(丨)
电感	Power System\Passive Elements\Inductors&Coupling\Inductor(－)
二极管	Power System\Semiconductor Devices\Diodes\Diode
参考地	Power System\Source, Power& Ground\Power& Ground\Ground (Saber Node 0)

在进行仿真之前，需合理设置电路中各元器件的参数，各元器件属性设置见表3-26。

表3-26　元器件属性

元器件名称	属性名	值
直流电压源	dc_value（直流电压）	300
电阻	rnom（阻值）	15
电感	l（感值）	10m
电容	C（容值）	4700u
脉冲电压源1	initial（初始值）	0
	pulse（脉冲值）	15
	tr（上升时间）	1u
	tf（下降时间）	1u
	Delay（延迟）	0
	width（脉冲宽度）	0.5m
	period（周期）	1m
脉冲电压源2	Delay（延迟）	0.5m

脉冲电压源是IGBT的栅极驱动信号，控制两个IGBT在一个周期内各有半周正偏、半周反偏，且两者互补。由于负载中含有感性成分，因此在开关状态发生变化时，负载中的电流不能立即反向，需要二极管导通续流。负载电压与电流仿真结果如图3-74所示。

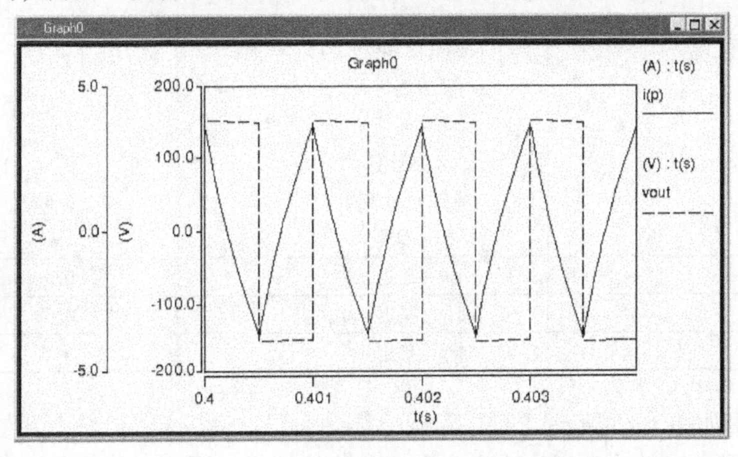

图3-74　单相电压型半桥逆变电路仿真结果

半桥逆变电路常用于小功率场合，其优点是电路简单、器件少、控制容易、管压降损耗小，其缺点是输出交流电压幅值为输入直流电压的一半，且需要两个电容器串联。

2. 单相电压型全桥逆变电路

单相全桥逆变电路可视为由两个半桥逆变电路组合而成，其电路仿真模型如图 3-75 所示。控制电路由 4 个桥臂组成，桥臂 1 和 4 为一组，桥臂 2 和 3 为一组，两组交替导通，在阻感负载情况下，开关器件侧反并联的二极管仍起续流作用。

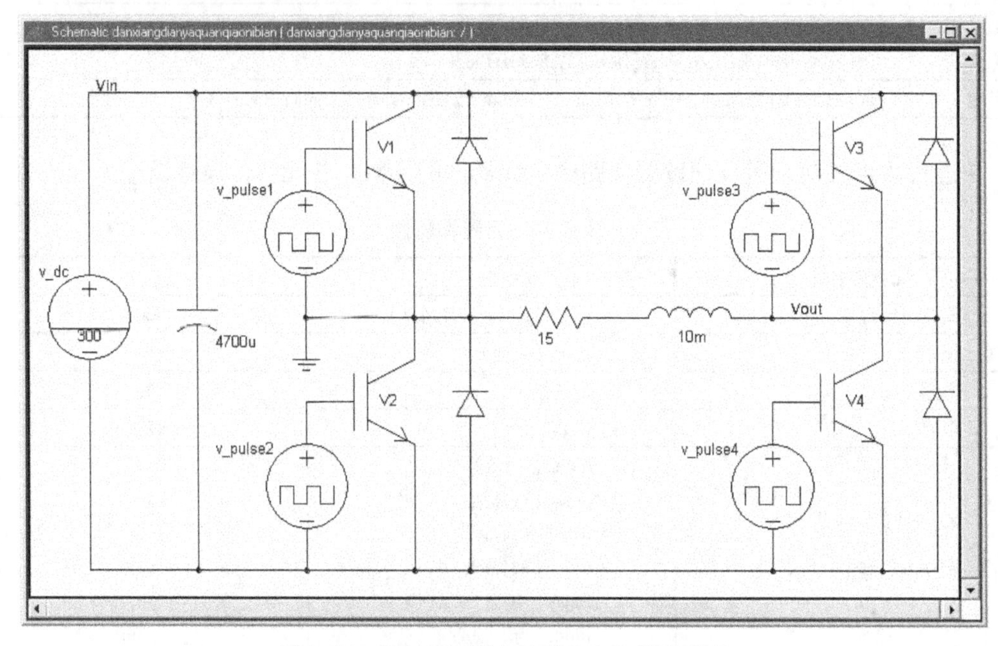

图 3-75　单相电压型全桥逆变电路仿真模型

单相电压型全桥逆变电路的元器件提取路径与半桥逆变电路相同，这里需要重新设置脉冲电压源中的 Delay 项，设置见表 3-27。

表 3-27　元器件属性

元器件名称	属 性 名	值
脉冲电压源 1	initial（初始值）	0
	pulse（脉冲值）	15
	tr（上升时间）	1u
	tf（下降时间）	1u
	Delay（延迟）	0
	width（脉冲宽度）	0.5m
	period（周期）	1m
脉冲电压源 2	Delay（延迟）	0.5m
脉冲电压源 3	Delay（延迟）	0.5m
脉冲电压源 4	Delay（延迟）	0

其仿真结果如图 3-76 所示。

由图 3-76 可知，输出电压的波形与半桥电路的波形相同，也是矩形波，但幅值是半桥

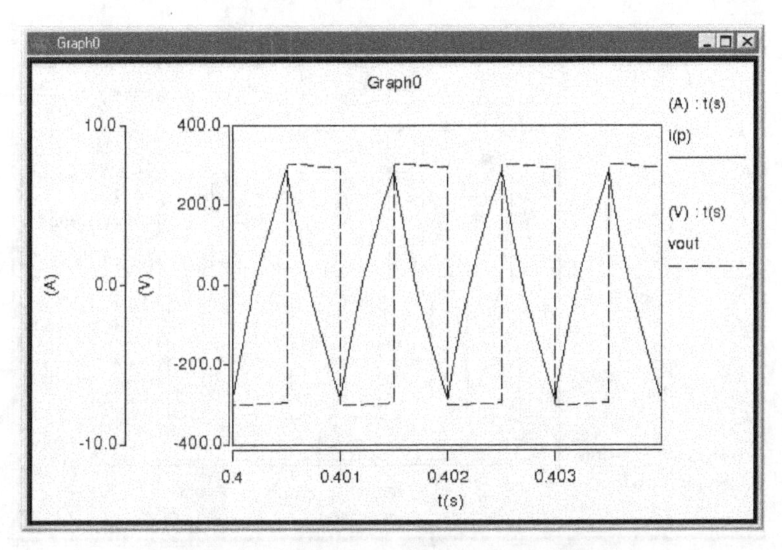

图3-76　单相电压型全桥逆变电路仿真结果

电路的两倍。对前面两种半桥和全桥逆变电路的控制都是桥臂对称导通，且各为180°的情况，在这种情况下，只能通过改变输入直流电压来改变输出交流电压的有效值。

在阻感负载时，通常采用移相调压方式来控制输出电压，两桥臂控制器件的驱动信号仍为互补导通，且为180°正偏，180°反偏，但是V3、V4栅极驱动信号不再与V1、V2同相位，而是前移了一定的角度，这样，输出电压也不再是正负各为180°。此时，脉冲电压源的设置见表3-28。

表3-28　元器件属性（移相控制）

元器件名称	属　性　名	值
脉冲电压源1	initial（初始值）	0
	pulse（脉冲值）	15
	tr（上升时间）	1u
	tf（下降时间）	1u
	Delay（延迟）	0
	width（脉冲宽度）	0.5m
	period（周期）	1m
脉冲电压源2	Delay（延迟）	0.5m
脉冲电压源3	Delay（延迟）	0.4m
脉冲电压源4	Delay（延迟）	0.9m

对瞬态分析仿真器做如下设置：

End Time：0.1；

Time Step：1u；

Run DC Analysis First：Yes；

Plot After Analysis：Yes-Open Only；

Waveforms at Pins：Across and Through Variables。

单击“OK”执行瞬态分析，对输出电压和输出电流进行观测，仿真结果如图3-77所示。

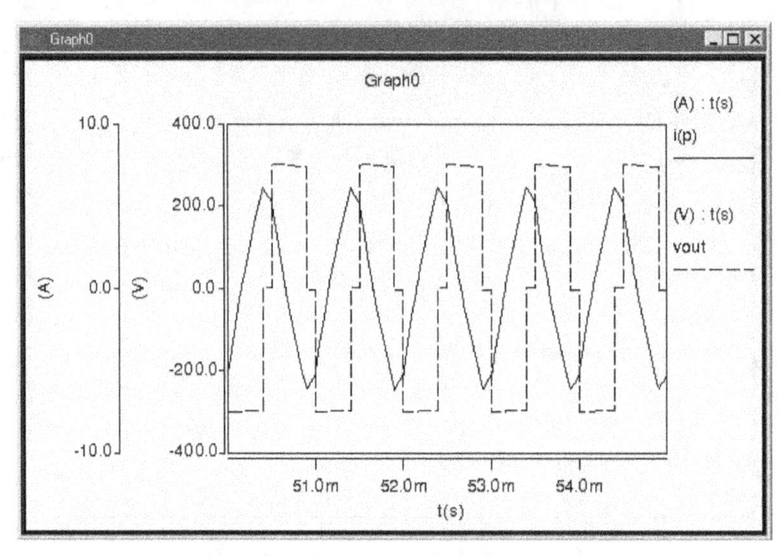

图 3-77　单相电压型全桥逆变电路（移相控制）仿真结果

在纯电阻负载时，采用移相调压的方式也可得到同样的结果。显然，移相调压并不适用于半桥逆变电路，但是在纯电阻负载时，也可采用改变门极触发脉冲宽度来调节输出电压。

3. 三相电压型全桥逆变电路

在需要进行大功率变换或负载要求提供三相电源时，就需要使用三相桥式逆变电路。它与单相全桥逆变电路相比，多了一个桥臂，也可看作由 3 个半桥逆变电路组成。三相桥式逆变电路仿真模型如图 3-78 所示。

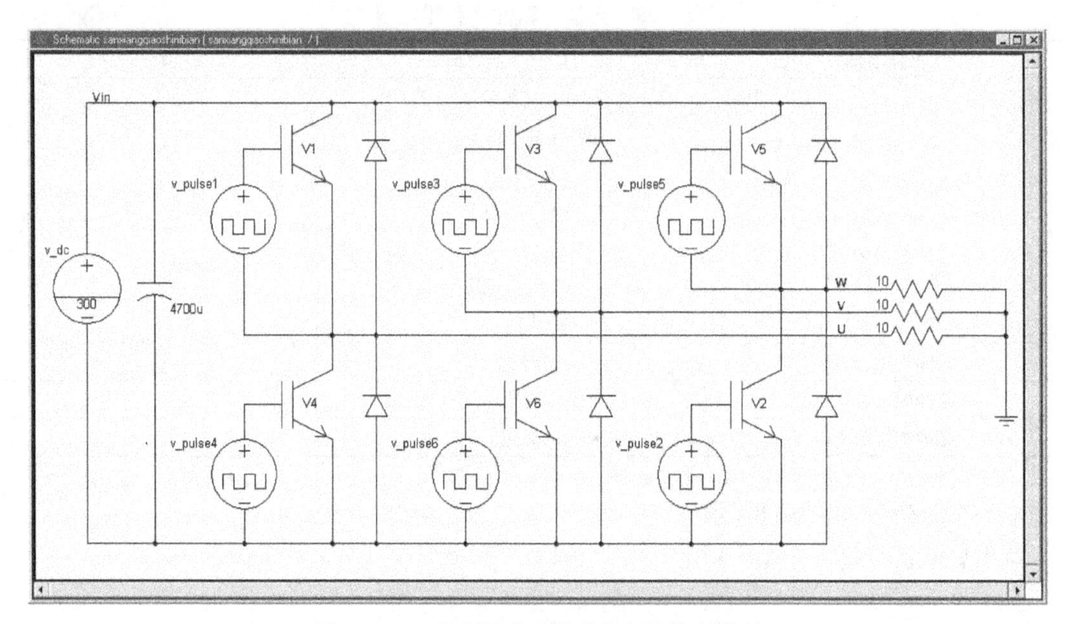

图 3-78　三相电压型全桥逆变电路仿真模型

三相桥式逆变电路主要有 180°导电型的电压型逆变器和 120°导电型的电流型逆变器两种，在 180°导电型的电压型逆变器中，脉冲电压源的设置见表 3-29，其特点如下：

1）每个脉冲间隔60°区间内有3个IGBT导通，且分别属于上桥臂和下桥臂。

2）上桥臂器件所对应的相电压为正，下桥臂器件所对应的相电压为负。

3）3个相电压相位相差120°，相电压之和为0。

4）线电压为相电压的$\sqrt{3}$倍。

表3-29　元器件属性（180°导电型）

元器件名称	属 性 名	值
脉冲电压源1	initial（初始值）	0
	pulse（脉冲值）	15
	tr（上升时间）	1u
	tf（下降时间）	1u
	Delay（延迟）	0
	width（脉冲宽度）	0.5m
	period（周期）	1m
脉冲电压源2	Delay（延迟）	1m/6
脉冲电压源3	Delay（延迟）	1m/3
脉冲电压源4	Delay（延迟）	0.5m
脉冲电压源5	Delay（延迟）	2m/3
脉冲电压源6	Delay（延迟）	5m/6

对瞬态分析仿真器做如下设置：

End Time：0.1；

Time Step：1u；

Run DC Analysis First：Yes；

Plot After Analysis：Yes-Open Only；

Waveforms at Pins：Across and Through Variables。

单击“OK”执行瞬态分析。这里对输出相电压进行观测，仿真结果如图3-79所示。

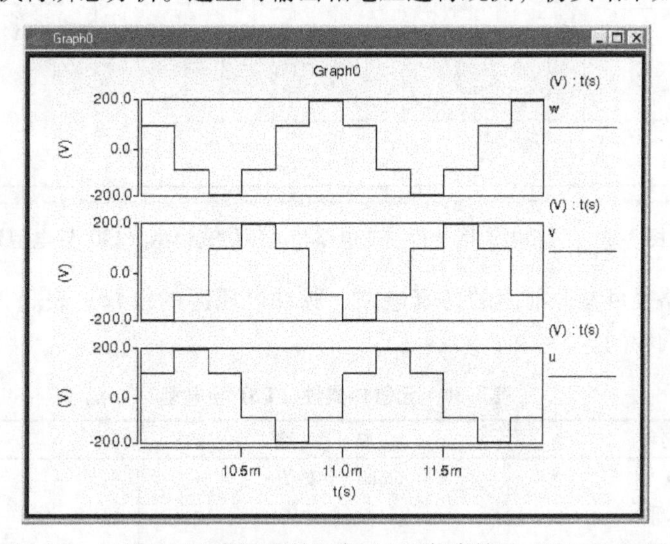

图3-79　三相电压型全桥逆变电路相电压仿真结果（180°导电型）

在实际应用中，为了防止同一相上、下桥臂的开关器件同时导通而引起直流侧电源短路，需要在两者之间留一个短暂的死区时间，死区时间的长短由器件的开关速度来决定，前面所述的单相半桥与全桥逆变电路在实际应用时也必须采取这种控制方法。

3.4.2　电流型逆变电路

在电压型逆变电路中都采用全控型器件，换流方式为器件换流，而在电流型逆变电路中，采用半控型器件的电路仍应用较多。由于在大多数应用场合，电压型逆变电路仍占主导地位，因此，这里简单分析三相电流型全桥逆变电路。

在实际应用中，理想的直流电流源并不常见，传统的方法是在直流侧串联一个大电感，大电感中电流的脉动很小，因此可近似看作直流电流源。

电流型逆变电路有以下几个特点：

1）直流侧串联大电感，电流基本无脉动，直流回路呈现高阻抗。

2）开关器件仅改变电流的流通路径，输出电流波形为矩形波，且与负载性质无关，电压波形则与负载性质有关。

3）开关器件两端无须反并联二极管。

电流型三相桥式逆变电路的基本工作方式是120°导电方式，即每个桥臂在一个周期内导通120°，导通顺序为V1→V2→V3→V4→V5→V6，相互间隔60°。这样，每个时刻3个上桥臂与3个下桥臂中各有一个臂导通。三相电流型全桥逆变电路如图3-80所示。

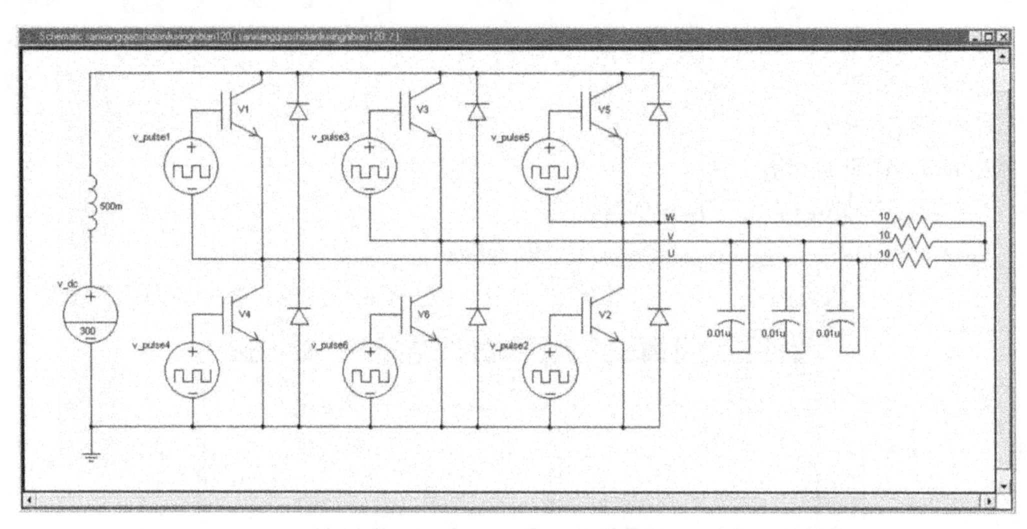

图3-80　三相电流型全桥逆变电路相电压仿真模型（120°导电型）

元器件提取路径可参照前面的仿真电路，脉冲电压源的设置见表3-30，除延迟参数不同，其余各参数均相同。

表3-30　元器件属性（120°导电型）

元器件名称	属　性　名	值
脉冲电压源1	initial（初始值）	0
	pulse（脉冲值）	15
	tr（上升时间）	1u

（续）

元器件名称	属 性 名	值
脉冲电压源1	tf（下降时间）	1u
	Delay（延迟）	0
	width（脉冲宽度）	1m/3
	period（周期）	1m
脉冲电压源2	Delay（延迟）	1m/6
脉冲电压源3	Delay（延迟）	1m/3
脉冲电压源4	Delay（延迟）	0.5m
脉冲电压源5	Delay（延迟）	2m/3
脉冲电压源6	Delay（延迟）	5m/6

对瞬态分析仿真器做如下设置：

End Time：10m；

Time Step：1u；

Run DC Analysis First：Yes；

Plot After Analysis：Yes-Open Only；

Waveforms at Pins：Across and Through Variables。

单击“OK”执行瞬态分析。这里对输出相电流进行观测，仿真结果如图3-81所示。

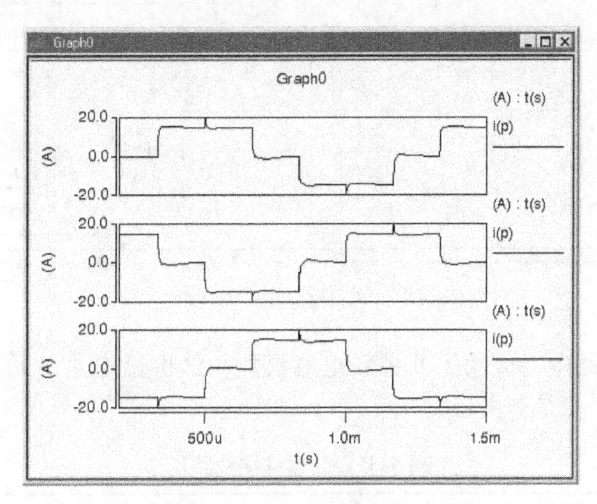

图3-81 三相电流型全桥逆变电路相电流仿真结果（120°导电型）

3.5 PWM逆变电路

脉冲宽度调制（PWM）是电能转换电路中常用的一种控制技术。脉宽调制器的输出端为一系列宽度可变的等高矩形脉冲，它根据输入电压的值（瞬时值）控制输出电压脉冲的宽度，输出电压脉冲的宽度决定了逆变器的输出电压，这样输入电压通过脉宽调制器控制逆变器的输出电压。输入电压越高，脉宽调制器输出电压的脉冲宽度就越宽，逆变器的输出电压也就越高；反之，输入电压越低，脉宽调制器输出电压的脉冲宽度就越窄，逆变器的输出电压也就越低。采用 PWM 方式的无源逆变电路可以改善电路输出电压的波形，减小输出电压波形的畸变程度，减少对电网的污染。

3.5.1　单相桥式 PWM 逆变电路

在控制方式上，把希望输出的波形作为调制信号，把接收调制的信号作为载波，通过信号波的调制得到所希望的 PWM 波形。通常采用等腰三角波作为载波，当其与一个平缓变化的调制信号相交时，在交点时刻对电路中开关器件的通断进行控制，就可以得到宽度正比于信号波幅值的脉冲，当调制波为正弦波时，所得到的就是 SPWM 波形。

PWM 的控制方式有两种，一种为单极性控制，一种为双极性控制。本节主要介绍双极性控制方式。单相桥式 PWM 逆变电路模型如图 3-82 所示。采用双极性方式时，当调制波幅值大于载波幅值时，V1 和 V4 导通，V2 和 V3 关断。

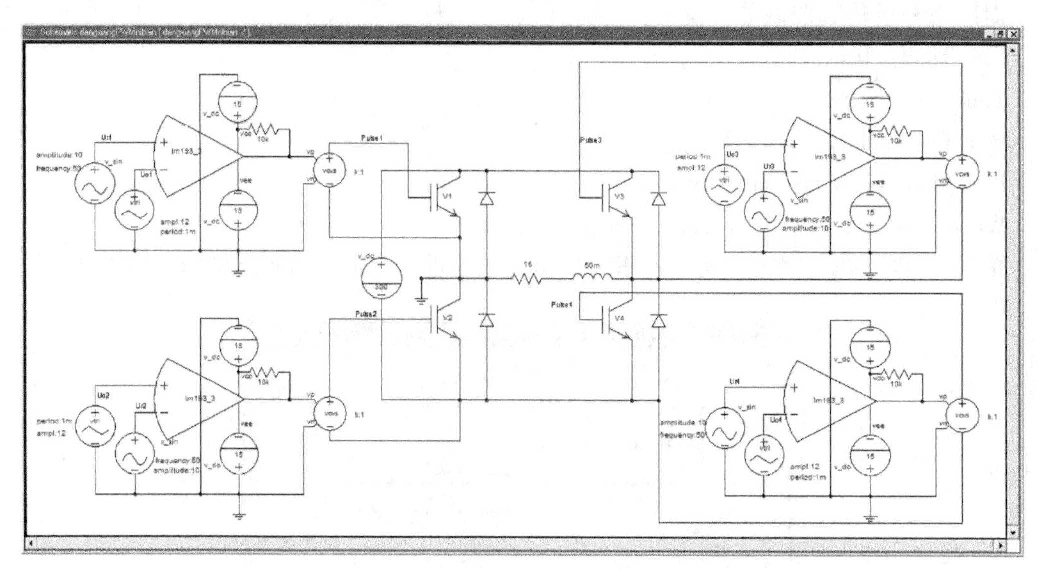

图 3-82　单相桥式 PWM 逆变电路

在本节的仿真电路中，应用了几种新电路模块，这里首先给出元器件的提取路径，见表 3-31。

表 3-31　元器件提取路径

元器件名称	提 取 路 径
三角波电压源	Power System\Source, Power& Ground\Electrical Sources\Voltage Sources\Voltage Sources, Triangle
正弦波电压源	Power System\Source, Power& Ground\Electrical Sources\Voltage Sources\Controlled Voltage Sources\Voltage Sources, Sine
直流电压源	Power System\Source, Power& Ground\Electrical sources\Voltage Sources\Voltage Source, Constant Ideal DC Supply
比较器	MAST Part Library\Electronic\Voltage Comparators\Comparator Components\lm193_3
压控电压源	MAST Part Library\Electronic \Semiconductor Devices\SPICE Compatible\Controlled Voltage Sources\Voltage Source, VCVS
IGBT	Power System\Semiconductor Devices\IGBT\IGBT, Buffer Layer, Transistor

（续）

元器件名称	提取路径
二极管	Power System\Semiconductor Devices\Diodes\Diode
电阻	Power System\Passive Elements\Resistors\Resistor(I)
参考地	Power System\Source, Power& Ground\Power& Ground\Ground (Saber Node 0)

在进行电路仿真之前，需要合理设置电路中各元器件的参数，这里需要对其中的部分元器件做简要说明。

三角波电压源：通常用等腰三角波作为载波，这里可以任意设置等腰三角波幅值及频率。

比较器：比较两个电压的大小（用输出电压的高或低电平，表示两个输入电压的大小关系）；当“+”输入端电压高于“-”输入端时，电压比较器输出为高电平；当“+”输入端电压低于“-”输入端时，电压比较器输出为低电平。

压控电压源：具有增益可调特性的独立电压源，其输入、输出电压呈正比例关系，比例系数为k。在某些特定场合，可用压控电压源来代替变压器使用。

各元器件属性设置见表3-32，这里只给出与V1相关的驱动电路元器件参数，其他驱动电路参数与其完全一致，主电路参数设置可参见图3-82。

表3-32　元器件属性

元器件名称	属性名	值
正弦波电压源	amplitude（幅值）	10
	frequence（频率）	50
三角波电压源	ampl（幅值）	12
	period（周期）	1m
压控电压源	k（增益）	1

对瞬态分析仿真器做如下设置：

End Time：1；

Time Step：1u；

Run DC Analysis First：Yes；

Plot After Analysis：Yes-Open Only；

Waveforms at Pins：Across and Through Variables。

单击“OK”执行瞬态分析。这里对调制波、载波、驱动信号及输出电压、电流进行观测，仿真结果如图3-83所示。

3.5.2　三相桥式PWM逆变电路

三相桥式PWM逆变电路都是采用双极性控制方式，U、V、W三相的PWM控制通常共用一个三角波载波，三相调制信号依次相差120°。以U相为例，当调制波幅值大于载波幅值时，V1导通，V4关断，V1和V4的驱动信号始终是互补的，其他两相控制方式与U相相同。三相桥式PWM逆变电路如图3-84所示。

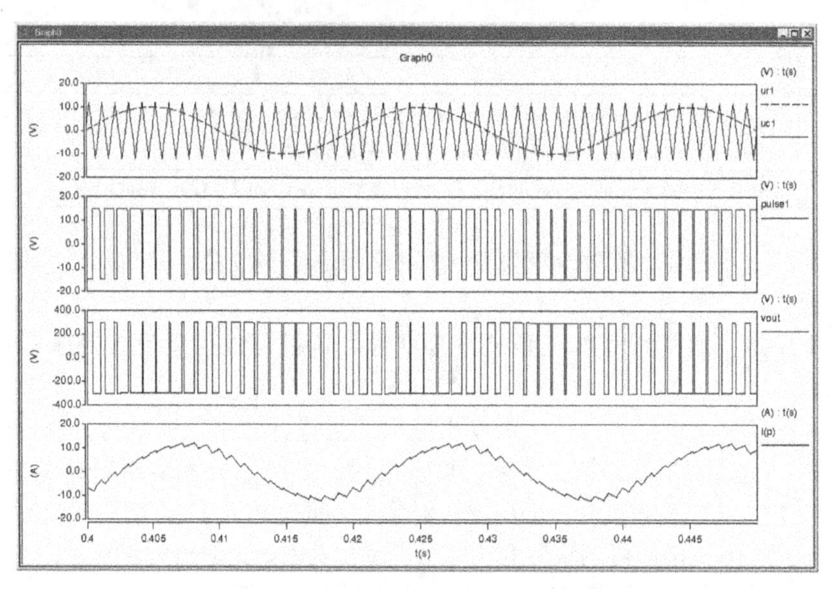

图 3-83　单相桥式 PWM 逆变电路仿真结果

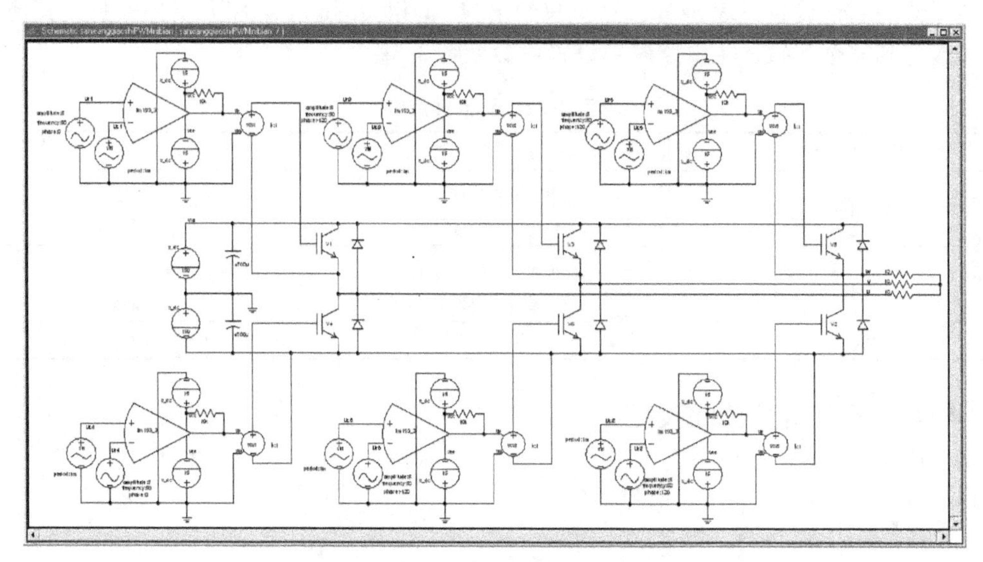

图 3-84　三相桥式 PWM 逆变电路

这里元器件的提取路径与单相桥式 PWM 逆变电路相同，驱动电路中各元器件属性设置见表 3-33，主电路参数设置可参见图 3-84。

表 3-33　元器件属性

元器件名称	属　性　名	值
正弦波电压源 1	amplitude（幅值）	5
	frequence（频率）	50
	phase（相位）	0
正弦波电压源 2	amplitude（幅值）	5
	frequence（频率）	50
	phase（相位）	120

（续）

元器件名称	属 性 名	值
正弦波电压源3	amplitude（幅值）	5
	frequence（频率）	50
	phase（相位）	−120
正弦波电压源4	amplitude（幅值）	5
	frequence（频率）	50
	phase（相位）	0
正弦波电压源5	amplitude（幅值）	5
	frequence（频率）	50
	phase（相位）	120
正弦波电压源6	amplitude（幅值）	5
	frequence（频率）	50
	phase（相位）	−120
三角波电压源	ampl（幅值）	6
	period（周期）	1m
压控电压源	k（增益）	1

对瞬态分析仿真器做如下设置：

End Time：0.1；

Time Step：1u；

Run DC Analysis First：Yes；

Plot After Analysis：Yes-Open Only；

Waveforms at Pins：Across and Through Variables。

单击“OK”执行瞬态分析。这里对调制波、载波及输出电压进行观测，仿真结果如图3-85所示。

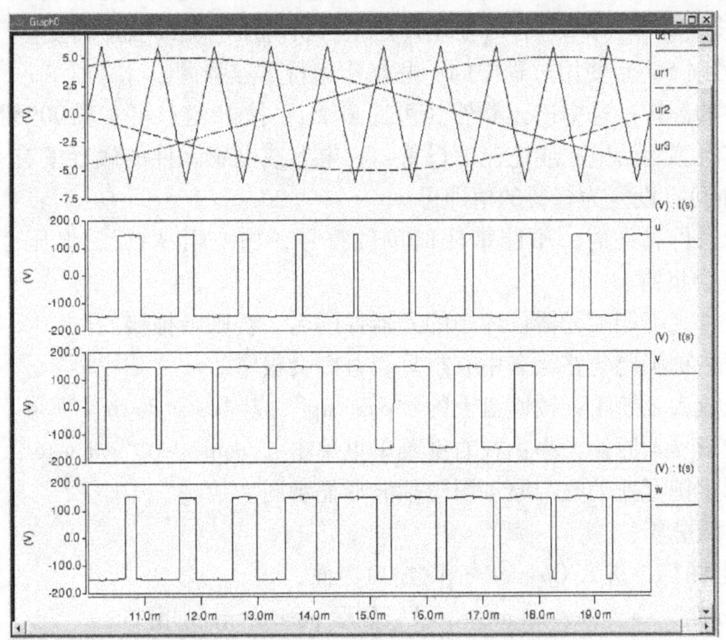

图3-85　三相桥式PWM逆变电路仿真结果

在电压型逆变电路的 PWM 控制中，同一相上、下两桥臂的驱动信号是互补的，但在实际应用中，为了防止上、下两桥臂直通而造成直流侧短路，通常在软件控制上增加死区时间，即在上、下两桥臂切换时留一小段时间，这段时间的长短视不同功率器件而定，死区时间的存在也会给输出的 PWM 波形带来一定的影响，只能使输出波形接近于正弦波。

3.6 Saber 电力电子仿真小结

Saber 软件有丰富的元器件库，应用范围广泛。它不仅可以应用在电子、电力电子电路，还可用于机械、光学、控制等不同类型构成的混合系统仿真，Saber 作为混合仿真系统，可以兼容模拟、数字量的混合仿真，这是其他仿真软件（如 PSpice、Protel 等）所不具备的。

Saber Sketch 是 Saber 的原理图输入工具，在 Saber Sketch 中，用户能够创建自己的原理图，启动 Saber 完成各种仿真分析，如直流分析、交流分析、瞬态分析、参数分析、傅里叶分析、蒙特卡诺分析、噪声分析、失真分析等。在绘制原理图时，可以在元器件库中输入元器件的名称来进行查找，也可通过元器件所在路径进行直接提取，可以对元器件属性灵活设定，根据需要设置为显示或隐藏元器件参数；另外，在连接元器件时不需要专门的连线工具，使用更加方便快捷，提高了效率。

Saber 的优点还反映在仿真完成后对波形的后期处理上。Saber 为用户提供了专门的波形观测和仿真结果分析工具 Saberscope，它列出了原理图中所有节点，且节点标号唯一，单击节点号就可以在示波器窗口中显示波形，既可以观测某一节点的电压波形，也可以观测流过某一元件的电流波形。另外，用户可以根据自己的需要把 Saberscope 的不同波形拖至同一显示窗口内便于比较分析，也可以任意设定波形的时间（X 轴）与幅值（Y 轴）显示区间，这在观察波形的瞬态过程时是很有帮助的，还可以对窗口背景颜色、波形的线宽、线形、颜色、标注等任意设定，得到最好的显示效果。在应用 Saber 进行傅里叶分析时，能够得到电压电流的总谐波畸变率（*THD*），方便用户定量分析电压电流的波形畸变。

另外，还需对 Saber 使用过程中的一些操作进行重点强调。

1）元器件的翻转：选中该元器件（可选多个），按 R 键，可实现 90°翻转。

2）电容或电感初始电压或电流值设置：在电容或电感元件的属性里有一项 ic 设置，默认未设置（undef），设置为想要的值即可。

3）设置元器件属性时，不能带任何单位符号，如电阻“Ω”、电压“V”、时间“s”等，否则 Saber 会报错。

4）仿真文件名不能和元器件库中的元器件同名，否则会报错。

5）原理图名称不要与路径名中有重复，否则会报错。

6）原理图放大或缩小：按键盘上的“page up”或“page down”即可。

7）恢复波形显示原始大小：在右键菜单里单击“zoom”→“zoom to fit”即可。

8）按鼠标中键可拖动整个原理图包括波形显示图。

9）波形高级分析：

①双击波形图标，进入 CosmosScope 窗口界面；

②单击“tools”→“measurement tool”显示 measurement 窗口；

③单击“measurement”右侧的按钮，默认为 At X 按钮；

④菜单中出现多个选项，对其中较为常用选项可做如下说明：

a）General：

At X：显示 X 轴、Y 轴参数；

(Threshold) At Y：只显示 Y 轴参数；

Delta X：X 轴任意两点间的时间，单位：s；

Delta Y：Y 轴任意两点间的电压，单位：V（电压有方向）；

Length：Y 轴任意两点间的电压，单位：V（电压无方向，取绝对值）；

Slope：斜率；

Local max/min：局部最大、最小值；

Crossing：交叉；

Horizontal level：水平测量线；

Vertical level：垂直测量线；

Vertical cursor：垂直测量指针；

Point marker：波形任意单个点数据；

Point to point：波形任意两点间数据；

Vertical marker：垂直测量线。

b）time domain：

Falltime：下降时间；

Risetime：上升时间；

Slew rate：从 0 上升到最大值所需的时间；

Period：周期；

Frequency：频率；

Duty cycle：占空比；

Pulse width：脉冲宽度；

Delay：延迟时间；

Overshoot：正峰值；

Undershoot：负峰值；

Eettle time：稳定时间；

Eye diagram：眼图；

Eye jitter：眼图抖动；

Eye mask：眼图波罩。

c）levels：

Maximum：波形最大值；

Minimum：波形最小值；

X at Maximum：最大值出现时间；

X at Minimum：最小值出现时间；

Peak to Peak：峰 - 峰值；

Topline：脉冲群顶线；

Baseline：脉冲群基线；

Amplitude：幅值；

Average：平均值；

RMS：方均根值；

AC coupled RMS：交流有效值。

以上简单总结了 Saber 在电力电子仿真中的一些较为重要的操作，这只是 Saber 强大功能中很小的一部分。

另外，这里对 Saber 仿真过程中容易出现的错误进行简要说明。

*** ERROR "ALG_NO_SOLUTION" *** Cannot find nonlinear system solution.

*** ERROR "ALG_ITERATIONS" *** Too many iterations

这是仿真过程中最常见的一种错误，是由于迭代次数超过限制而导致的仿真不收敛。造成仿真不收敛的原因很多，比如仿真中是否有控制环、里面是否有积分环节、积分环节的初值是否正确设置等。如果仿真模型无误，可以修改瞬态分析的终止时间以及初始步长，如果多次修改后依然存在仿真不收敛问题，还可以尝试用图 3-86 所示方法来解决。将截断误差（Truncation Error）设置为“1n”，采样点密度（Sample Point Density）设置为“1k”，再把步长控制（Step Size Control）设置为“Fixed”，这样设置好以后，有些情况下，仿真不收敛的问题就得到了解决。

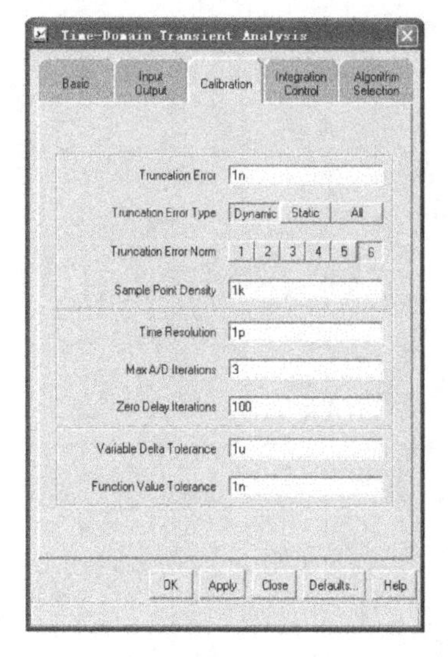

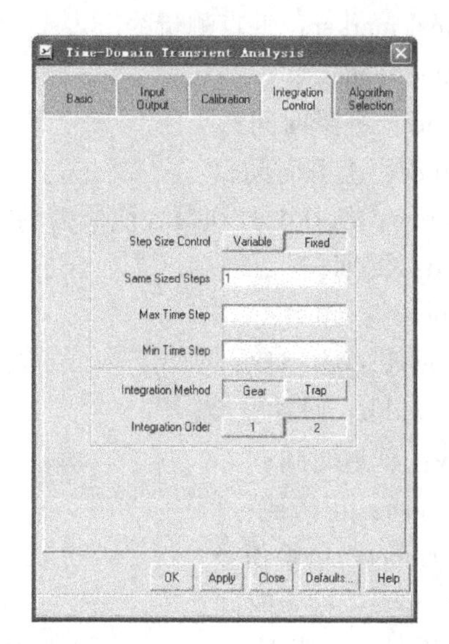

图 3-86　时域分析参数设置窗口

仿真软件的使用省去了实际硬件调试过程中焊接电路板所花费的时间，能够把更多的时间用于对波形的分析和对电路结构的优化。仿真调试的过程也是边学习边改进的过程，通过改变参数、分析波形，更透彻地了解元器件的功能、电路的原理。这些方面仅通过理论学习是很难达到的。

第 4 章　MAST 语言建模

4.1　MAST 语言建模概述

MAST 语言是一种硬件描述语言，它是用数学的方法来描述的，它可以描述硬件的结构，也可以描述硬件的功能。建立描述硬件结构的模型比较难，如果建立得比较好，则精度较高；建立描述功能的硬件模型相对比较简单，但在使用这种模型的时候受到比较多的限制。

MAST 语言主要是用来创建模拟、数字或系统模型，而用 MAST 语言建模实际上就是指定要被仿真的模型，更确切地说就是要建立一系列的方程，因此用 MAST 语言建模的核心就是用线性（或非线性）的代数、微分方程（组）来描述对象的特征。它包括电、机械、光和流体等。从上面的定义可以看出，Saber 仿真器并不是单纯的一个电路模型仿真器，从理论上讲，如果能用 MAST 语言建立任何模型，通过 Saber 仿真器就能进行仿真，但在实际情况是它将受系统硬件的限制，仿真器实际上要做的工作就是解方程。

用 MAST 建模时，可以首先建立系统中元器件的模型，然后将各个元器件按照一定的要求连接起来就构成系统模型，因此在这种情况下描述系统模型方程由仿真器自动完成。只要能写出描述对象特征的方程就能用 MAST 语言建模，因此 MAST 语言不仅可以建立模拟器件的模型，还可以建立数字器件的模型，对于数字模型是用器件在各离散时刻的离散值来描述的。

在 MAST 语言中，被 Saber 仿真器使用的最核心的单元就是模板（template），在创建模型中，模板是分层结构的。所谓分层结构就是在创建模板中可以引用其他模板。这样的结构有如下几个好处：

1）在创建模板的过程中可以直接调用 Saber 库的元器件模型，这样将大大减少编写模板的工作量。

2）对于经常使用到的电路结构（该结构中可以包括其他电路结构），可以将其构成一个子系统，而其他模板可以调用这个子模板。

3）可以建立一个顶层模板，在该模板中调用系统中的其他所有模板，它只反映各模板之间的连接及各模板所需要传递的参数，这样在仿真中修改参数就很方便。

在模板命名这个问题上需要注意两点：①模板的扩展名必须是 . sin，即 templatename. sin；②模板名必须以字母开头。

一个模板可能有以下的一个或几个部分，也可能包括以下的全部内容。

```
Unit definitions                  //单位定义
Connection point definitions      //连接点定义
Template header                   //模板头
Header declarations               //头声明
```

```
{
  local declarations          //局部声明
  Parameters sections         //参数部分
  When statements             //当语句
  Values section              //值部分
  Control section             //控制部分
  Equations section           //方程部分
}
```

在编写模板时，没有上面顺序的限制，可以按任意顺序编写，但需特别注意的是，在使用一个量之前必须首先定义这个量，被定义量的位置就决定了它是全局的或是局部的。如果要在模板中引用文件，可以在任何地方引用文件。但是为了增加程序的可读性，建议编写模板程序时采用上述顺序。另外，如果要调用程序且该文件为全局调用，建议调用句放在 header declarations 部分；如果该文件为局部调用，建议调用句放在 local declarations 部分。

这里以理想恒流源模型为例，对 MAST 语言进行深入说明。理想恒流源模型如图 4-1 所示。

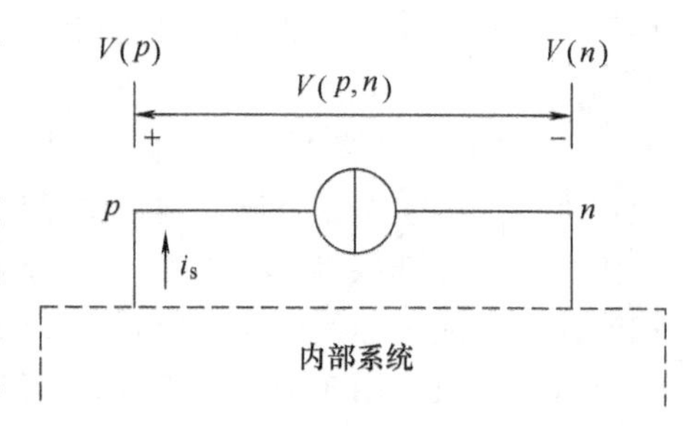

图 4-1　理想恒流源模型图

其 MAST 语言形式如下：

```
template isource p n = is
electrical p, n
number is = 100
{
  equations {i (p -> n) + = is}
}
```

模板头说明模板名、模板的连接点和使用模板时需要赋值的变量，这个变量必须是在网表中进行赋值。定义模板头的格式为：template template_ name connection points = arguments。定义模板头的关键字为 template 和 element template，这两者的区别在于前者是内部节点可见而后者是内部节点不可见。template_ name 是模板名，在通常情况下，该模板的文件名和这个模板应该一致；connection points 是定义的端点名，而 argument 则是使用这个模板时需要赋值的变量，这个变量是通过网表来赋值的。模板连接点是一种特殊的数据类型，在 Saber 中被称为 pin 类型，它与建立的模板有关。pin 类型可以是机械连接点、热连接点、电连接点。由于恒流源中的连接点是电连接点，因此其连接点说明为 electrical p，n。作为头说明的另一部分就是对模板参数的说明，它需要说明的是模板参数的类型，即数的类型，在本模板中就定义了一个数：number is = 100。isource 中的方程段是用 MAST 语言结构体的形式描述恒流源的特征，实际上就是用模板方程来描述器件模拟端口的特征。在恒流源模型中，电流是从 p 点流进从 n 点流出，因此在方程段中要描述这一特征，在 MAST 中描述这一特征用 i(p -> m) + = is 来表示。

假设有一个系统调用了这个恒流源模板 isource，在这个系统中这个恒流源的名字为 i1，这个恒流源的两端与节点 a、b 相连，恒流源电流的大小为 2，则调用这个模板的语句为：isource. i1 a b = is = 2，网表与模板间的对应关系：isource. i1 a b = is = 2；template isource p n = is。

上述模型描述的电流从 p 点流进、n 点流出，其电流的大小为 i_s，在使用这个器件时在网表中要对这个值进行赋值。用任何文本编辑器编写上述这段文本后，以文件的扩展名为 . sin 存盘。通常情况下文件名和模板名要一致，如果文件名和模板名不一致时，在使用这个模板的网表中要包含这个文件。

以上仅对 MAST 语言的一些编程基础进行了说明，读者如果想要熟练掌握 MAST 语言，还需更深层次地了解相关内容。

4.2　使用 Saber 模型文件创建设计

在实际应用中，Saber 的模型库中的模型是有限的，无法为用户提供全部或最新的集成电路模型，因此，有时需要利用 MAST 语言来完成一定的硬件设计。有些 IC 生产厂商为了使用户更好地了解其产品特性，在其网站上发布了一些基于 Saber 软件的模型可供下载使用，本节主要来讨论如何在 Saber 中使用这些模型。

想要使用这些基于 Saber 软件的模型（ *. sin 文件，可用记事本打开），所需要做的事就是为这个模型建立一个同名的符号（ *. ai_ sym 文件），并设置相关属性值，就可以在 Saber Sketch 中调用了。但需要注意的是，模型文件与符号文件要放在同一个工作目录下，且为英文路径。下面通过一个简单的例子来说明如何使用 Saber 模型文件。假定我们需要使用 ircz34. sin 模型文件，该器件为国际整流器公司生产的 MOSFET，器件功能用 MAST 语言描述如下：

```
template irfp460lc d g s
# External Node Designations
# Node d -> Drain
# Node g -> Gate
# Node s -> Source
electrical d,g,s
{
  # BODY_BEGIN
  # Default values used in MM:
  # The voltage - dependent capacitances are
  # not included. Other default values are:
  #  LD = 0 CBD = 0 CBS = 0 CGBO = 0
  spm. . model mm = (type = _n,
  level = 1, is = 1e - 32, rd = 1e - 6,
  vto = 4. 12, lambda = 0. 00224407, kp = 1. 00603, rs = 0. 001,
  cgso = 3. 67649e - 05, cgdo = 1e - 11)
  spd. . model md = (is = 5e - 10, rs = 0. 015, n = 1, bv = 500,
  ibv = 0. 00025, eg = 1. 11, xti = 3, tt = 0,
```

```
    cjo=9.14332e-09,vj=0.821728,m=0.9,FC=0.5)
    # Default values used in MD1:
    #  RS=0 EG=1.11 XTI=3.0 TT=0
    #  BV=infinite IBV=1mA
    spd..model md1=(is=1e-32,n=50,
    cjo=2.67953e-09,vj=0.5,m=0.899999,fc=1e-08)
    # Default values used in MD2:
    #  EG=1.11 XTI=3.0 TT=0 CJO=0
    #  BV=infinite IBV=1mA
    spd..model md2=(is=1e-10,n=0.403943,rs=3e-06)
    # Default values used in MD3:
    #  EG=1.11 XTI=3.0 TT=0 CJO=0
    #  RS=0 BV=infinite IBV=1mA
    spd..model md3=(is=1e-10,n=0.403943)
    spm.M1 n9 n7 s s=model=mm,l=100u,w=100u
    spd.d1 s d=model=md
    spr.rds s d=1e+06
    spr.rd n9 d=0.163936
    spr.rg g n7=2.51816
    spd.d2 n4 n5=model=md1
    spd.d3 0 n5=model=md2
    spr.rl n5 n10=1
    spf.fi2 n7 n9 i(spv.vfi2)=-1
    spv.vfi2 n4 0=0
    spe.ev16 n10 0 n9 n7=1
    spc.cap n11 n10=3.17418e-09
    spf.fi1 n7 n9 i(spv.vfi1)=-1
    spv.vfi1 n11 n6=0
    spr.rcap n6 n10=1
    spd.d4 0 n6=model=md3
}
```

模型中给出了器件详细的性能指标，我们在应用的时候，可以把注意力放在它的引脚结构上即可。该器件为三引脚器件，引脚名称分别为 d、g、s，在 Saber Sketch 中需要做如下工作：

1. 绘制图形符号

打开 Saber Sketch，单击菜单“File”→“New”→“Symbol”，打开一个新的输入窗口，再单击左下方的 a✐ 按钮，画出所需的图形，如图 4-2 所示。

2. 建立引脚信息

根据 MAST 语言对其的描述可知：template 为保留字；irfp460lc 为模型名；d、g、s 分别为 MOSFET 的 3 个引脚：漏极、栅极和源极。在窗口中单击右键，选择“Create”→“Analog Port”，窗口中会出现名为 port 的符号，如图 4-3 所示。

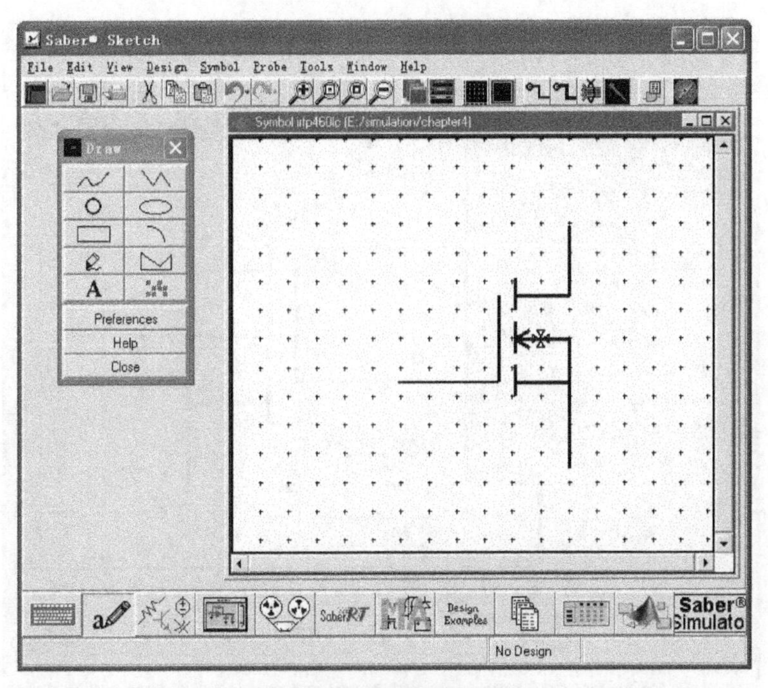

图 4-2　MOSFET 图形符号

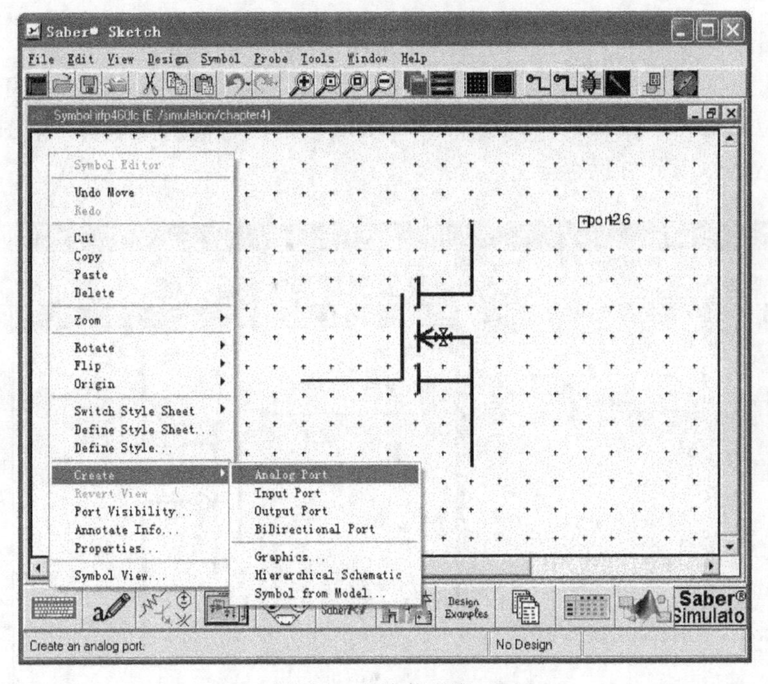

图 4-3　引脚信息窗口

将该符号放到所需的位置并在该符号上单击右键，选择“Attributes”，会弹出 Port Attribute 窗口，在“Name”框内输入引脚名称，重复以上步骤对 3 个引脚分别进行配置，画好引脚后的图形符号如图 4-4 所示。

保存上述模型，将文件名与模型名统一，保存为 irfp460lc，其格式为（. ai_sym）文件。

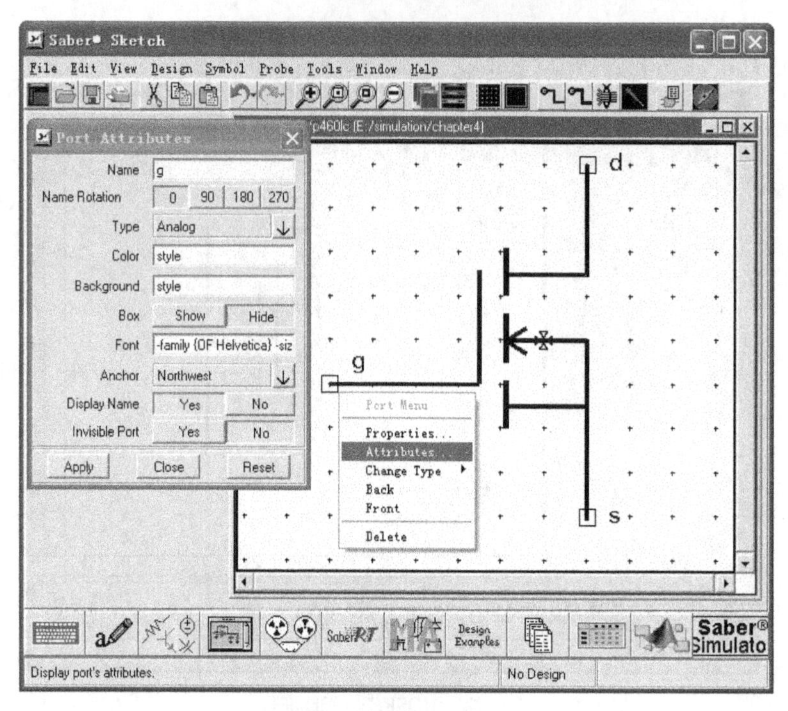

图 4-4　引脚信息的配置

3. 建立图形符号文件（. ai_ sym）与模型文件（. sin）的联系

在 symbol 窗口中单击右键，选择“Properties”，弹出 symbol property 窗口。在“New Property”的位置输入“primitive”，在“New Value”的位置输入模型名，如图 4-5 所示，设置完成后，单击“OK”并保存。

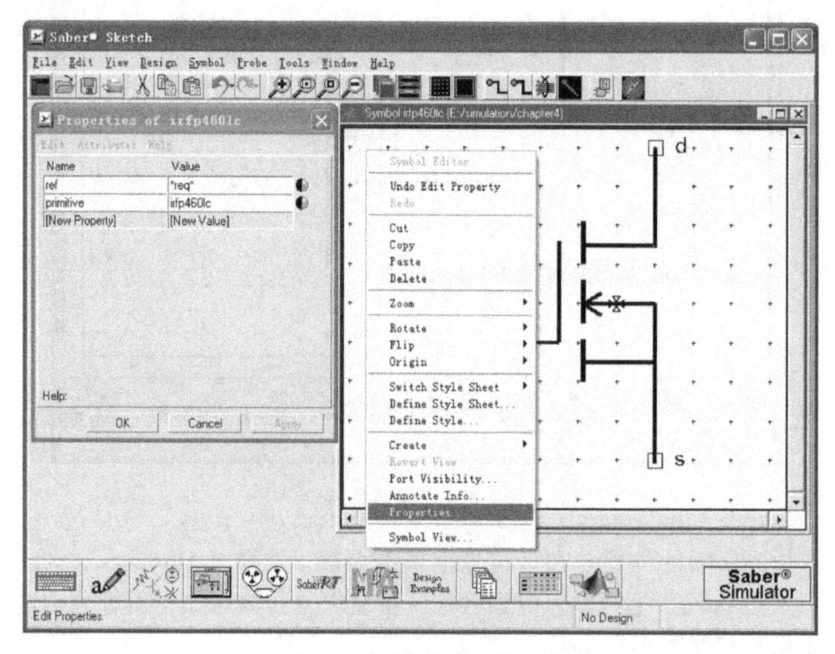

图 4-5　元器件属性设置

经过上面的过程，该模型已可以用于 Saber Sketch 中了。但在模型的存储路径上还需做一定说明，为了保证 Saber 可以找到它，需要将该模型及图形符号文件放在当前设计所在的目录下，并通过如下方法进行添加：在菜单中选择“Schematic”→“Get Part”→“By Symbol Name”，单击“Browse”找到模型存放路径，单击“Place”便可将该器件放置到原理图上了，过程如图 4-6 所示。

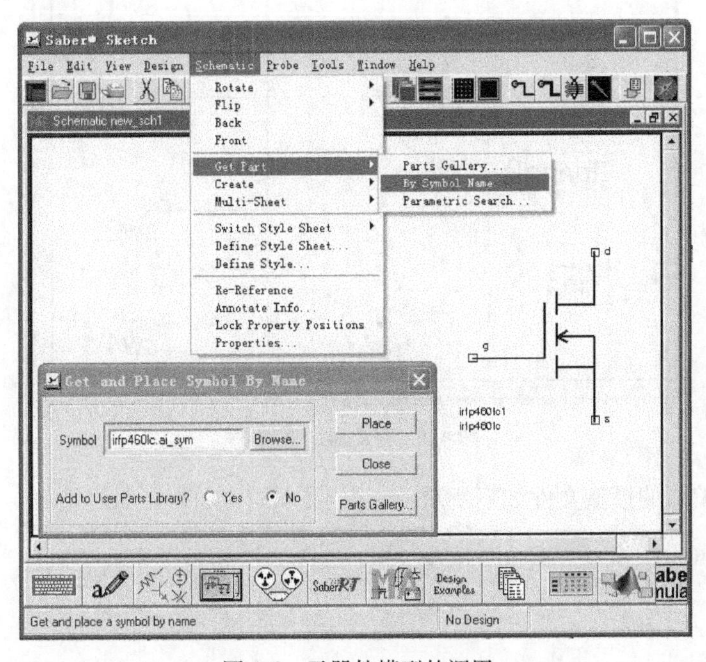

图 4-6　元器件模型的调用

对上述过程进行简单总结，在绘制元器件图形以后，最重要的是模型文件与图形符号文件之间的对应关系，模型文件的引脚名称要与图形符号文件相对应，且文件的名称也要一致。

4.3　MAST 语言建模应用实例

4.3.1　单相桥式 PWM 逆变电路 MAST 语言建模

对于第 3 章所讲述的单相桥式 PWM 逆变电路而言，元器件的驱动信号都是由正弦信号与三角波信号经过比较器得来的，每一个元器件采取独立驱动方式，上下桥臂的互补导通关系由正弦波信号的相位决定，这种仿真模式虽然也能够得到理想的结果，但仿真模型相对复杂，分立元器件数目较多，且元器件参数的设置也较为烦琐。为了解决上述问题，本节将借助 MAST 语言实现对仿真模型的简化。

将 IGBT 用理想开关替代，理想开关的驱动信号用 MAST 语言实现。首先建立驱动器图形符号，该符号共 7 个引脚，输入引脚分别为采样频率、正弦波信号和三角波信号，输出信号则是 4 个理想开关的驱动信号。重复 4.2 节中元器件模型的创建步骤，这里引脚的创建与之前稍有不同，s_f 为采样时钟信号输入引脚(Input Port)，triangle 为三角载波信号输入引脚

(Analog Port)，sina 为正弦调制信号输入引脚（Analog Port），$sw_1 \sim sw_4$为驱动信号输出引脚（Output Port），并将图形符号各引脚的功能与模型文件相对应，如图 4-7 所示。

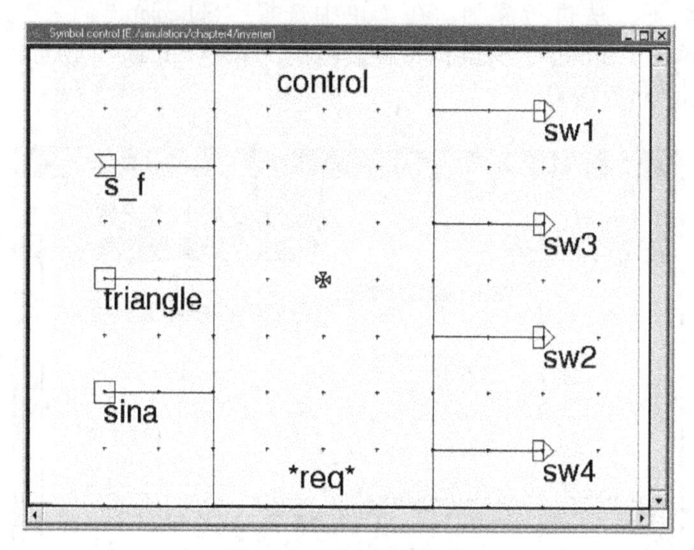

图 4-7　驱动器图形符号

MAST 语言编写的模型文件如下所示：

```
encrypted element template control s_f triangle sina sw1 sw2 sw3 sw4
state nu s_f
electrical triangle, sina
state logic_4 sw1, sw2, sw3, sw4
{
    <consts. sin
    state logic_4 sw11 = l4_0, sw21 = l4_0, sw31 = l4_0,sw41 = l4_0
    when(event_on(s_f))
    {
      if((v(triangle) - v(sina)) >0)
        {
        sw11 = l4_0
        sw31 = l4_0
        sw21 = l4_1
        sw41 = l4_1
        }
    else if((v(triangle) - v(sina)) <0)
        {
        sw11 = l4_1
        sw31 = l4_1
        sw21 = l4_0
        sw41 = l4_0
        }
```

```
    #改变开关状态
    schedule_event(time, sw1, sw11)
    schedule_event(time, sw2, sw21)
    schedule_event(time, sw3, sw31)
    schedule_event(time, sw4, sw41)
    }##when
}
```

单相桥式 PWM 逆变电路仿真模型如图 4-8 所示。

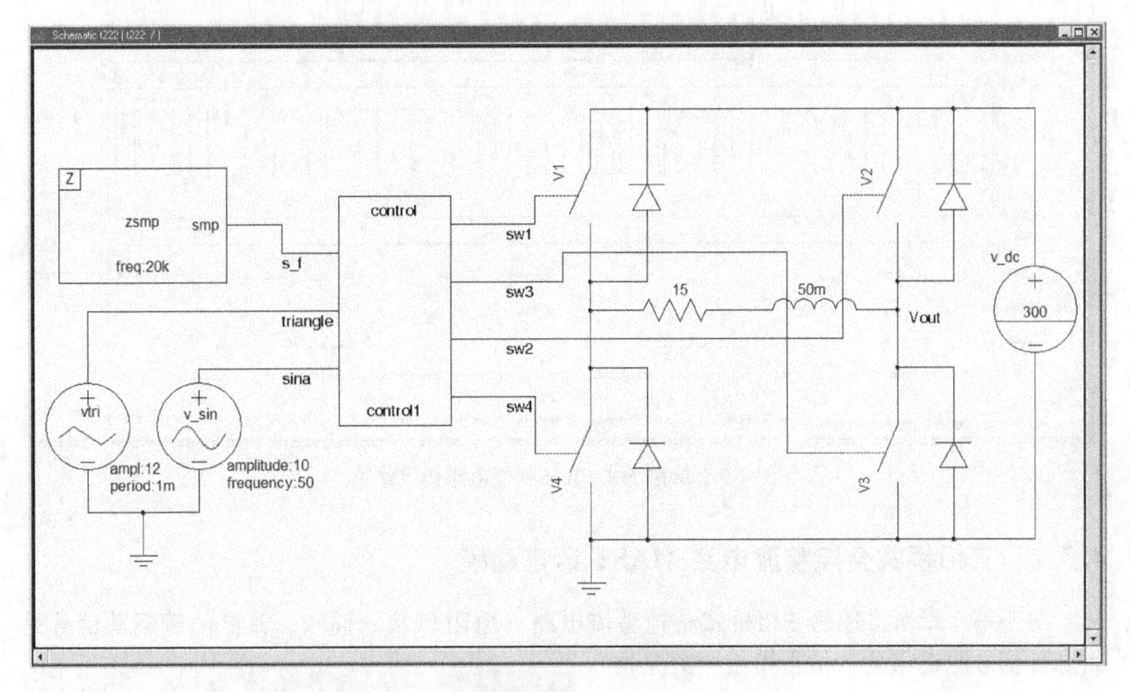

图 4-8　单相桥式 PWM 逆变电路仿真模型

这里给出 zsmp 及理想开关的提取路径，见表 4-1。

表 4-1　元器件提取路径

元器件名称	提 取 路 径
zsmp	MAST Parts Library System \ Electronic \ Data Conversion \ Sampled Data Conversion Blocks \ Z Domain Sources \ Z Domain Source, Sampling Signal
理想开关	MAST Part Library \ Electronic \ Digital Blocks \ Switch, Analog SPST w \ Logic Enbl

zsmp 模块提供了一个周期离散状态信号源，它为其他模块提供了采样时钟信号，这里设置输入时钟频率为 20kHz；三角载波信号幅值为 12V、周期为 1ms；正弦调制信号幅值为 10V，频率为 50Hz。对输入驱动信号、载波信号、调制波信号和输出负载电压、电流进行观测，仿真结果如图 4-9 所示。

对比采用分立元器件构成的单相桥式 PWM 逆变电路可知，利用 MAST 语言编程所实现的驱动控制器也能够产生 PWM 驱动信号，两种情况的电路输出波形基本一致。

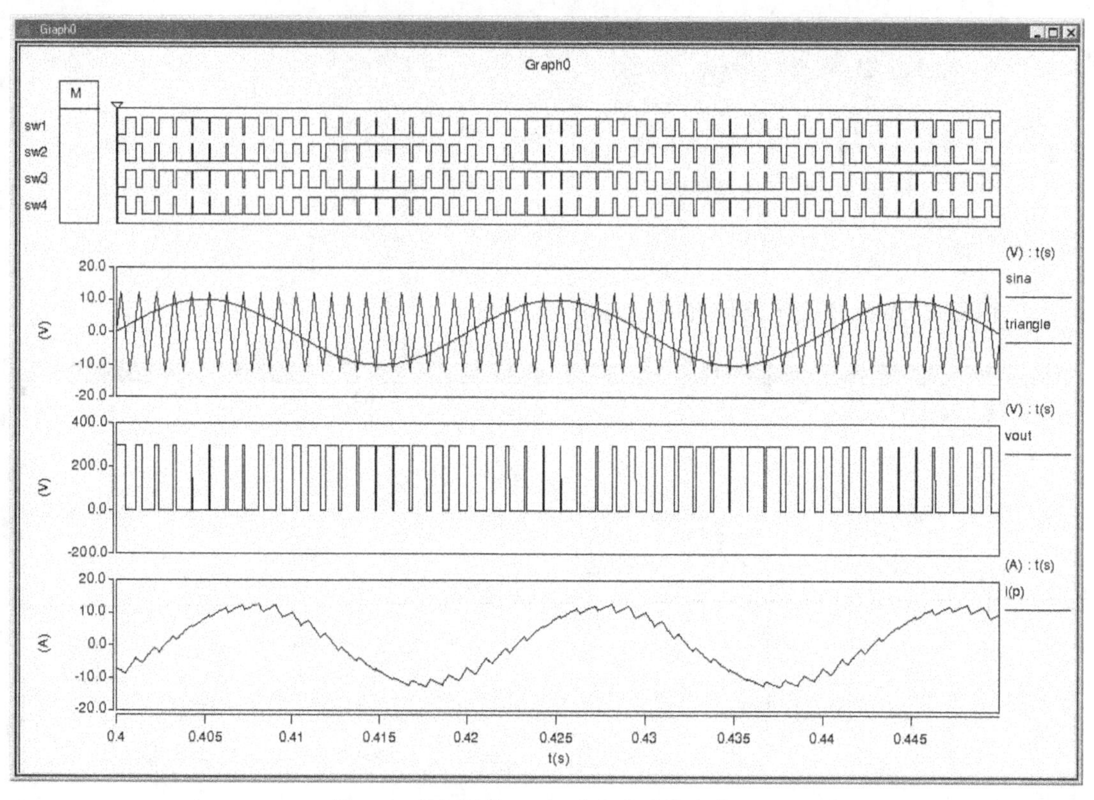

图 4-9　单相桥式 PWM 逆变电路仿真结果

4.3.2　三相桥式全控整流电路 MAST 语言建模

对于第 3 章所讲述的三相桥式全控整流电路（电阻负载）而言，其晶闸管驱动信号是由脉冲信号源提供的，仿真模型中只是修改了触发延迟参数，从而得到了依次相差 60°的脉冲信号。要想利用 MAST 语言编程完成整流器的设计，需要从三相正弦信号之间的幅值关系着手，通过对幅值的比较确定整流器的工作时段。

同样将晶闸管用理想开关替代，理想开关的驱动信号用 MAST 语言实现。首先建立驱动器图形符号，该符号共 10 个引脚，输入引脚分别为采样频率和三相正弦波信号，输出信号则是 6 个理想开关的驱动信号。重复 4.2 节中元器件模型的创建步骤，将图形符号各引脚的功能与模型文件相对应，如图 4-10 所示。

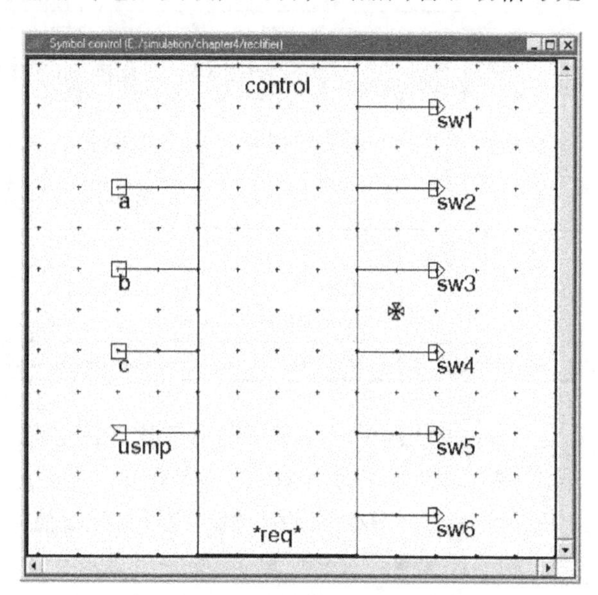

图 4-10　驱动器图形符号

MAST 语言编写的模型文件如下所示：

```
element template control a b c sw1 sw2 sw3 sw4 sw5 sw6 USmp
electrical a, b, c
state nu USmp
state logic_4 sw1, sw2, sw3, sw4, sw5, sw6
{
  <consts.sin
  state logic_4 sw11 = l4_0, sw21 = l4_0, sw31 = l4_0, sw41 = l4_0, sw51 = l4_0, sw61 = l4_0
  when(event_on(USmp))
  {
    if((v(a) - v(b)) > (v(a) - v(c))&(v(a) - v(b)) > (v(b) - v(c))&(v(a) - v(b)) > (v(b) - v
(a))&(v(a) - v(b)) > (v(c) - v(a))&(v(a) - v(b)) > (v(c) - v(b)))
    {
      sw11 = l4_1
      sw21 = l4_0
      sw31 = l4_0
      sw41 = l4_0
      sw51 = l4_0
      sw61 = l4_1
    }
    if((v(a) - v(c)) > (v(a) - v(b))&(v(a) - v(c)) > (v(b) - v(c))&(v(a) - v(c)) > (v(b) - v
(a))&(v(a) - v(c)) > (v(c) - v(a))&(v(a) - v(c)) > (v(c) - v(b)))
    {
      sw11 = l4_1
      sw21 = l4_1
      sw31 = l4_0
      sw41 = l4_0
      sw51 = l4_0
      sw61 = l4_0
    }
    if((v(b) - v(c)) > (v(a) - v(b))&(v(b) - v(c)) > (v(a) - v(c))&(v(b) - v(c)) > (v(b) - v
(a))&(v(b) - v(c)) > (v(c) - v(a))&(v(b) - v(c)) > (v(c) - v(b)))
    {
      sw11 = l4_0
      sw21 = l4_1
      sw31 = l4_1
      sw41 = l4_0
      sw51 = l4_0
      sw61 = l4_0
    }
    if((v(b) - v(a)) > (v(a) - v(b))&(v(b) - v(a)) > (v(a) - v(c))&(v(b) - v(a)) > (v(b) - v
(c))&(v(b) - v(a)) > (v(c) - v(a))&(v(b) - v(a)) > (v(c) - v(b)))
    {
      sw11 = l4_0
      sw21 = l4_0
      sw31 = l4_1
      sw41 = l4_1
      sw51 = l4_0
      sw61 = l4_0
    }
```

```
        if((v(c) -v(a)) > (v(a) -v(b))&(v(c) -v(a)) > (v(a) -v(c))&(v(c) -v(a)) > (v(b) -v
(c))&(v(c) -v(a)) > (v(b) -v(a))&(v(c) -v(a)) > (v(c) -v(b)))
        {
          sw11 = l4_0
          sw21 = l4_0
          sw31 = l4_0
          sw41 = l4_1
          sw51 = l4_1
          sw61 = l4_0
        }
        if((v(c) -v(b)) > (v(a) -v(b))&(v(c) -v(b)) > (v(a) -v(c))&(v(c) -v(b)) > (v(b) -v
(c))&(v(c) -v(b)) > (v(b) -v(a))&(v(c) -v(b)) > (v(c) -v(a)))
        {
          sw11 = l4_0
          sw21 = l4_0
          sw31 = l4_0
          sw41 = l4_0
          sw51 = l4_1
          sw61 = l4_1
        }
      schedule_event(time, sw1, sw11)
      schedule_event(time, sw2, sw21)
      schedule_event(time, sw3, sw31)
      schedule_event(time, sw4, sw41)
      schedule_event(time, sw5, sw51)
      schedule_event(time, sw6, sw61)
      }##when
    }
```

三相桥式全控整流电路仿真模型如图 4-11 所示。

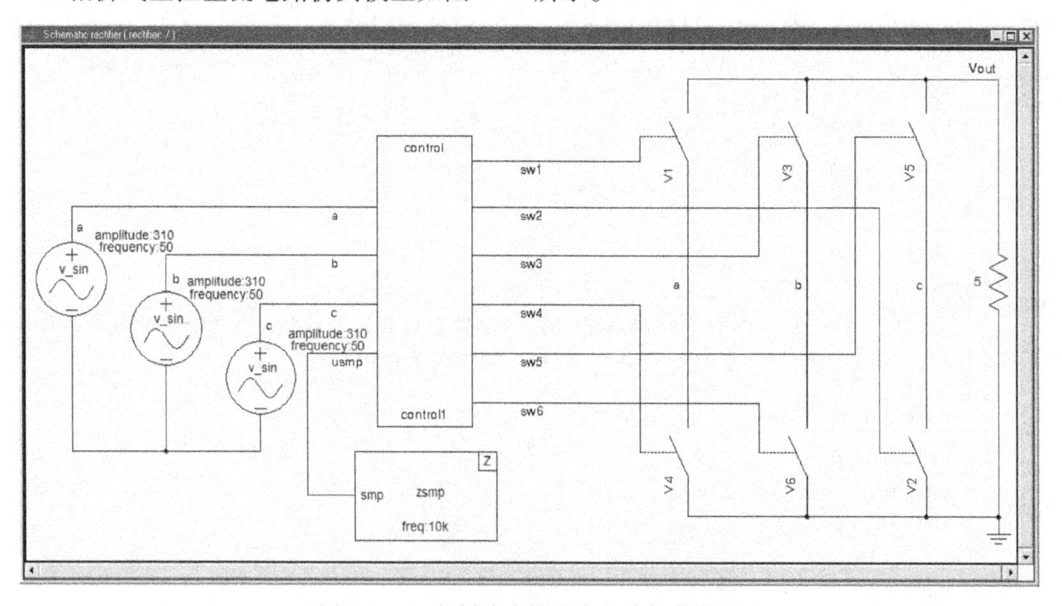

图 4-11　三相桥式全控整流电路仿真模型

元器件参数设置见表4-2，三相正弦信号幅值及频率均相同，只是相位不同。

表4-2　元器件属性

元器件名称	属　性　名	值
电源a	amplitude（幅值）	310
	frequence（频率）	50
	phase（相位）	0
电源b	phase（相位）	-120
电源c	phase（相位）	120

对输出驱动信号、流过开关器件的电流以及负载电压进行观测，仿真结果如图4-12所示。

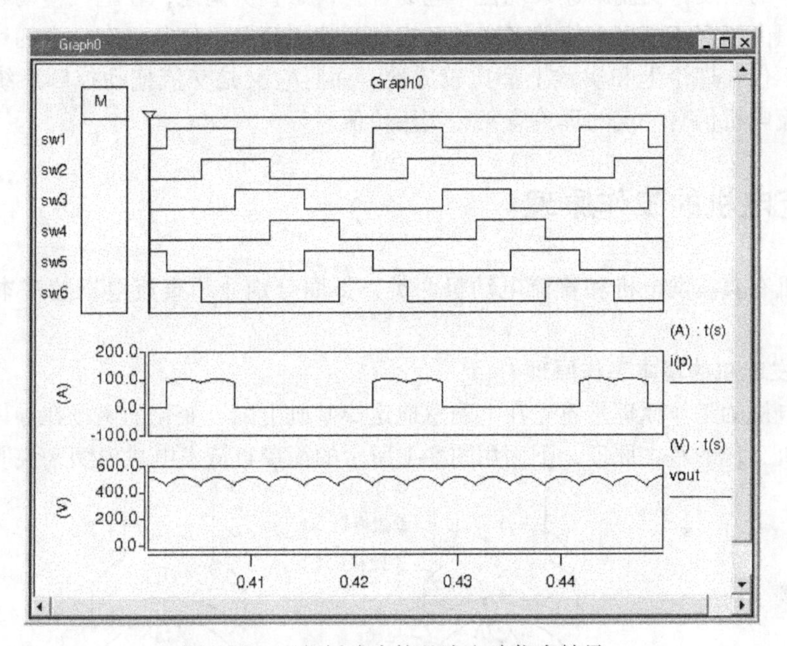

图4-12　三相桥式全控整流电路仿真结果

对比采用分立元器件构成的三相桥式全控整流电路可知，利用MAST语言编程所实现的驱动控制器也能够产生驱动信号，两种情况的电路输出波形基本一致。

总结起来，MAST语言能够实现电路结构的简化，但需要熟练掌握该语言编程方法才能得到理想的结果。

第5章　直流电机调速系统及仿真

直流电机是将直流电能转换为机械能或将机械能转换为直流电能的一种装置，是电机的主要类型之一。在现代工业中，各种生产机械根据其工艺特点，对拖动的电动机提出了各种不同的要求，与交流电动机相比，直流电动机由于具有调速性能好、静差率小、稳定性好以及具有良好的动态性能、运行效率高等优点，因此在相当长的时期内，高性能的调速系统几乎都采用了直流调速系统。近年来，随着电力电子技术、微电子技术、现代控制理论以及电机理论和技术的发展，交流调速系统在一些场合替代了直流调速，在电气传动领域中占据了统治地位。但由于直流电机性能的多样化和拖动系统更简单，使其仍有一定的用途；直流拖动控制系统不仅在理论上和实践上都比较成熟，而且它又是交流拖动控制系统的基础，因此，研究直流电机仍有一定的理论意义和实用价值。

5.1　直流电机的工作原理

直流电机有直流发电机和直流电动机两类，下面分别介绍直流电机的基本工作原理和结构。

1. 直流发电机的基本工作原理

直流发电机的工作原理是建立在电磁感应定律基础上的，变化的磁场在导体中要感应电动势是发电机工作的基本原理，下面用图5-1所示的简单直流发电机模型来说明。

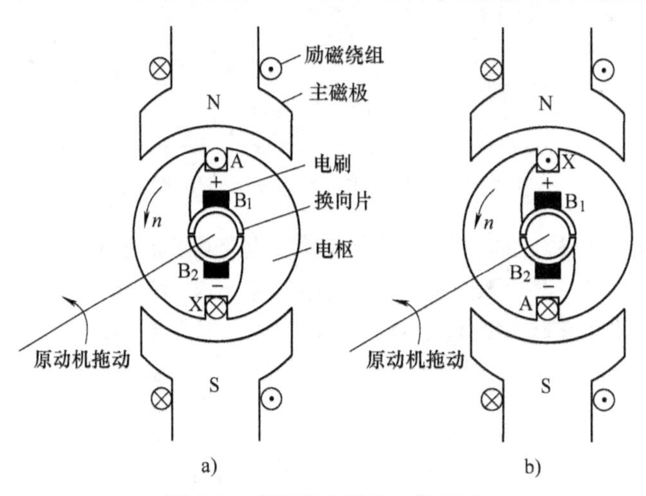

图5-1　直流发电机的工作原理

由图5-1可见，给励磁绕组通入直流电，将在固定的主磁极呈现上为N极、下为S极（主磁极也可以是永磁体）。N极和S极之间是电枢，电枢铁心上安放着由A和X两根导体组成的电枢线圈，线圈的首端（A）和末端（X）分别连在两个相互绝缘的半圆形铜质换向片上，换向片形成的整体称为换向器。换向器固定在转轴上，且与转轴绝缘。换向片上安放着一对固定不动的电刷 B_1 和 B_2，电刷能与外电路连接。固定不动的部分（主磁极、电刷等）称为定子，随转轴转动的部分（线圈、电枢铁心、换向器等）称为转子（又称电枢）。定、转子之间有一空隙，称为气隙。磁极 N 和 S 所产生的气隙磁通密度沿空间的分布如图 5-2 所示。

当原动机拖动电枢逆时针方向旋转时，导体切割磁力线，根据电磁感应定律，导体内产生感应电动势，大小为

$$e = B_x l v \tag{5-1}$$

式中，B_x 为导体所在处的磁通密度（Wb/m^2）；l 为导体的有效长度（m）；v 为导体的线速度（m/s）；e 为感应电动势（V）。

感应电动势的方向由右手定则判定，展开右手使大拇指与四指呈 90°，当磁力线指向手心，大拇指指向导体运动方向时，则四指的指向为导体中感应电动势的方向。在图 5-1a 中，A 端为⊙，与之相接触的电刷 B_1 为“+”，X 端为⊗，与之相接触的电刷 B2 为当电枢旋转 180°后，在图 5-1b 中，X 旋转到 N 极下，X 端为⊙，A 旋转到 S 极下，A 端为⊗，线圈 AX 感应电动势 e_{AX} 波形如图 5-2 所示。

上述分析可见，发电机工作时，N 极下的导体电动势指向纸外，电刷 B_1 总为“+”；S 极下导体电动势指向纸内，电刷 B_2 总为“-”。不难看出，线圈中的电动势是交流的，而通过换向器的作用，电刷间的电动势为直流的，如图 5-3 所示。换向器和电刷的共同作用如下：①将线圈中的交流电动势整流成电刷间的直流电动势；②把转动的电路与外面不转的电路连接。从刷间电动势波形看，脉动很大，为了减小电动势的脉动程度，实际电机采用很多器件组成电枢线圈，均匀分布在电枢表面，并按一定规律连接，刷间串联元器件数增多，脉动减小，可获得所需的直流电。

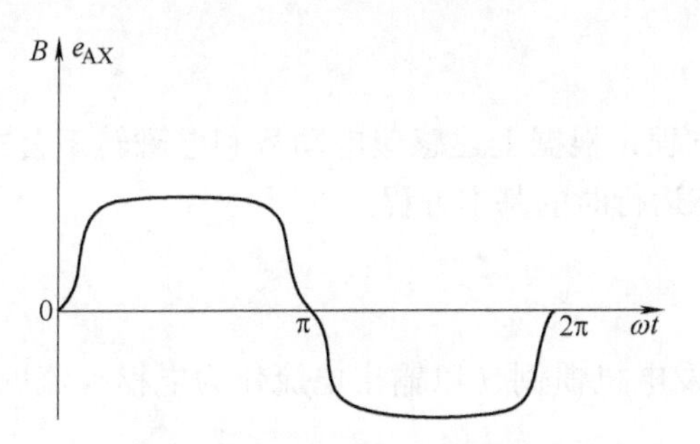

图 5-2　气隙磁通密度分布和线圈感应电动势

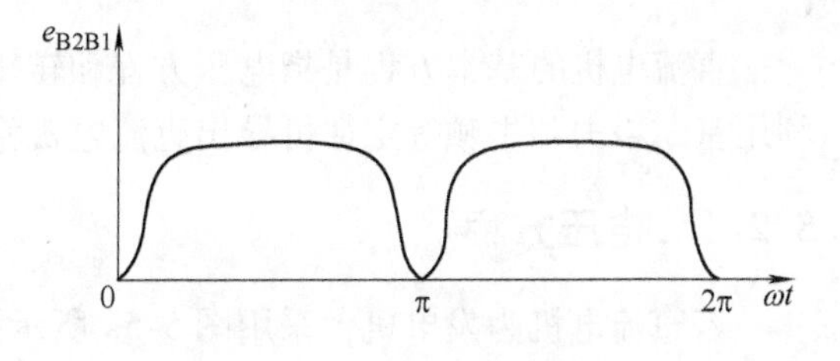

图 5-3　电刷 B_1、B_2 间的电动势

2. 直流电动机的基本工作原理

载流导体在磁场中要受到力的作用，这是电动机工作的基本原理。

如图 5-4 所示，将直流电加到电刷上（B_1 为“+”、B_2 为“-”），线圈 AX 上就有电流通过（A 端⊕、X 端⊙），根据电磁力定律，载流导体在磁场中要受力，大小为

$$f = B_x l i \tag{5-2}$$

式中，i 为流过导体的电流（A），方向由左手定则确定，展开左手使大拇指与四指呈 90°，当磁力线指向手心时，四指的指向则为导体中电流的方向，大拇指指向为导体受力方向；f 为电磁力（N）。在图 5-4 中，A 受向左的切向力，X 受向右的切向力，这一对力形成了力矩 T（称电磁转矩），使电枢按逆时针方向旋转。此处换向器和电刷的共同作用如下：①将

刷间的直流电逆变成线圈中的交流电；②把外面不转的电路与转动的电路连接起来。

3. 直流电机的主要结构

从对直流电机基本工作原理的讨论中可知，直流电机由两大部分组成：定子（静止部分）和转子（转动部分）。

（1）定子　定子由主磁极、换向极、电刷装置和机座组成。主磁极由主磁极铁心和励磁绕组组成，铁心用1～1.5mm的钢板冲片叠成，外套励磁绕组。主磁极的作用是建立主磁场，它总是成对地出现，N、S极交替排列。换向极也由铁心和绕组组成，铁心一般由整块钢组成，换向极安放在相邻两主磁极之间，作用是改善电机的换向。电刷装置由电刷、刷握、刷杆、压紧弹簧组成，作用是连接转动和静止之间的电路。机座的作用是固定主磁极等部件，同时也是磁路的一部分。

（2）转子　转子由电枢铁心、电枢绕组、换向器、转轴等组成。电枢铁心一般用0.5mm涂过绝缘漆的硅钢片叠压而成，作用是嵌放电枢绕组，同时又是电机主磁路的一部分。电枢绕组由绝缘导线绕制成的线圈（又称绕组元件）按一定规律连接组成，每个元件的两个有效边分别嵌放在电枢铁心表面的槽内，元件的两个出线端分别与两个换向片相连。电枢绕组的作用是产生感应电动势和电磁转矩，是实现机电能量转换的枢纽。换向器由许多相互绝缘的换向片组成，作用是将电枢绕组中的交流电整流成刷间的直流电或将刷间的直流电逆变成电枢绕组中的交流电。

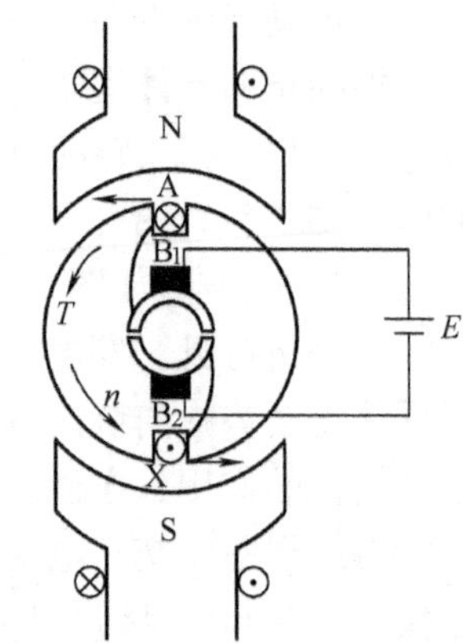

图5-4　直流电动机的工作原理

5.2　直流电机的基本方程

直流电机的基本方程是指电压方程和转矩方程，根据上述感应电动势和电磁转矩公式，利用基尔霍夫和牛顿等定律可导出直流电机稳态运行时的基本方程。

5.2.1　电压方程

若直流电机为发电机，采用图5-5a所示的发电机惯例（以输出电流作为电枢电流的正方向），则电枢回路方程为

$$E_a = U + I_a R_a \tag{5-3}$$

式中，R_a为电枢回路的总电阻，包括电刷接触电阻和电枢绕组内阻。

励磁回路方程为

$$U_f = I_f R_f \tag{5-4}$$

式中，R_f为励磁回路总电阻，包括励磁回路外串电阻和励磁绕组内阻。

由式（5-3）可见，电枢电动势E_a必须大于电枢端电压U，这也是判断电机是否处于发电运行状态的依据。

若直流电机为电动机，采用图5-5b所示的电动机惯例（以输入电流作为电枢电流的正方向），则电枢回路方程为

$$U = E_a + I_a R_a \tag{5-5}$$

式中，E_a 为反电动势，$E_a = C_e\Phi n$。由于 R_a 很小，电枢回路上电阻压降很小，电源电压大部分降落在反电动势 E_a 上。

电枢电流 I_a 与线路电流 I 之间的关系与励磁方式有关，若为并励则有

$$\begin{cases} I_a = I + I_f \\ I = I_a + I_f \end{cases} \tag{5-6}$$

若为串励则有

$$I = I_a = I_f \tag{5-7}$$

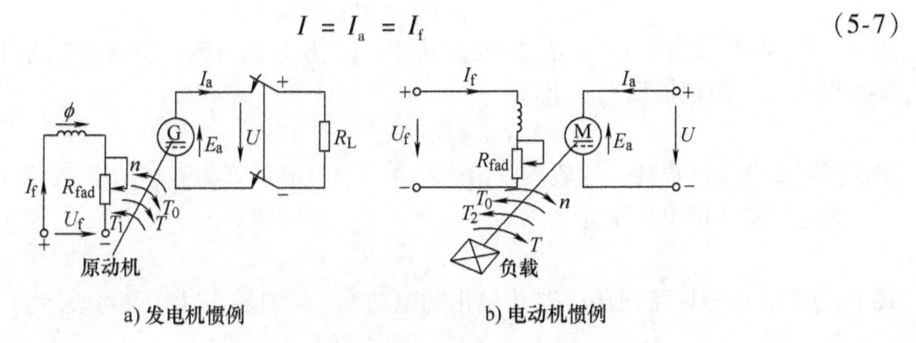

图 5-5 他励直流电机

5.2.2 转矩方程

当发电机处于恒定转速运行时，转矩平衡方程为

$$T_1 = T + T_0 \tag{5-8}$$

式中，T_1 为原动机的拖动转矩；T 为发电机中产生的电磁转矩，其性质为制动转矩；T_0 为空载转矩，它是由电机的机械摩擦和铁损引起的转矩。各转矩的方向如图 5-5a 所示，发电机的转向由原动机决定，$T_1 > T$，故电磁转矩为制动转矩，是阻碍原动机的阻转矩。

当电动机处于稳态运行时，根据图 5-5b 所示转矩方向，电动机空载时，轴上输出转矩 $T_2 = 0$，则有

$$T = T_0 \tag{5-9}$$

当负载转矩为 T_L 时，轴上输出有 $T_2 = T_L$，电动机匀速稳定运行时，有

$$T = T_2 + T_0 \tag{5-10}$$

式中，T 为电磁转矩，为拖动性质转矩，可用公式 $T = C_T\Phi I_a$ 计算；$T_2 + T_0$ 为总的阻转矩，与 T 大小相同，方向相反。

5.2.3 电磁功率方程

1. 电磁功率

电机负载运行时，电枢绕组中的感应电动势与电枢电流的乘积称为电磁功率，则有

$$P_{em} = E_a I_a \tag{5-11}$$

电磁功率表征在机械能转换为电能或电能转换为机械能的能量转换过程中的转换能量，因此它既具有电功率性质，又具有机械功率性质，这是因为就数值而言，有

$$E_a I_a = \frac{pN}{60a}\Phi n I_a = \frac{pN}{2\pi a}\Phi\Omega I_a \tag{5-12}$$

可见，式（5-12）中，E_aI_a 是电功率，$\frac{pN}{2\pi a}\Phi\Omega I_a$ 是机械功率，因此电磁功率是机电能量转换的桥梁，同时具有两种功率的性质，也正因如此，机电能量才能实现转换。

2. 功率平衡关系

根据转矩方程，两边同乘角速度 Ω，可得到功率平衡方程。对于发电机，从原动机输入的机械功率为

$$P_1 = P_{em} + p_0 \tag{5-13}$$

式中，P_1 为输入机械功率；P_{em}为电磁功率；p_0 为空载损耗。空载损耗等于铁损 p_{Fe}、机械摩擦损耗 p_m、附加损耗 p_{ad}，即有

$$p_0 = p_{Fe} + p_m + p_{ad} \tag{5-14}$$

附加损耗又称杂散损耗，一般难以精确计算，靠经验估算为额定功率 P_N 的 0.5% ~1%。

发电机输出的电功率为

$$P_2 = P_{em} + p_{Cua} \tag{5-15}$$

式中，p_{Cua}为电枢回路铜耗；P_2 为输出的电功率，同时输出功率又可表示为

$$P_2 = UI_a \tag{5-16}$$

根据式（5-13）~式（5-16）可得到图 5-6 所示的他励直流发电机的功率流程图。

对于电动机，他励直流电动机输入功率为

$$P_1 = P_{em} + p_{Cua} \tag{5-17}$$

式中，P_{em}为电磁功率，功率性质为电功率；p_{Cua}为电枢回路上的铜耗，$p_{Cua} = I_a^2R_a$。

在转矩平衡方程 $T = T_2 + T_0$ 两边同时乘以角速度 Ω 可得

$$T\Omega = T_2\Omega + T_0\Omega \tag{5-18}$$

则有

$$P_{em} = P_2 + p_0 \tag{5-19}$$

式中，电磁功率 P_{em}的功率性质为机械功率，空载损耗为

$$p_0 = p_{Fe} + p_m + p_{ad} \tag{5-20}$$

根据式（5-17）~式（5-20），可得到图 5-7 所示的他励直流电动机的功率流程图。

关于并励直流发电机和并励直流电动机的基本方程和功率流程图，读者可参照上面的推导过程自己进行推导。

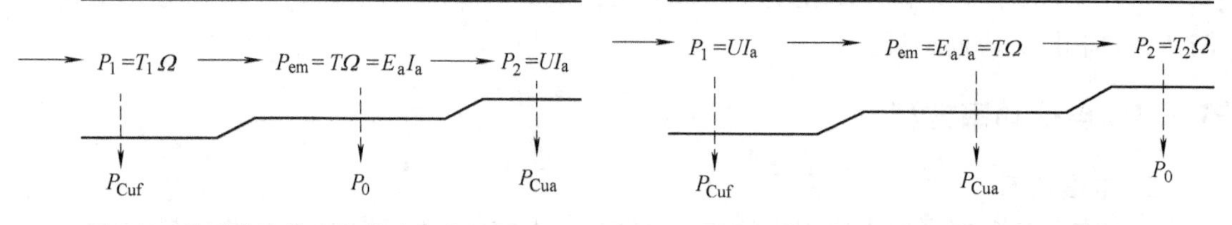

图 5-6　他励直流发电机的功率流程图　　图 5-7　他励直流电动机的功率流程图

3. 效率

他励直流电机的总损耗为 $\sum p = p_{Fe} + p_m + p_{ad} + p_{Cua}$，即有

$$\sum p = p_0 + p_{Cua} \tag{5-21}$$

效率公式为

$$\eta = \frac{P_2}{P_1} = \frac{P_1 - \sum p}{P_1} = 1 - \frac{\sum p}{P_2 + \sum p} \tag{5-22}$$

【例 5-1】 一台并励直流发电机数据为 $P_N = 82\text{kW}$，$U_N = 230\text{V}$，$n_N = 970\text{r/min}$，电枢回路总电阻 $R_a = 0.032\Omega$，励磁支路总电阻 $R_{adf} = 26\Omega$，额定负载时，$p_{Fe} + p_m = 2.5\text{kW}$，附加损耗 $p_{ad} = 0.005P_N$。试求额定负载时，发电机的输入功率、电磁功率、电磁转矩和效率。

解：（1）求电磁功率

由励磁电流为 $I_f = U_N / R_{adf} = 8.85\Omega$

额定负载电流为 $I_N = P_N / U_N = 356.52\text{A}$

得到电枢电流为 $I_a = I_N + I_f = 365.37\text{A}$

电枢电动势为 $E_a = U_N + I_a R_a = 241.7\text{V}$

电磁功率为 $P_{em} = E_a I_a = 88.3\text{kW}$

（2）求输入功率

输入功率为 $P_1 = P_{em} + p_{Fe} + p_m + p_{ad} = 91.2\text{kW}$

（3）求电磁转矩

电磁转矩为 $T = 9.55P_{em}/n_N = 869.3\text{N} \cdot \text{m}$

（4）求效率

效率为 $\eta = (P_2/P_1) \times 100\% = 90\%$

5.3　直流电动机开环调速系统仿真

直流开环调速系统的电气原理图如图 5-8 所示。直流电动机电枢由三相晶闸管整流电路经平波电抗器 L 供电，并通过改变触发器移相控制信号 U_C 调节晶闸管的控制角，从而改变整流器的输出电压实现直流电动机的调速。该系统的仿真模型如图 5-9 所示。

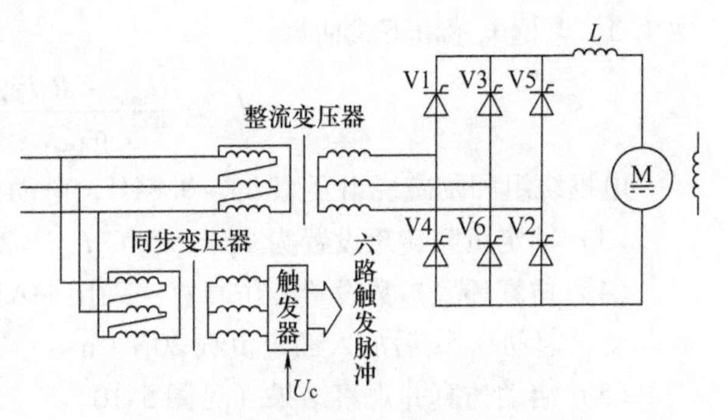

图 5-8　直流开环调速系统电气原理

为简化仿真模型，省略了整流变压器和同步变压器，整流器和触发器同步使用同一交流电源，直流电动机励磁由直流电源供电。触发器的控制角通过了移相控制环节，移相控制模块的输入是移相控制信号 U_C，输出是控制角 α、移相控制信号 U_C 由常数模块设定。移相特性的数学表达式为

$$\alpha = 90° + \frac{90° - \alpha_{min}}{U_{Cmax}} U_C \tag{5-23}$$

在本模型中，取 $\alpha_{min} = 30°$，$U_{Cmax} = \pm 10\text{V}$，所以 $\alpha = 90° + 6U_C$。在电动机负载转矩输入端 TL 加入了斜坡（Ramp）和饱和（Satutration）两个串联模块，斜坡模块用于设置负载转矩上升速度和加载时刻，饱和模块用于限制负载转矩的最大值。

已知仿真电动机的额定参数为：$U_{nom} = 220\text{V}$，$I_{nom} = 136\text{A}$，$n_{nom} = 1460\text{r/min}$，四极，$R_a = 0.21\Omega$，$GD^2 = 22.5\text{N} \cdot \text{m}^2$；励磁电压 $U_f = 220\text{V}$，励磁电流 $I_f = 1.5\text{A}$。采用三相桥式整流电

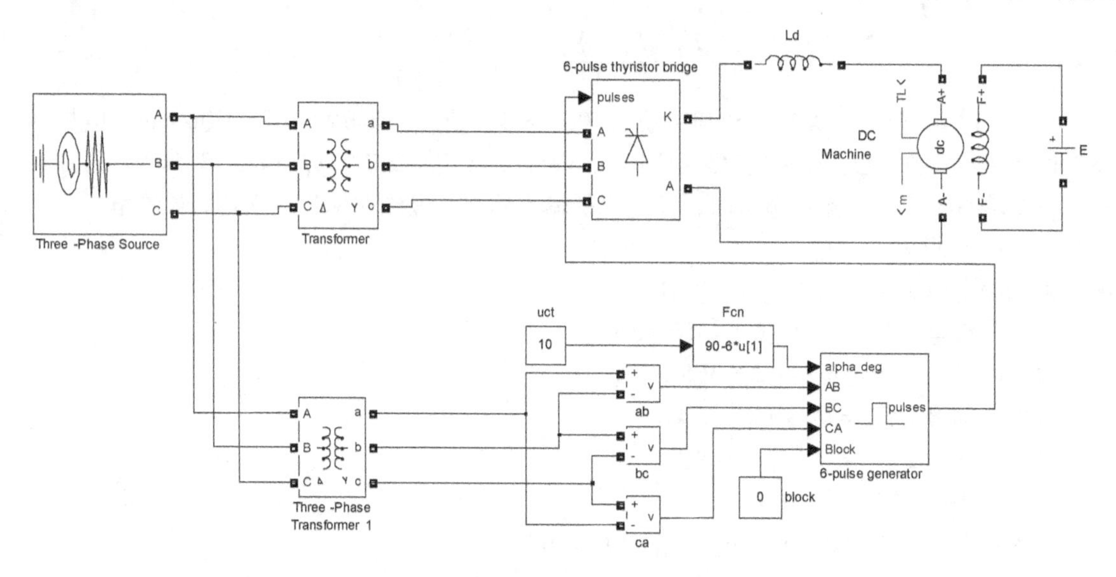

图 5-9　直流开环调速系统仿真模型

路，设整流器内阻 $R_{rec}=0.05\Omega$；平波电抗器为 20mH。仿真模块参数设置如下：

（1）供电电源电压为

$$U_2 = \frac{U_{nom} + R_{rec} + I_{nom}}{2.34\cos\alpha_{min}} = 123\text{V} \tag{5-24}$$

（2）电动机其他参数设置为：励磁电阻为 $R_f = 146.7\Omega$，励磁电感在恒定磁场控制时可取为 0。电枢电感由下式估算

$$L_a = \frac{U_{nom} - R_a I_{nom}}{n_{nom}} = 0.21\text{mH} \tag{5-25}$$

电枢绕组和励磁绕组互感 $L_{af}=0.84\text{H}$，电动机转动惯量为 $J=0.57\text{kg}\cdot\text{m}^2$。

（3）额定负载转矩设置为 $T_L = 9.55C_e I_{nom} = 22\text{N}\cdot\text{m}$。

（4）仿真环境参数设置。仿真算法采用 MATLAB 的 ode23s，仿真时间为 2s，电动机空载起动，起动 0.5s 后加入额定负载 20N · m。

（5）启动仿真并观察结果（见图 5-10）。

图 5-10a 和图 5-10c 所示为电机转速和电枢回路电流的变化过程，在全压直接起动情况下，起动电流很大，在 0.4s 左右起动电流下降为零，起动过程结束，这时电动机转速上升到最高值。在起动 0.5s 后加额定负载，电动机的转速下降，电流增加。图 5-10b 所示为经过平波电抗器后的电机电枢两端的电压波形，该波形较整流器输出端的电压波形脉动减少了许多，电压平均值为 225V，符合设计要求。图 5-10d 给出了工作过程中电机的转矩 - 转速特性曲线。通过仿真反映了开环晶闸管 - 直流电动机系统的空载起动和加载工作情况。

图 5-11 反映了整流器在不同导通角下的工作状态；图 5-12 为整流变压器一次、二次电压与电流的波形。

图 5-13 反映了变压器一次电流谐波分析情况，其中谐波用柱状图来表示，全部谐波含量 $THD=20.31\%$。；图 5-14 反映了变压器二次电流谐波分析情况。二次电流谐波主要为 5、7、11、13、17、19 次谐波，偶次谐波和 3 的整倍数次谐波都很小，全部谐波含量 $THD=31.48\%$。

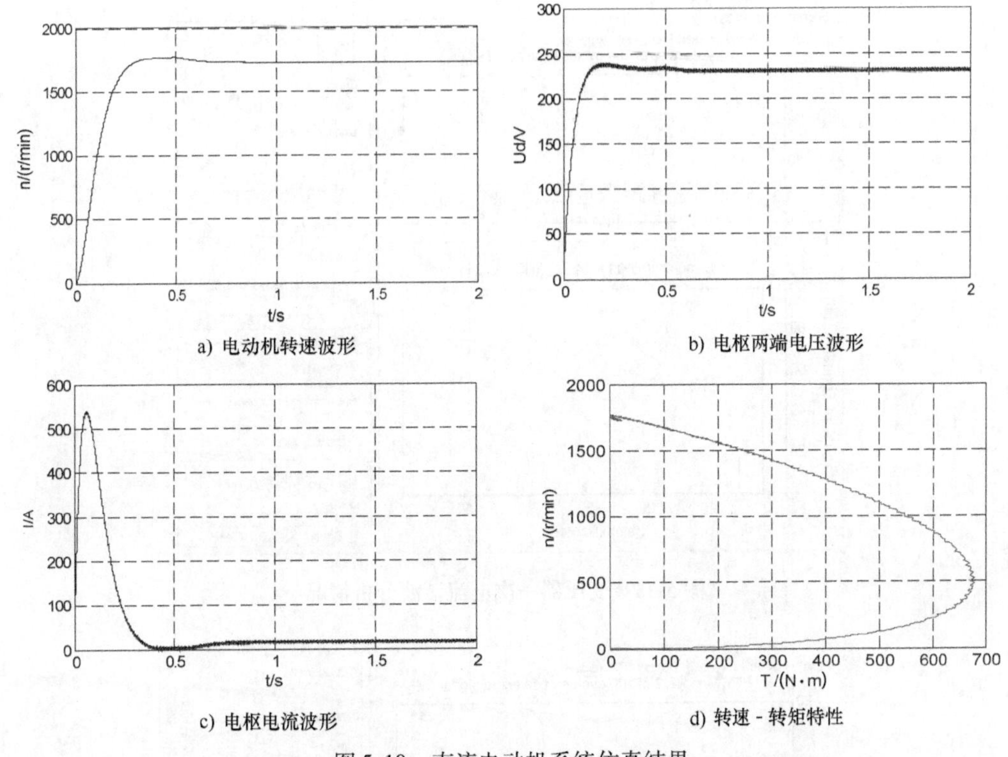

a) 电动机转速波形　b) 电枢两端电压波形

c) 电枢电流波形　d) 转速 - 转矩特性

图 5-10　直流电动机系统仿真结果

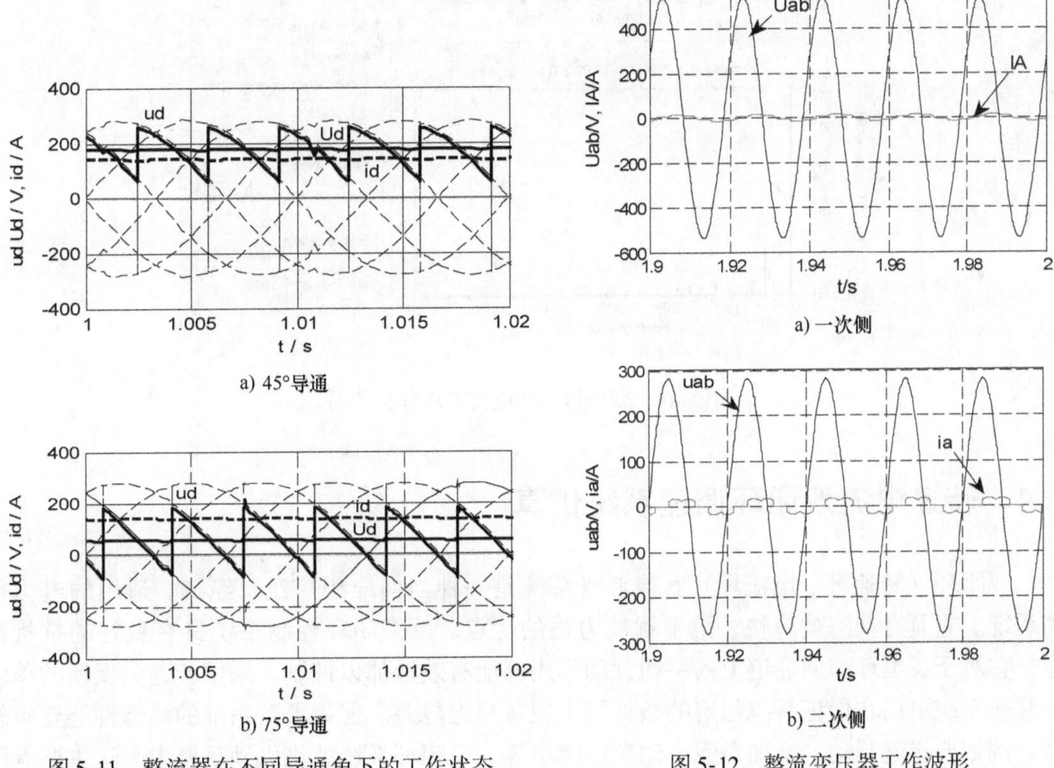

a) 45°导通

b) 75°导通

图 5-11　整流器在不同导通角下的工作状态

a) 一次侧

b) 二次侧

图 5-12　整流变压器工作波形

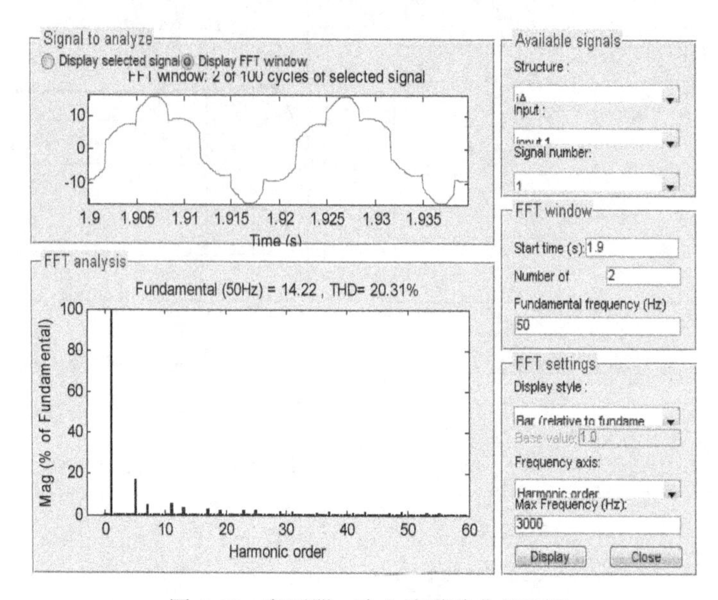

图 5-13　变压器一次电流谐波分析情况

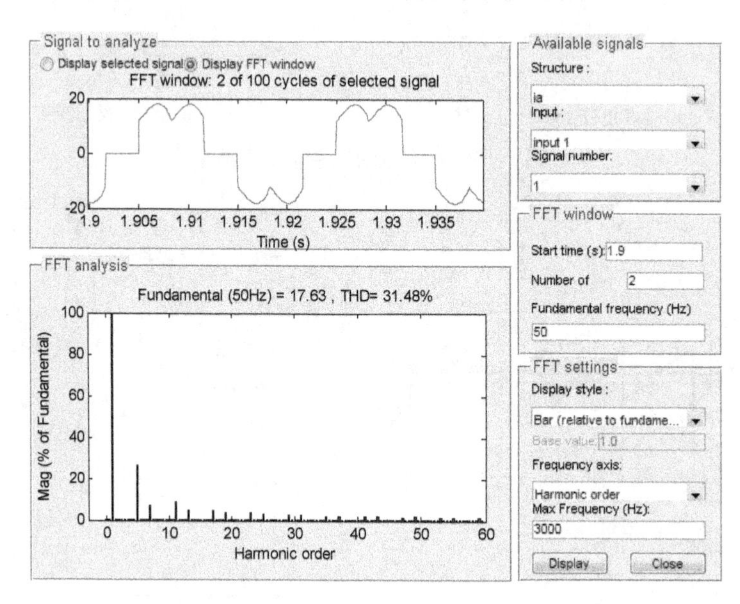

图 5-14　变压器二次电流谐波分析情况

5.4　转速电流双闭环调速系统仿真

双闭环（转速环、电流环）直流调速系统是一种当前应用广泛、经济、适用的电力传动系统。它具有动态响应快、抗干扰能力强的优点。反馈闭环控制系统具有良好的抗扰性能，它对于反馈环前向通道上的一切扰动作用都能有效地加以抑制。采用转速负反馈的单闭环调速系统可以在保证系统稳定的条件下实现转速无静差。但如果对系统的动态性能要求较高，例如要求起制动、突加负载、动态速降小等，单闭环系统就难以满足要求。这主要是因为在单闭环系统中，不能完全按照需要来控制动态过程的电流或转矩。

在单闭环系统中，只有电流截止负反馈环节是专门用来控制电流的。但它只是在超过临界电流值以后，靠强烈的负反馈作用限制电流的冲击，并不能很理想地控制电流的动态波形。当电流从最大值降低下来以后，电机转矩也随之减小，因而加速过程必然拖长。带电流截止负反馈的单闭环调速系统起动时的电流和转速波形如图 5-15a 所示。在实际工作中，人们希望在电机最大电流（转矩）受限的条件下，充分利用电机的允许过载能力，最好是在过渡过程中始终保持电流（转矩）为允许最大值，使电力拖动系统尽可能用最大的加速度起动，到达稳定转速后，又让电流立即降下来，使转矩马上与负载相平衡，从而转入稳态运行。其理想过程波形如图 5-15b 所示。

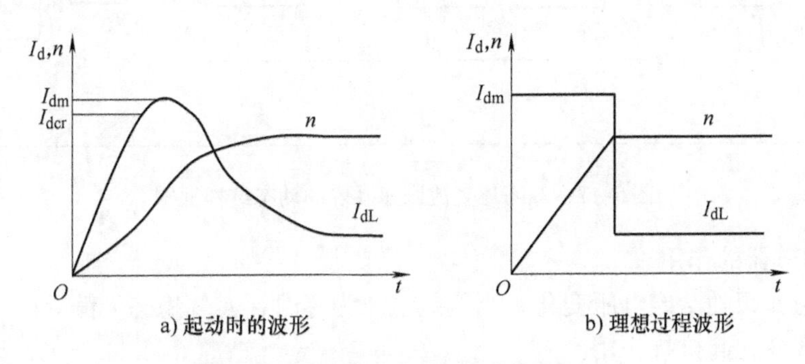

图 5-15　电机起动过程中电流和转速波形

5.4.1　双闭环调速系统组成

为了实现转速和电流两种负反馈分别起作用，在系统中设置了两个调节器，分别调节转速和电流，两者之间实行串级连接，如图 5-16 所示，即把转速调节器的输出当作电流调节器的输入，再用电流调节器的输出去控制晶闸管整流器的触发装置。从闭环结构上看，电流调节环在里面，叫作内环；转速环在外面，叫作外环。这样就形成了转速、电流双闭环调速系统。

该双闭环调速系统的两个调节器（ASR 和 ACR）一般都采用 PI 调节器。因为 PI 调节器作为校正装置，既可以保证系统的稳态精度，使系统在稳态运行时得到无静差调速，又能提高系统的稳定性；作为控制器时又能兼顾快速响应和消除静差两方面的要求。一般的调速系统要求以稳和准为主，采用 PI 调节器便能保证系统获得良好的静态和动态性能。

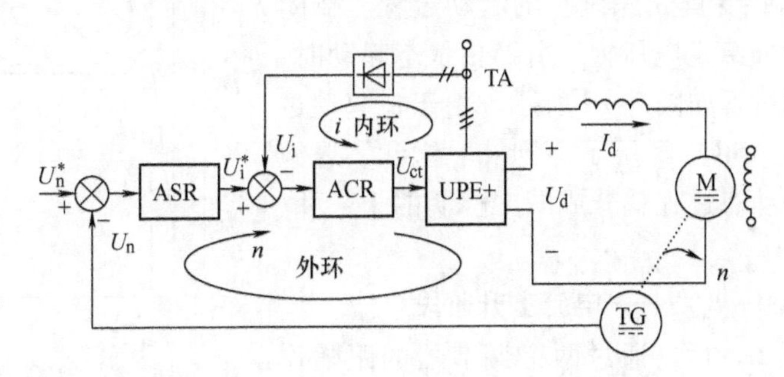

图 5-16　双闭环控制直流调速系统原理图

5.4.2　双闭环调速系统数学模型

双闭环调速系统数学模型的主要形式仍然是以传递函数或零极点模型为基础的系统动态结构图。双闭环直流调速系统的动态结构框图如图5-17所示。图中，$W_{ASR}(s)$ 和 $W_{ACR}(s)$ 分别表示转速调节器和电流调节器的传递函数。为了引出电流反馈，在电动机的动态结构框图中必须把电枢电流 I_d 显露出来。

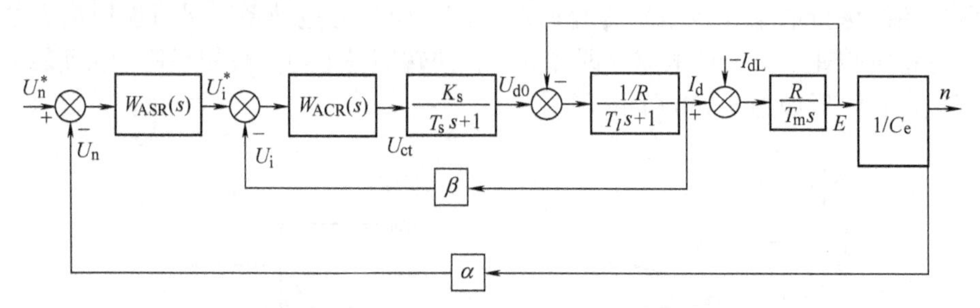

图5-17　双闭环直流调速系统的动态结构框图

1. 转速调节器的作用

1）使转速 n 跟随给定电压变化，当偏差电压为零时，实现稳态无静差。

2）对负载变化起抗扰作用。

3）其输出限幅值决定允许的最大电流。

2. 电流调节器的作用

1）在转速调节过程中，使电流跟随其给定电压变化。

2）对电网电压波动起及时抗扰作用。

3）起动时保证获得允许的最大电流，使系统获得最大加速度起动。

4）当电机过载甚至于堵转时，限制电枢电流的最大值，从而快速地起到安全保护作用。当故障消失时，系统能够自动恢复正常。

5.4.3　双闭环调速系统起动过程分析

设置双闭环控制的一个重要目的就是要获得接近于理想的起动过程，因此在分析双闭环直流调速系统的动态性能时，有必要首先探讨它的起动过程。双闭环直流调速系统突加给定电压 U_i^* 由静止状态起动时，转速和电流的动态过程如图5-18所示。由于在起动过程中转速调节器（ASR）经历了不饱和、饱和、退饱和三个阶段，整个动态过程就分成图中标明的Ⅰ、Ⅱ、Ⅲ三个阶段。

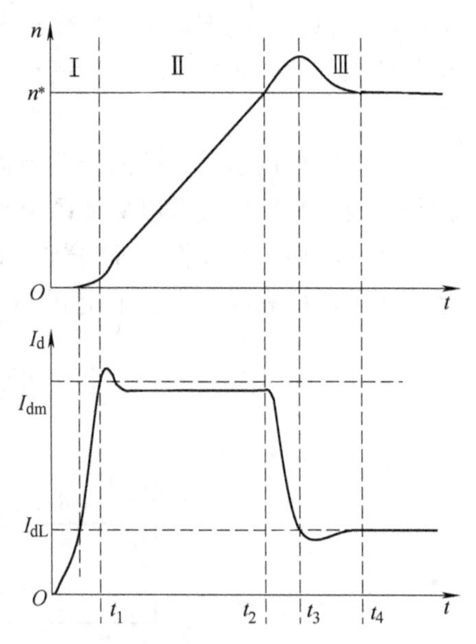

图5-18　双闭环直流调速系统起动过程中转速和电流波形

1. 第Ⅰ阶段（$0\sim t_1$）——电流上升阶段

突加给定电压 U_N^* 后，通过两个调节器的跟随作用，使 U_{ct}、U_{d0}、I_d 都上升，但是在 I_d 没有达到负载电流I_{dL}之前，电动机还不能转动。当$I_d > I_{dL}$后，电动机开始转动。由于机电惯性的作用，转速不会很快增长，因而转速调节器（ASR）的输入偏差电压$\Delta U_N = U_N^* - U_N$的数值仍较大，其输出电压保持限幅值U_{im}^*，强迫电枢电流I_d迅速上升。直到$I_d \approx I_{dm}$、$U_i^* \approx U_{im}^*$，电流调节器很快就压制了I_d不再迅速增长，标志着这一阶段的结束。在这一阶段中，ASR很快进入并保持饱和状态，而ACR一般不饱和。

2. 第Ⅱ阶段（$t_1 \sim t_2$）——恒流升速阶段

恒流升速阶段是起动过程中的主要阶段。在这个阶段中，ASR始终是饱和的，转速环相当于开环，系统表现为恒值电流给定U_{im}^*作用下的电流调节系统，基本上保持电流I_d恒定，因而系统的加速度恒定，转速呈线性增长。与此同时，电动机的反电动势E也按线性增长，对电流调节系统来说，E是一个线性渐增的扰动量。为了克服这个扰动，U_{d0}和U_c也必须基本上按线性增长，才能保持I_d恒定。当ACR采用PI调节器时，要使其输出量按线性增长，其输入偏差电压$\Delta U_i = U_{im}^* - U_i$必须维持一定的恒值，也就是说，$I_d$应略低于$I_{dm}$。此外还应指出，为了保证电流环的这种调节作用，在起动过程中ACR不应饱和。

3. 第Ⅲ阶段（t_2以后）——转速调节阶段

当转速上升到给定值$n^* = n_0$时，转速调节器（ASR）的输入偏差减少到零，但其输出却由于积分作用还维持在限幅值U_{im}^*，所以电动机仍在最大电流下加速，必然使转速超调。转速超调后，ASR输入偏差电压变负，使它开始退出饱和状态，输出电压U_i^*和主电流I_d也因此下降。但是，由于I_d仍大于负载电流I_{dL}，转速将在一段时间内继续上升。直到$I_d = I_{dL}$时，转矩$T_e = T_L$，则$dn/dt = 0$，转速n才能到达峰值。此后，电动机开始在负载的阻力下减速，与此相应，电流出现一段小于I_{dL}的过程，直到稳定。

双闭环直流调速系统起动过程的三个特点如下：

（1）饱和非线性控制　当ASR饱和时，转速环开环，系统表现为恒值电流调节的单闭环系统；当ASR不饱和时，转速环闭环，整个系统是一个无静差系统，而电流内环则表现为电流随动系统。

（2）准时间最优控制　在恒流升速阶段，系统电流为允许最大值，并保持恒定，使系统最快起动，即在电流受限制条件下使系统在最短时间内起动。

（3）转速超调　由于PI调节器的特性，只有使转速超调，即在转速调节阶段，ASR的输入偏差电压ΔU_n为负值，才能使ASR退出饱和。所以采用PI调节器的双闭环直流调速系统的转速动态响应必然有超调。

5.4.4　双闭环调速系统动态结构图仿真

依据系统的动态结构图的仿真模型如图5-19所示，仿真模型与系统动态结构图的各个环节基本对应一致。需要指出的是，双闭环系统的转速和电流两个调节器都是有饱和特性和带输出限幅的PI调节器，为了充分反映在饱和阶段和限幅非线性影响下调速系统的工作情况，需要构建PI调节器。线性PI调节器的传递函数为

$$W_{PI}(S) = K_P + \frac{1}{K_I S} = K_P \frac{1 + \tau S}{\tau S} \tag{5-26}$$

式中，K_P为比例系数；K_I为积分系数；$\tau = K_P K_I$。

上述PI调节器的传递函数可以直接调用Simulink中的传递函数或零极点模块。考虑饱

和输出限幅的 PI 调节器，其比例和积分调节分为两个通道，其中积分调节器的限幅表示调节器的饱和限幅值，两个调节器的输出限幅值由饱和模块设定。当该调节器用作转速调节器（ASR）时，在起动中，由于开始转速偏差大，调节器输出很快达到输出限幅值。为了使系统超调后首先积分器退饱和，然后转速调节器输出才从限幅值开始下降。

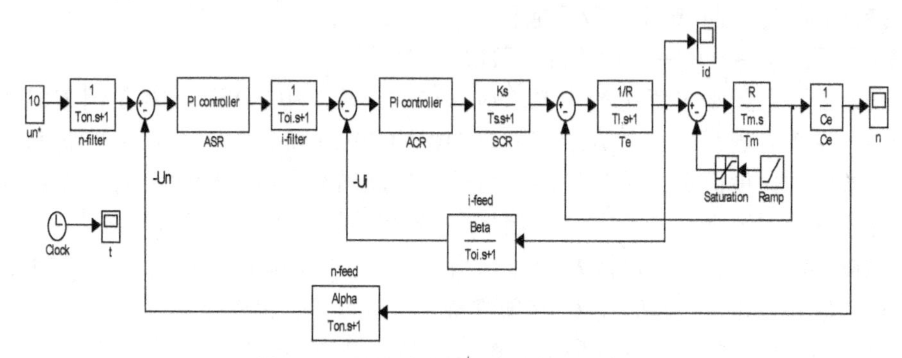

图 5-19　双闭环直流调速系统仿真模型

采用与开环仿真中相同的晶闸管 - 直流电动机系统为基础，基本参数保持不变。取转速调节器和电流调节器的饱和值为 12V，输出限幅值为 10V，额定转速时给定电压 10V，电流调节器 PI 参数设置为 $K_P = 2.85$，$K_I = 0.027$，转速调节器 PI 参数设置为 $K_P = 10.5$，$K_I = 0.008$。进行系统仿真，仿真结果如图 5-20 所示。从仿真结果可以看出，电动机的起动经历了电流上升、横流升速和转速超调后的调节三个阶段。与该电动机的开环系统相比，电动机电流下降明显，电流环发挥了调节作用使最大电流限制在设定范围以内。在 0.8s 时给定负载后，电动机电流上升、转速下降，经过 0.2s 左右的时间调节，转速恢复至给定值。读者可修改调节器参数，观察在不同参数条件下，双闭环系统电流和转速的响应。

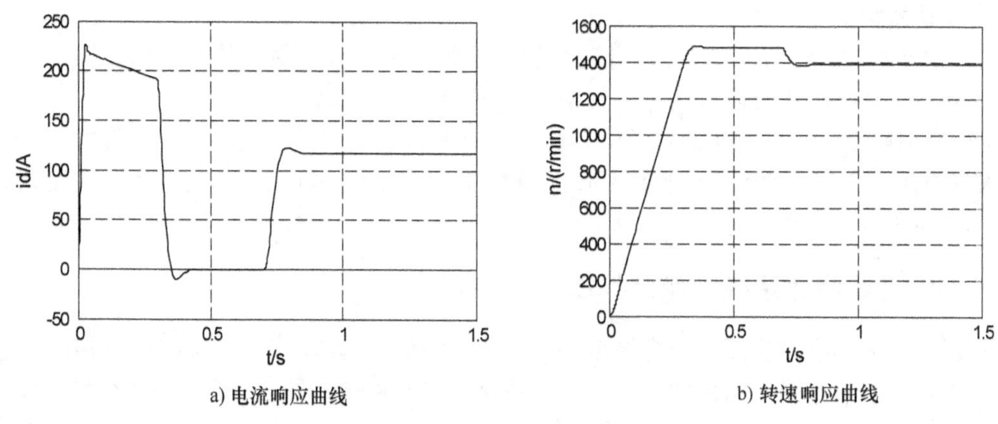

a) 电流响应曲线　　b) 转速响应曲线

图 5-20　动态结构仿真结果

5.4.5　基于 Power System 模块的双闭环调速系统仿真

采用 Power System 模块组成的双闭环调速系统仿真模型如图 5-21 所示。模型由晶闸管 - 直流电动机组成的主回路和转速电流调节器组成的控制回路两部分组成。其中的主要电路部分如交流电源、晶闸管整流器、触发器、移相控制环节和电动机使用模型库现有模块。控制回路的主体是转速和电流两个调节器，以及反馈滤波环节，这部分与前述动态结构仿真系统相同，可直接使用。

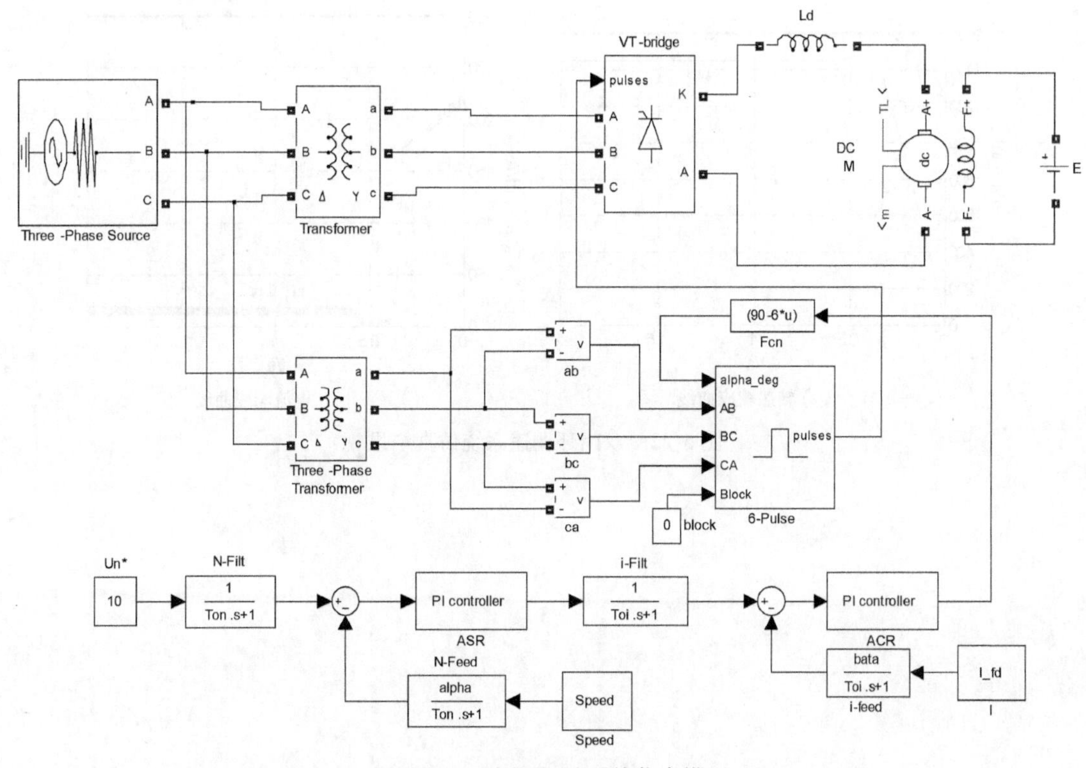

图 5-21　双闭环调速系统仿真模型

模型中，转速反馈和电流反馈均取自电机测量单元的输出端子，减少了测速和电流检测环节，这不会影响到仿真的真实性。电流调节器（ACR）的输出端接移相特性模块的输入端，而电流调节器（ACR）的输出限幅就决定了控制角的最大值及最小值。

图 5-21 与图 5-19 所示仿真系统的不同点在于，以晶闸管整流器和电动机模型取代了动态结构图中的晶闸管整流器和电动机传递函数，由于动态结构图中的晶闸管整流器和电动机传递函数是线性的，其电流可以反向，而实际的晶闸管整流器却不能通过反向电流，因此仿真结果会略有不同。采用晶闸管整流器和电动机的仿真能够更好地反映系统的工作情况。

该结构模型的仿真结果如图 5-22 所示。其中图 5-22a 为电动机的转速响应曲线，图 5-22b为电流响应曲线。从速度和电流波形可以看到，在起动阶段，电动机起动电流衰减较小，维持在 170A 以上，在接近 0.4s 时起动过程结束，电枢电流下降，接近于零，转速上升到最高且超过目标转速。尽管转速已经超调，电流给定变为负值，但是本系统为不可逆调速系统晶闸管整流装置，不能产生反向电流。这时电枢电流为零，电动机的电磁转矩也为零，没有反向制动转矩。又因为是理想空载起动状态，所以电动机保持在最高转速状态。0.5s 后加上负载，电动机转速下降，速度调节器开始退饱和，电流调节器发挥调节作用，使电动机稳定在给定转速上。这个结果与按双闭环调速系统动态结构图分析的结果有所不同，不同之处在于，在动态结构图中由于晶闸管传递函数为线性，输出电压可以为负，电动机电流输出负值，因此从调节过程来看，按动态结构图的仿真调节速度更快。

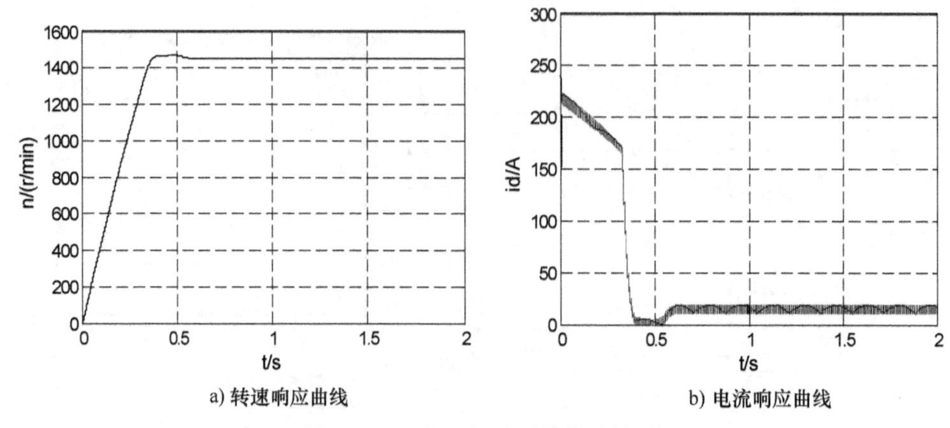

a) 转速响应曲线　　b) 电流响应曲线

图 5-22　双闭环调速系统仿真结果

第6章　无刷直流电动机调速系统及仿真

6.1　无刷直流电动机简介

无刷直流电动机（Brushless Direct Current Motor，BLDCM）是指无机械电刷和换向器的永磁直流电动机，它以电子换相器代替机械电刷和换向器，实现直流电动机的换向，是一种电机技术和电子技术结合的高性能、高可靠性的机电一体化新型电机。无刷直流电动机的主要特征是具有与普通有刷直流电动机相似的机械特性，它除了具有调速范围宽、起动力矩大、效率高等优点以外，还具有如下特点：

1）与电子技术相结合，采用电子驱动控制器实现电子换相代替机械接触换向，没有电刷和换向器的电气接触火花和磨损，电磁干扰小，可工作于高速，电机运行稳定，寿命长，工作可靠性高。

2）在电机结构上，定子为电枢绕组，定子绕组与机壳相接触，散热面积大，散热效果好。永磁材料作转子，无通电绕组，几乎无损耗和发热，效率高。

3）电子线路部分与电机本体分开，实现对电动机的良好控制。如可以不改变电源总线电压，通过改变逻辑信号顺序，实现电机的正/反转；通过改变逻辑部分 PWM 的占空比，实现电机的调速控制；通过检测转子位置，可实现转速、电流双闭环调速，使电动机在一定速度下稳定运行。

4）可工作于高真空、有腐蚀性气体介质和液体介质等特殊环境中，例如宇航设备。

5）与数字化技术、现代控制理论结合，有较好的可控性，调速范围宽，使电机向智能化方向发展。无刷直流电动机包括有位置传感器的无刷直流电动机和无位置传感器的无刷直流电动机两种结构形式。目前在无刷直流电动机中常用的位置传感器有电磁式位置传感器、光电式位置传感器和磁敏式位置传感器几种形式。其中，电磁式位置传感器是利用电磁效应来实现其位置检测作用的，它有开口变压器、铁磁谐振电路、接近开关等多种类型，用得较多的是开口变压器；光电式位置传感器是利用光电效应制成的，由跟随电动机转子一起旋转的遮光板和固定不动的光源及光敏晶体管等部件组成；磁敏式位置传感器是指它的某些电参数按一定规律随周围磁场变化的半导体敏感元件，它的基本原理为霍尔效应和磁阻效应。目前，常用的磁敏传感器有霍尔元件或霍尔集成电路、磁敏电阻器及磁敏二极管等多种。

6.2　无刷直流电动机的工作原理

6.2.1　无刷直流电动机的基本结构

有刷直流电动机具有旋转电枢和固定的磁场，因此有刷直流电动机必须有一个滑动的接触机构——电刷和换向器，通过它们把电流传给旋转着的电枢。无刷直流电动机与有刷直流电动机相反，它具有旋转的磁场和固定的电枢。这样，电子换相线路中的功率开关器件可直接与电枢绕组连接。在电机中装有一个转子位置传感器，用来检测转子在运行过程中的位置。它与电子换相线路一起，代替了有刷直流电动机的机械换向装置。综上所述，无刷直流电动机由电机本体、转子位置传感器和电子换相线路三部分组成，如图 6-1 所示。

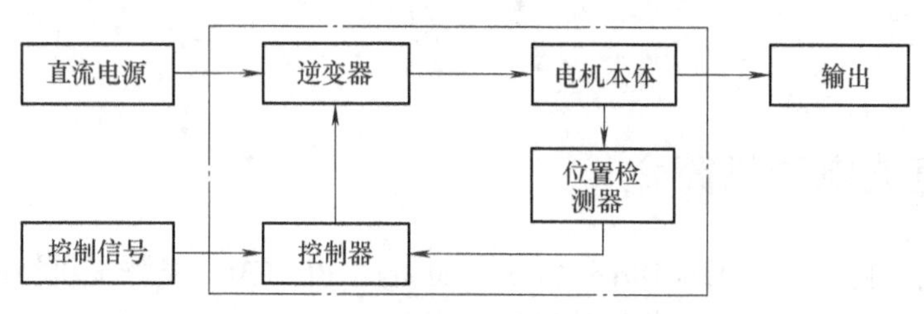

图 6-1　无刷直流电动机系统的组成

下面介绍无刷直流电动机各部分的基本结构。

1. 电机本体

无刷直流电动机最初的设计思想来自普通的有刷直流电动机，不同的是将直流电动机的定、转子位置进行了互换，其转子为永磁结构，产生气隙磁通；定子为电枢，有多相对称绕组。原直流电动机的电刷和机械换向器被逆变器和转子位置检测器所代替。所以无刷直流电动机的电机本体实际上是一种永磁同步电机，如图 6-2 所示。其作用是进行机电能量转换，由定子、转子、转子位置检测器组成。定子由定子绕组、定子铁心、机座构成；转子是电机的转动部分，由永磁体、导磁体和支撑部件组成。

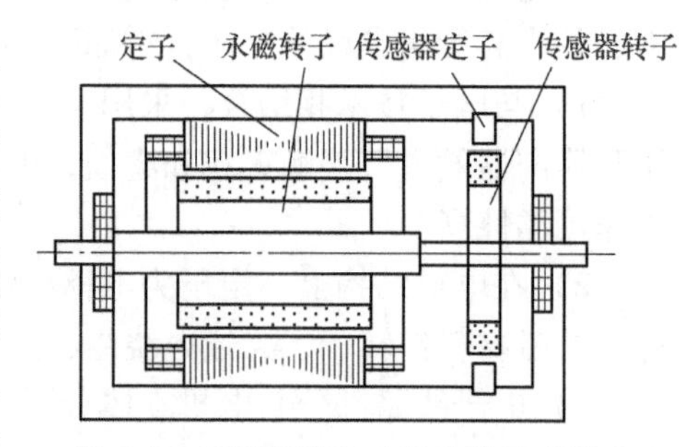

图 6-2　无刷直流电动机结构示意图

2. 逆变器

逆变器将直流电转换成交流电向电机供电。与一般逆变器不同，它的输出频率不是独立调节的，而是受控于转子位置信号，是一个“自控式逆变器”。由于采用自控式逆变器，无刷直流电动机输入电流的频率和电机转速始终保持同步，电机不会产生振荡和失步，这也是无刷直流电动机的重要优点之一。

逆变器主电路有桥式和非桥式两种，电枢绕组既可接成星形也可以接成三角形；电枢绕组只允许单方向通电，属于半控型主电路；电枢绕组允许双向通电，属于全控型主电路。另外，无刷直流电动机逆变器的主开关一般采用 IGBT 或功率 MOSFET 等全控型器件，有些主电路采用了集成的功率模块（PIC）和智能模块（PIM），选用这些模块可以提高系统的可靠性。

因此，无刷直流电动机选择电动机组合方式多样，不同的组合方式会使电动机具有不同的性能和成本，这是每个应用系统设计者都需要考虑的问题，而综合以下 3 个指标有助于人们做出正确的选择：

（1）绕组利用率　与普通直流电动机不同，无刷直流电动机的绕组是断续通电的。适当地提高绕组利用率可以使通电的导体数增加，电阻下降，效率提高。从这个角度来看，三相绕组优于四相绕组和五相绕组。

（2）转矩脉动　无刷直流电动机的输出转矩脉动比普通直流电动机的转矩脉动大。一般相数越多，转矩的脉动越小；采用桥式主电路比采用非桥式主电路的转矩脉动小。

（3）电路成本 相数越大，逆变器电路使用的开关管越多，成本越高，桥式主电路所用的开关管比半桥式多一倍，成本要高；多相电动机的逆变器结构复杂，成本也高。

因此，目前以星形联结三相全桥驱动方式应用最多。

3. 位置检测器

位置传感器的作用是检测转子磁极相对于定子绕组的位置信号，为逆变器提供正确的换相信息。位置检测包括有位置传感器检测和无位置传感器检测两种方式。

转子位置传感器也由定子和转子两部分组成，其转子与电机本体同轴，以跟踪电机本体转子磁极的位置；其定子固定在电机本体定子或端盖上，以检测和输出转子位置信号。转子位置传感器的种类包括磁敏式、电磁式、光电式、接近开关式、正余弦旋转变压器式以及编码器等。

在无刷直流电动机系统中安装机械式位置传感器解决了电机转子位置的检测问题。但是位置传感器的存在增加了系统的成本和体积，降低了系统可靠性，限制了无刷直流电动机的应用范围，对电机的制造工艺也带来了不利的影响。因此，国内外对无刷直流电动机的无转子位置传感器运行方式给予高度重视。

无机械式位置传感器转子位置检测是通过检测和计算与转子位置有关的物理量间接地获得转子位置信息，主要有反电动势检测法、续流二极管工作状态检测法、定子三次谐波检测法和瞬时电压方程检测法等。

4. 控制器

控制器是无刷直流电动机正常运行并实现各种调速功能的指挥中心，它主要完成以下功能：

1）对转子位置检测器输出的信号、PWM 调制信号、正反转和停车信号进行逻辑综合，驱动电路提供各开关管的斩波信号和选通信号，实现电机的正反转以及停车控制。

2）产生 PWM 调制信号，使电机电压随给定速度信号自动变化，实现电动机开环调速。

3）对电动机进行速度闭环调节和电流闭环调节，使系统具有较好的动静态性能。

4）短路、过电流、过电压和欠电压等故障保护功能。

控制器的主要形式有分立元件加少量集成电路构成的模拟控制系统、基于专用集成电路的控制系统、数模混合控制系统和全数字控制系统。

6.2.2 无刷直流电动机的数学模型

无刷直流电动机是一种自控式变频调速系统，和一般变频控制器供电的交流电机一样，是一个强耦合、多变量、非线性和时变的复杂系统。从上面分析可知，两相导通星形三相六状态工作方式控制简单、性能最好，所以这种工作方式最为常用。为了简明起见，做如下假设：

1）电动机的气隙磁场在空间呈梯形（近似为方波）分布。

2）定子齿槽的影响忽略不计。

3）电枢反应对气隙磁通的影响忽略不计。

4）忽略电机中的磁滞和涡流损耗。

5）三相绕组完全对称。

由于转子的磁阻不随转子位置的变化而改变，因此定子绕组的自感和互感为常数，则相绕组的电压平衡方程可表示为

$$\begin{bmatrix} u_a \\ u_b \\ u_c \end{bmatrix} = \begin{bmatrix} r & 0 & 0 \\ 0 & r & 0 \\ 0 & 0 & r \end{bmatrix} \begin{bmatrix} i_a \\ i_b \\ i_c \end{bmatrix} + \begin{bmatrix} L & M & M \\ M & L & M \\ M & M & L \end{bmatrix} \frac{\mathrm{d}}{\mathrm{d}t} \begin{bmatrix} i_a \\ i_b \\ i_c \end{bmatrix} + \begin{bmatrix} e_a \\ e_b \\ e_c \end{bmatrix} \tag{6-1}$$

式中，u_a、u_b、u_c为定子各相绕组电压（V）；i_a、i_b、i_c为定子各相绕组电流（A）；e_a、e_b、e_c为定子各相绕组反电动势（V）；r为每相绕组的电阻（Ω）；L为每相绕组的自感（H）；M为每两相绕组间的互感（H）。

由于三相绕组为星形联结，即 $i_a + i_b + i_c = 0$，因此 $Mi_a + Mi_b + Mi_c = 0$，所以式（6-1）可以变为

$$\begin{bmatrix} u_a \\ u_b \\ u_c \end{bmatrix} = \begin{bmatrix} r & 0 & 0 \\ 0 & r & 0 \\ 0 & 0 & r \end{bmatrix} \begin{bmatrix} i_a \\ i_b \\ i_c \end{bmatrix} + \begin{bmatrix} L-M & 0 & 0 \\ 0 & L-M & 0 \\ 0 & 0 & L-M \end{bmatrix} \frac{\mathrm{d}}{\mathrm{d}t} \begin{bmatrix} i_a \\ i_b \\ i_c \end{bmatrix} + \begin{bmatrix} e_a \\ e_b \\ e_c \end{bmatrix} \tag{6-2}$$

由此可以得到无刷直流电动机的等效电路如图 6-3 所示。图中，U_s 为直流侧电压，$VF_1 \sim VF_6$ 为功率开关器件，$VD_1 \sim VD_6$ 为续流二极管，$L_M = L - M$，图中标出的相电流和相反电动势的方向为其正方向。

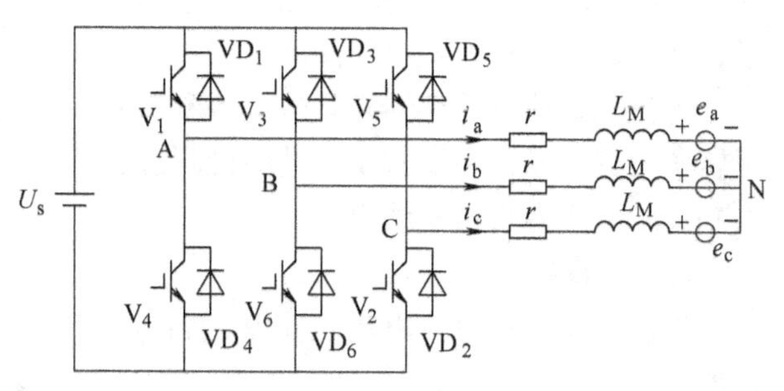

图 6-3　无刷直流电动机的等效电路

无刷直流电动机的电磁转矩是由定子绕组中的电流与转子磁钢产生的磁场相互作用而产生的，电磁转矩表达式为

$$T_e = \frac{e_a i_a + e_b i_b + e_c i_c}{\Omega} \tag{6-3}$$

式中，Ω 为转子的机械角速度。

6.2.3　无刷直流电动机的工作原理

众所周知，一般的永磁式直流电动机的定子由永久磁钢组成，其主要的作用是在电动机气隙中产生磁场，电枢绕组通电后产生电枢磁场。由于电刷的换向作用，使得这两个磁场的方向在直流电动机运行的过程中始终保持互相垂直，从而产生最大转矩而驱动电动机不停地运转。人们知道，有刷直流电动机电枢绕组中的感应电动势和实际通过的电流其实是交变的，从电枢绕组和定子磁场之间的相互作用来看，它实际上是一台同步电机。这个同步电机和直流电源之间是通过换向器和电刷把它们联系起来的。在电动机的情况下，换向器和电刷起着逆变器的作用，它把电源的直流电逆变成交流电送入电枢绕组。

相反地，在直流发电机的情况下，换向器和电刷起着整流器的作用，它把电枢中产生的交流电整流为直流电输送到外面的负载上。有刷直流电动机中的电刷不仅起着引导电流的作用，而且由于电枢导体在经过电刷所在位置时，其中的电流要改变方向，所以电刷的位置决定着电机中电流换向的位置。这就是说，有刷直流电动机的电刷起着电枢电流换向位置的检测作用。与有刷直流电动机相比，其实无刷直流电动机和有刷直流电动机一样，本身都是一台同步电动机，只是有刷直流电动机中加的是一个机械的逆变器——换向器和电刷，而无刷

直流电动机中则采用电子换向装置——电子逆变器，代替机械换向器和电刷的作用。尽管两者构造不同，但它们所起的作用却是完全相同的，都是为了实现直流电动机的正确换向。

下面以图6-4所示的无刷直流电动机系统来说明无刷直流电动机的工作原理。假定电机转子只有一对磁极，电枢绕组A、B、C三相星形联结，按每极每相60°相带分布。位置传感器与电机本体同轴，控制电路对位置信号进行逻辑变换后产生控制信号，经隔离、放大后驱动逆变器的功率开关管，使电动机的各相绕组按一定的顺序导通。

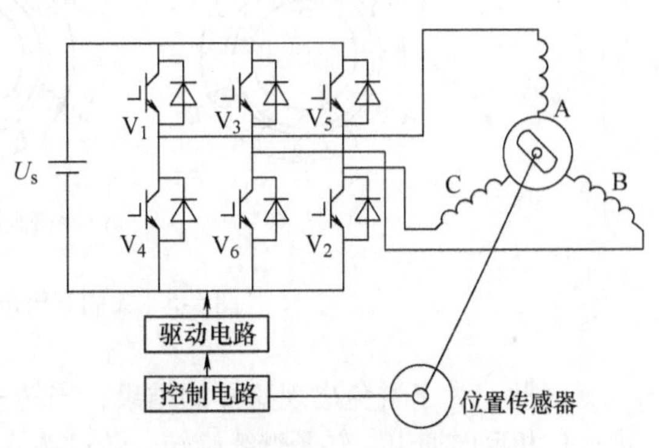

图6-4　三相无刷直流电动机系统

假设当转子处于图6-5a位置时为0°，相带A′、B、C′在N极下，相带A、B′、C在S极下，这时A相正向通电，B相反向通电，C相不通电，产生的定子磁场与转子磁场相互作用，使转子转动。

当转过60°后，转子位置如图6-5b所示。如果转子继续转下去进入图6-5c所示的位置，就会使同一磁极下的电枢绕组中有部分导体的电流方向不一致，它们产生的磁场相互抵消，削弱磁场，使电磁转矩减小。

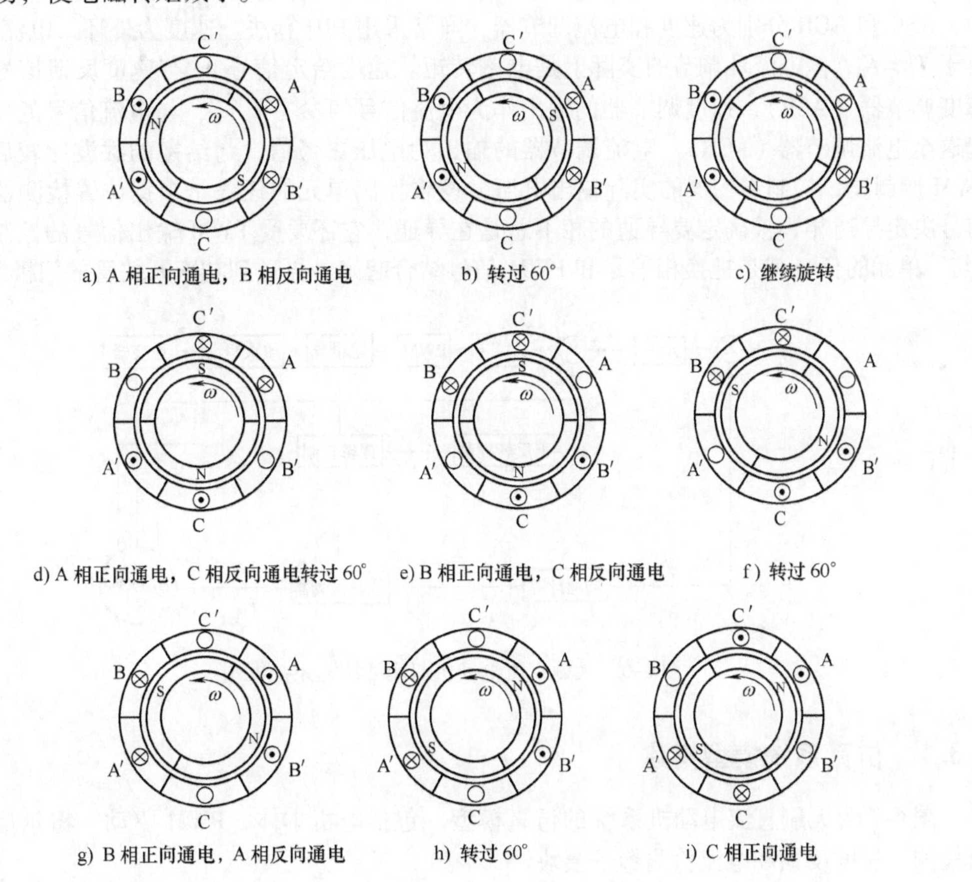

图6-5　无刷直流电动机工作示意图

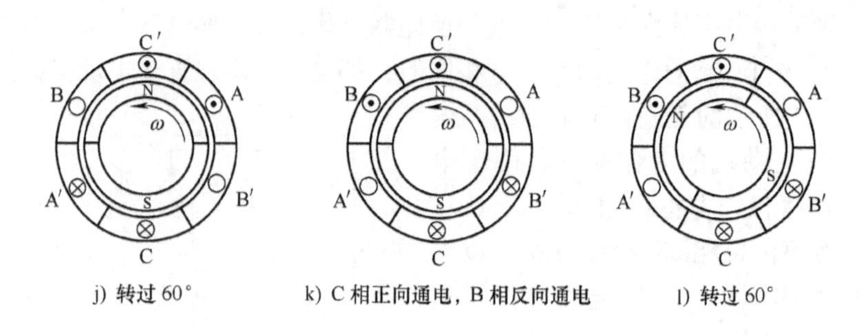

图 6-5　无刷直流电动机工作示意图（续）

因此，为了避免出现这样的结果，当转子转到图 6-5b 所示位置就必须换相，使 B 相断电，C 相反向通电。转子继续旋转，转过图 6-5d 所示位置，同上所述也要进行换相，即 A 相断电，B 相正向通电，转子继续旋转。如此下去，转子每转过 60°就换相一次，电机就会一直平稳地旋转。

6.3　无刷直流电动机调速系统仿真

无刷直流电动机系统通常采用转速、电流双闭环控制，系统原理图如图 6-6 所示。其中，ASR 和 ACR 分别为速度和电流调节器，通常采用 PID 算法。速度为外环，电流为内环，由于 $T_e = K_T I_a$，电流环调节的实际上是电磁转矩。速度给定信号 n^* 与速度反馈信号 n 送给速度调节器（ASR），速度调节器的输出作为电流信号的参考值 i^*，与电流信号的反馈再一起送至电流调节器（ACR）。电流调节器的输出为电压参考值，与给定的载波比较后，形成 PWM 调制波，控制逆变器的实际输出电压。逻辑控制单元的任务是根据位置检测器的输出信号决定导通相，被确定要导通的相不总是在导通，它还要受 PWM 输出信号的控制，逻辑“与”单元的任务就是把换相信号和 PWM 信号结合起来，再送到功率开关管的门极。

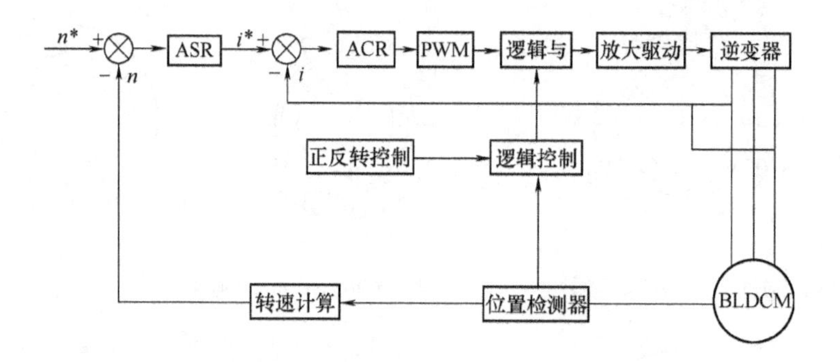

图 6-6　无刷直流电动机双闭环调速系统框图

6.3.1　仿真系统模型搭建

图 6-7 为无刷直流电动机系统的仿真模型，包括电机本体、PWM 驱动、霍尔信号输出及检测、速度反馈和电流检测等子模块。

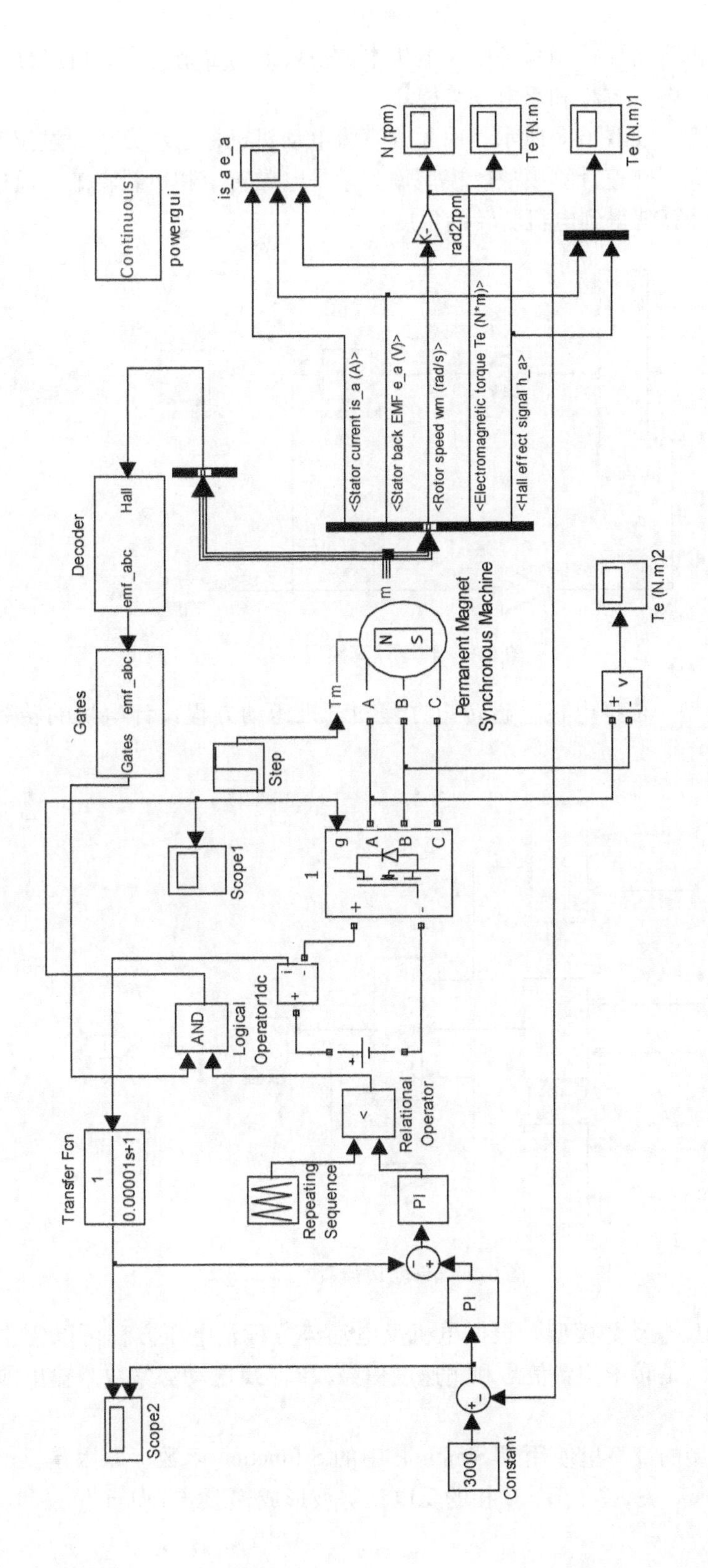

图6-7　无刷直流电动机双闭环调速系统仿真模型

1. 电机本体模型

在无刷直流电动机双闭环控制系统中，电机本体模块最为复杂。它又可以分为转速计算模块、转矩计算模块、电压方程和反电动势模块。

（1）转速计算模型　如图6-8所示，由无刷直流电动机机械运动方程经过拉普拉斯变换得到其传递函数，建立了转速计算模块。模型输入量是电磁转矩和负载转矩，通过计算得到转速w，再经过积分计算就得到电机所转的角度。

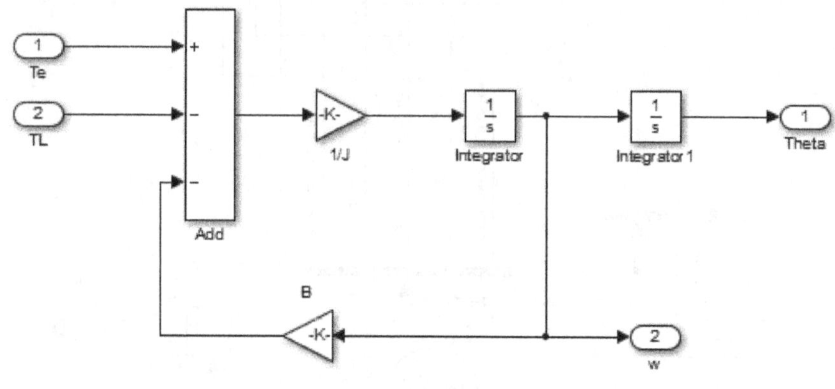

图6-8　转速计算模型

（2）转矩计算模型　依据电机电磁转矩方程和电机运动方程设计电机的转矩计算模块如图6-9所示。

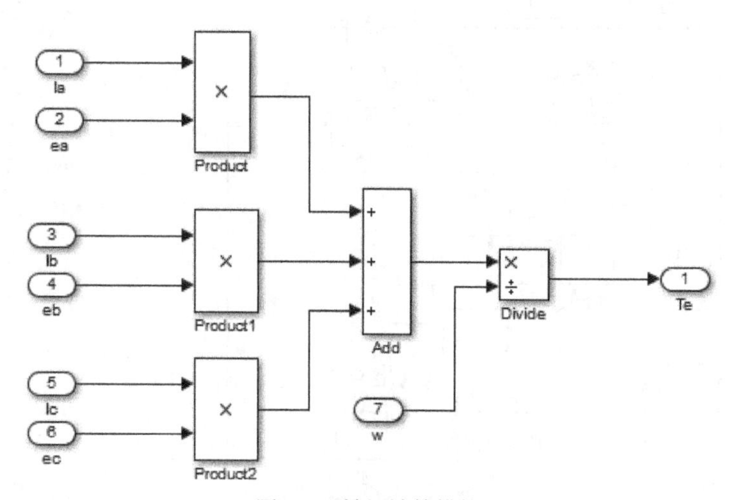

图6-9　转矩计算模块

（3）电压方程和反电动势模型　根据电机反电动势方程及电压方程可以建立如图6-10所示的仿真模型。输入是转子位置信号和角速度信号，k是反电动势常数。输出即A、B、C三相反电动势。

其中反电动势模型的计算里使用了Simulink中的S-function函数。原因是反电动势的大小和转子位置信号pos有关，A、B、C相的反电动势波形成梯形波。转子位置和反电动势的关系见表6-1。

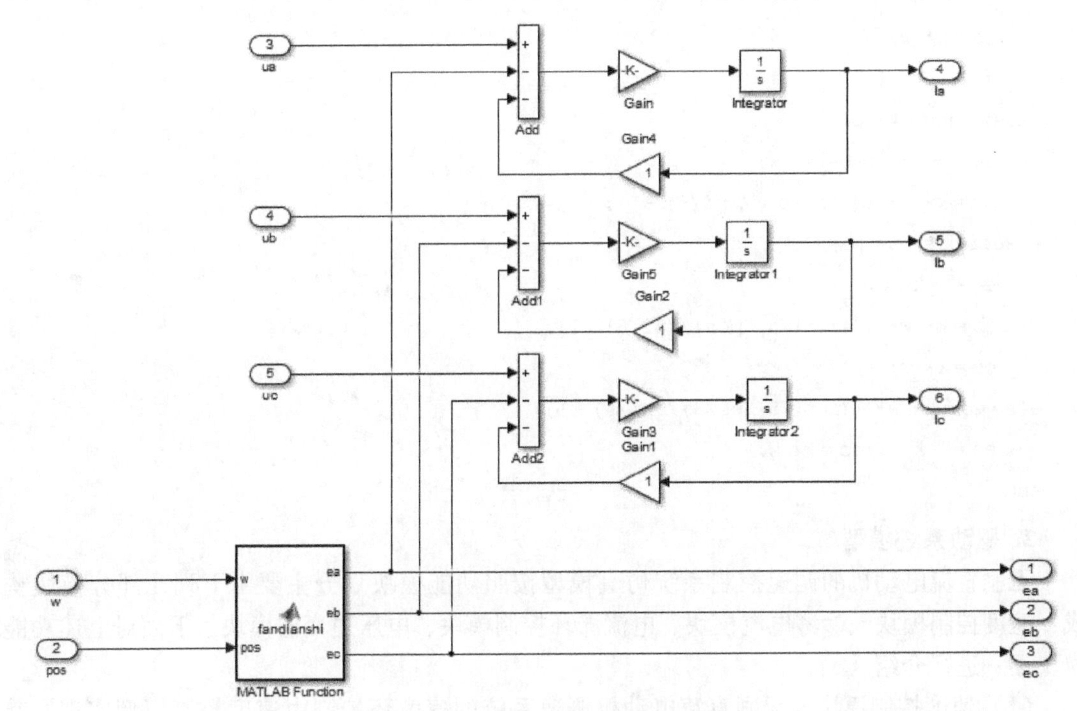

图6-10　电压方程和反电动势模型

表6-1　转子位置和反电动势关系

转 子 位 置	e_a	e_b	e_c
0 ~ π/3	k * w	- k * w	k * w * ((- pos)/(pi/6) +1)
π/3 ~ 2π/3	k * w	k * w((pos - pi/3)/(pi/6) -1)	- k * w
2π/3 ~ π	k * w * ((2 * pi/3 - pos)/(pi/6) +1)	k * w	- k * w
π ~ 4π/3	- k * w	k * w	k * w * ((pos - pi)/(pi/6) -1)
4π/3 ~ 5π/3	- k * w	k * w * ((4 * pi/3 - pos)/(pi/6) +1)	k * w
5π/3 ~ 2π	k * w * ((pos -5 * pi/3)/(pi/6) -1)	- k * w	k * w

由表6-1所表示的关系可以编写 *s-function* 函数：

```
function[ea,eb,ec] = fandianshi(w,pos)
k = 0.382;
if pos < pi/3
   ea = k* w;eb = - k* w;
   ec = k* w* ((-pos)/(pi/6) +1);
elseif pos <2* pi/3
   ea = k* w;
   eb = k* w* ((pos - pi/3)/(pi/6) -1);
   ec = - k* w;
elseif pos < pi
   ea = k* w* ((2* pi/3 - pos)/(pi/6) +1);
```

```
    eb = k* w;
    ec = - k* w;
elseif pos < 4* pi/3
    ea = - k* w;eb = k* w;
    ec = k* w* ((pos - pi)/(pi/6) -1);
elseif pos < 5* pi/3
    ea = - k* w;
    eb = k* w* ((4* pi/3 - pos)/(pi/6) +1);
    ec = k* w;
else ea = k* w* ((pos - 5* pi/3)/(pi/6) -1);
    eb = - k* w;ec = k* w;
end
```

2. 驱动系统模型

无刷直流电动机的调速控制系统仿真模型按照功能模块划分主要由下列几部分模块构成：速度控制模块、参考电流模块、电流滞环控制模块、电压逆变器模块。下面对上述功能模块逐一进行介绍。

（1）速度控制模块　无刷直流电动机调速系统的速度环控制由速度控制模型实现，其结构如图 6-11 所示。

速度控制采用 PID 控制器实现，转速预设值（n_ref）与反馈回来的实际转速信号（n）求其差值 e，输入 PID 控制器作为其输入，经 PID 算法计算后输出电流幅值信号（Is），作为参考电流模块的输入信号。

（2）参考电流模块　参考电流模块如图 6-12 所示，其作用是根据 PID 控制器输出的电流幅值信号（Is）和反馈回来的转子位置信号（pos）确定三相绕组各自的参考电流，用于下一级电流滞环控制模块的电流滞环控制。

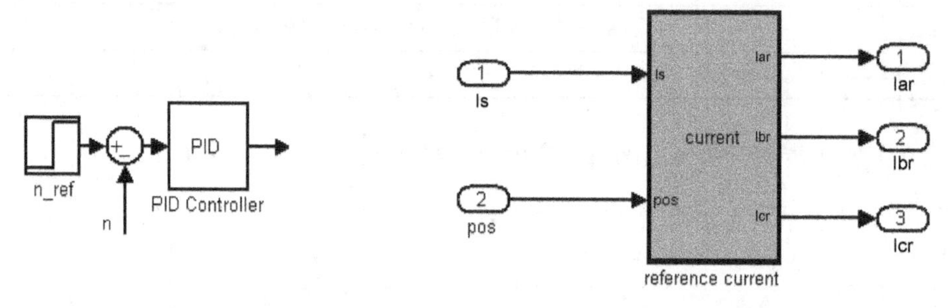

图 6-11　速度控制模块　　　　图 6-12　参考电流模块

参考电流模块的功能是利用转子位置信号确定三相各自的参考电流，其对应关系可以用表 6-2 来表示。

表 6-2　转子位置和三相参考电流之间的对应关系

转 子 位 置	Iar	Ibr	Icr
0 ~ π/3	Is	- Is	0
π/3 ~ 2π/3	Is	0	- Is

（续）

转子位置	Iar	Ibr	Icr
2π/3～π	0	Is	－Is
π～4π/3	－Is	Is	0
4π/3～5π/3	－Is	0	Is
5π/3～2π	0	－Is	Is

由表6-2所给出转子位置信号和参考电流的关系，可以通过编写S-function函数来实现参考电流模块，下面给出其s函数：

```
function[Iar,Ibr,Icr]=fcn(Is,pos)
if pos<pi/3
    Iar=Is;Ibr=-Is;Icr=0;
elseif pos<2* pi/3
    Iar=Is;Ibr=0;Icr=-Is;
elseif pos<pi
    Iar=0;Ibr=Is;Icr=-Is;
elseif pos<4* pi/3
    Iar=-Is;Ibr=Is;Icr=0;
elseif pos<5* pi/3
    Iar=-Is;Ibr=0;Icr=Is;
else
    Iar=0;Ibr=-Is;Icr=Is;
end
```

（3）电流滞环模块　电流滞环控制模块用于实现电机双闭环控制中的电流环控制，实现实际电流跟随参考电流变化的目的。其原理如图6-13所示，给定一固定的滞环宽度 HB，当反馈的实际电流瞬时值 i 达到参考电流 i^* 的滞环宽度上边沿时，输出的PWM波变为低电平，开关器件关闭，从而使绕组电流逐渐下降；当反馈的实际电流瞬时值 i 下降到参考电流 i^* 的下边沿时，输出的PWM波变为高电平，驱动开关器件导通，从而使绕组电流上升。如此反复，从而实现实际电流跟随参考电流变化的目的。电流滞环控制模块如图6-14所示。

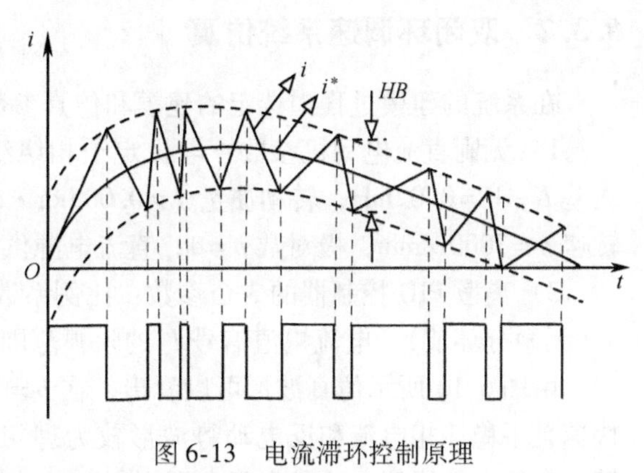

图6-13　电流滞环控制原理

（4）电压逆变器模块　电压逆变器模块的功能是实现电池电压到电机供电电压的DC-DC变换，在电流滞环控制模块输出的PWM波形的控制下调节电机输入绕组电压，从而控制电机的转速。

电压逆变器模块如图6-15所示，它采用SimPowerSystems工具箱的直流电源模块（DC

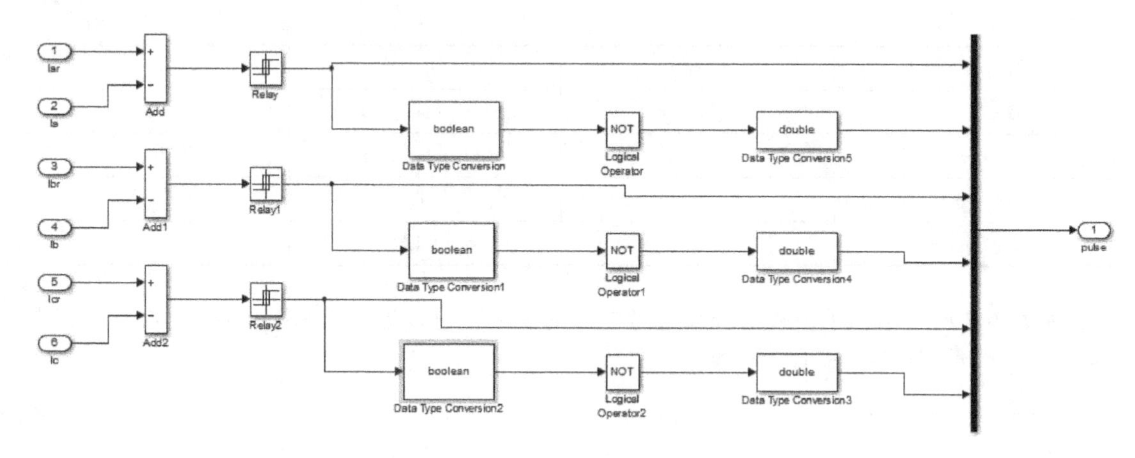

图 6-14　电流滞环控制模块

Voltage Source）和全桥模块（Universal Bridge），其中全桥模块选择桥臂数为 3 个，功率器件为 MOSFET，电流滞环控制模块输出的 PWM 波形（Pulse）控制 MOSFET 的导通与关断，从而实现对无刷直流电动机的三相全桥控制。

在 MATLAB 中，SimPowerSystems 工具箱里的模块与 Simulink 工具箱里的模块不能直接相连，因此，全桥模块（Universal Bridge）与电机本体模块之间加上了 3 个受控电压源，实现两者的连接。

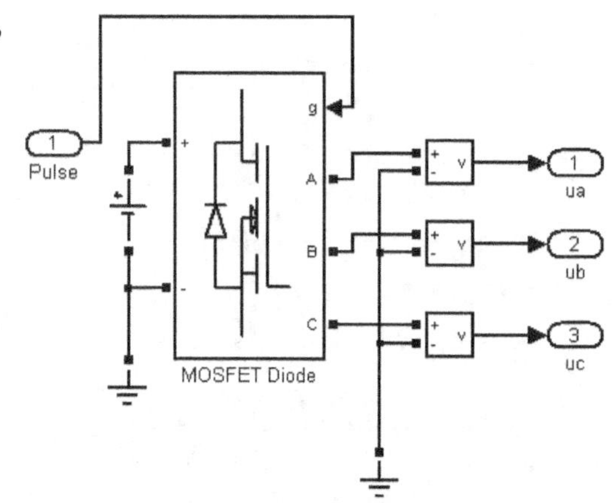

图 6-15　电压逆变器模块

6.3.2　双闭环调速系统仿真

在系统的建模过程中选定的建模和仿真参数如下：

1）无刷直流电动机参数：电机定子相绕组电阻 $R=2.8750\Omega$，定子相绕组自感与自感之差 $L-M=0.02\text{mH}$，转动惯量 $J=0.005\text{kg}\cdot\text{m}^2$，阻尼系数 $B=0.0002\text{N}\cdot\text{m}\cdot\text{s/rad}$，额定转速 $n=3000\text{r/min}$，极对数 $p=4$，直流电源供电电压为 500V。

2）离散 PID 控制器的 3 个参数：比例系数 $K_P=3$，积分系数 $K_I=0.02$，微分系数 $K_D=0$（无微分环节），电流幅值信号 I_s 的限幅范围为 $-35\sim+35\text{A}$，采样周期 $T=0.0001\text{s}$。

由图 6-16 所示仿真波形可以看出，在 $n=3000\text{r/min}$ 的参考转速下，转速调节系统响应快速且平稳，相电流和反电动势波形较为理想。仿真波形图 6-17 表明：在起动初始阶段，转矩有较大的峰值，这是由于在无刷直流电动机起动时，电机的反电动势还没有来得及建立起来，相电流较大，造成了转矩峰值，在反电动势建立后，转矩迅速下降到稳态值，但转矩存在脉动。

由图 6-18 显示的仿真波形可以看出，在 $n=3000\text{r/min}$ 的参考转速下，转速调节系统响应快速且平稳，相电流和反电动势波形较为理想。

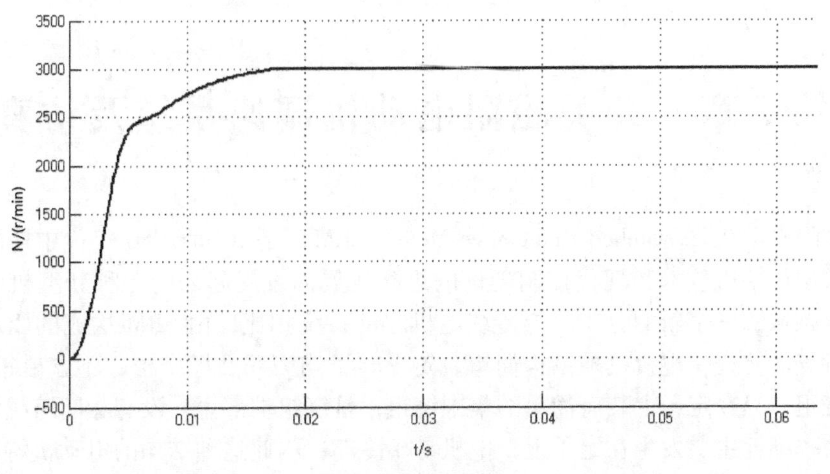

图 6-16　转速波形

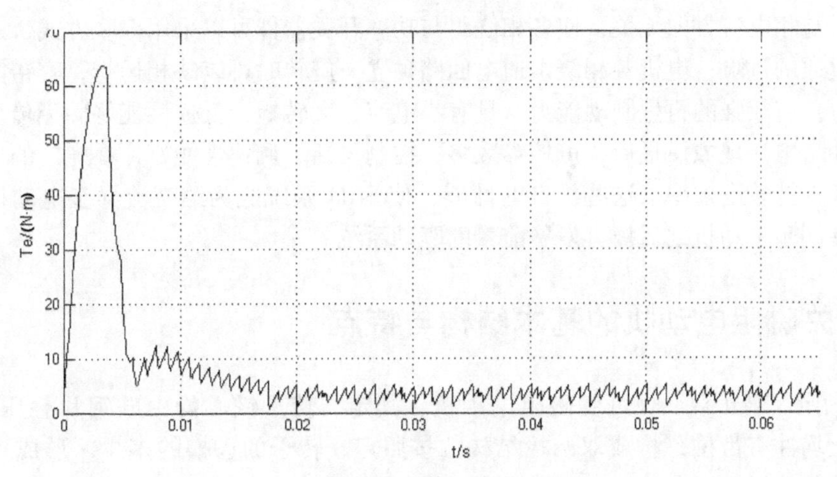

图 6-17　转矩波形

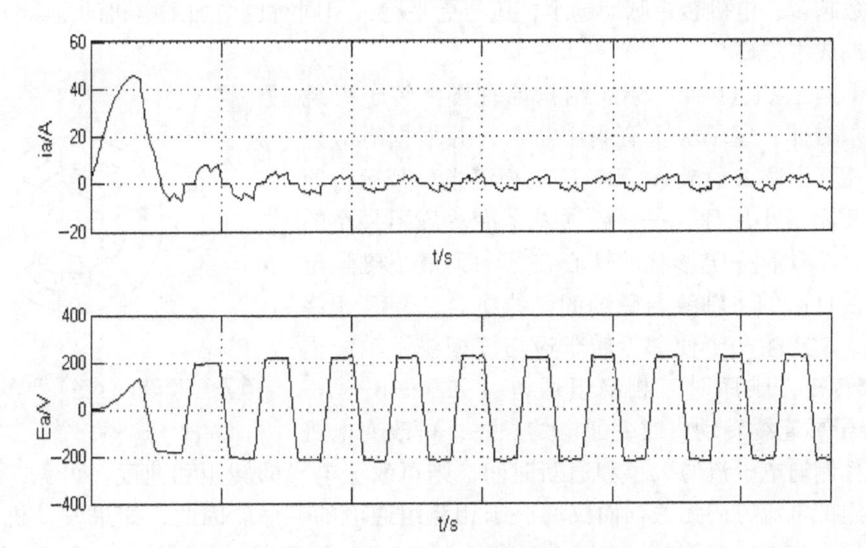

图 6-18　A 相定子电流、反电动势及霍尔信号波形

第7章 开关磁阻电动机调速系统及仿真

开关磁阻电动机（Switched Reluctance Motor, SRM）是20世纪80年代中期随着电力电子技术、微型计算机技术和现代控制理论的迅猛发展而发展起来的一种新型机电一体化产品，是调速领域的一个新的分支。与传统电机驱动系统相比，由SRM构成的驱动系统具有许多突出特点。首先，电机机械结构简单，定、转子均为双凸极结构，不含磁钢，成本低；转子上无绕组，只在定子上装有简单的集中绕组，且绕组端部短，没有相间跨越，维护修理容易；其功率损耗主要发生在定子上，电机易于冷却；因此这种结构的电动机特别适合用于高速、高温、振动大等特殊场合。其次，功率电路简单可靠，SRM转矩方向只与各相通电顺序有关，与相电流方向无关，使各相绕组与功率开关器件可以采用串联方式，避免了两个功率器件直通的危险；电机各相绕组通电回路独立，旋转时可以缺相运行，容错能力强；能四象限运行，有较强的再生制动能力；具有小电流、大转矩，低速性能好，无传统电机起动时出现的冲击电流现象。最后，可控参数多、控制灵活、调速性能好，在宽广的速度和功率范围内都能保持较高效率。这些优良的性能，使SRM系统成为继交流异步电动机、直流电动机、永磁同步电动机之后极具发展前景的驱动系统。

7.1 开关磁阻电动机的基本结构与特点

SRM为定、转子双凸极可变磁阻电动机，其定、转子铁心均由硅钢片叠压而成，定、转子冲片上均冲有齿槽，构成双凸极结构。按照定、转子的齿槽的多少，形成不同极数的SRM。为避免单相磁拉力，径向必须对称，故定子极数和转子极数应该为偶数。一般来说，极数和相数越多，电机转矩脉动越小，运行更平稳，但同时也增加了电机的复杂性，特别是功率电路的成本提高。

图7-1是三相（6/4）SRM结构原理图。转子无绕组，也无永磁体，定子极上有集中绕组，并根据对应磁极的绕组相互串联，形成A、B、C三相绕组。其运行原理遵循“磁阻最小原理”——磁通总是沿着磁阻最小的路径闭合，而具有一定形状的铁心在移动到最小磁阻位置时，必使自己的主轴线与磁场的轴线重合。当某相绕组通电时，就产生一个使邻近转子极与该相绕组轴线重合的电磁转矩，顺序对三相绕组通电（如A—B—C—A），则转子可连续转动，改变通电的顺序，可改变电机的转向，控制通电电流的大小和通断时间，则可改变电机的转矩和速度。可见，SRM的转向与相绕组的电流方向无关，而仅取决于相绕组通电的顺序。因此，如果发动机采用SRM驱动，人们只需加一些简单的电路设备和控制SRM相绕组通电的顺序、相绕组通电电流的大小和通断时间，就可以完成对发动机的起动、助力、减振和制动的控制。

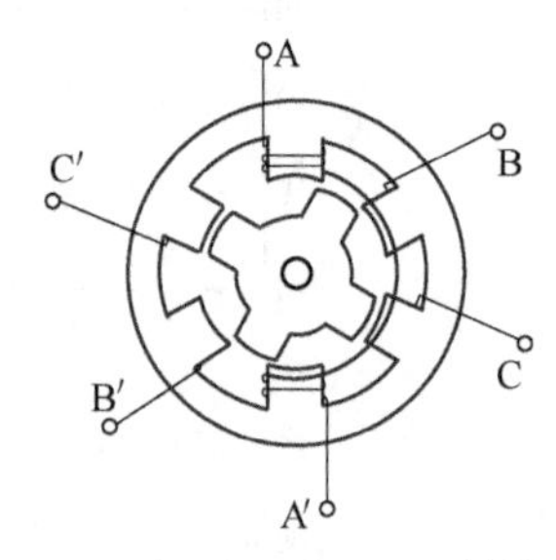

图7-1 三相（6/4）SRM结构原理

从图7-1所示的三相（6/4）结构SRM，人们可以知道该电机转子极距角$\theta_r=90°$。由于有三相绕组，故每相通电断电一次转子对应的转角α_p（称为步距角）应为30°，每转步数$N_p=12$。对任意极数相数的SRM，这一关系通常表示为

$$\theta_r=\frac{360°}{N_r} \tag{7-1}$$

$$\alpha_p=\frac{\theta_r}{m}=\frac{360°}{mN_r} \tag{7-2}$$

$$N_p=\frac{360°}{\alpha_p}=mN_r \tag{7-3}$$

式中，N_r为转子极数，m为相数。

表7-1则给出了常用的一些结构类型。

表7-1　常用的定转子极数搭配

m	N_s	N_r
2	4	2
	8	4
3	6	2
	6	4
	6	8
	12	8
4	8	6
5	10	4

由于SRM每转过转角α_p，对应绕组通电切换一次，所以电机每转过一转，绕组通断切换N_p次。当电机以转速n（单位为r/min）转动时，电机绕组的总通断切换频率为

$$f=\frac{n}{60}mN_r \tag{7-4}$$

每相绕组通断切换频率为

$$f_\phi=\frac{n}{60}N_r \tag{7-5}$$

式中，f_ϕ为对应功率电路每个功率器件的开关频率。

SRM综合了交流电机和直流电机的优点，由它构成的驱动系统在电机本体结构、变换器型式以及控制方式上都与众不同。SRM的主要特点如下：

1）转子上无任何绕组，结构简单，可高速旋转而不致变形；电动机转子转动惯量小，易于加、减速。定子上只有集中绕组，端部较短，没有相间跨接线，因而具有制造工序少、成本低、工作可靠、维修量小等优点。

2）转矩方向与相电流极性无关，只需单向电流励磁。只要控制主开关器件的导通角度，即可改变电动机的工作状态，实现四象限运行。故可减少SRM功率变换器的开关器件数，降低系统成本，提高了系统的可靠性。

3）定子线圈嵌装容易，端部短而牢固，热耗大部分在定子，易于冷却；转子无永磁体，可有较高的最大允许温升，能适应恶劣的工作环境。

4）调速范围宽，控制参数多，控制方式灵活，在宽广的转速和功率范围内均具有高输出和高效率。

5）电机的振动和噪声大于一般电机，且电机和功率器件的连线较多，这是SRM较为突出的缺点。

但应该指出，与转矩脉动达100%的单相异步电动机相比，SRM的转矩脉动并不算很大。只要根据SRM的动态性能，采取合适的控制技术，SRM调速系统转矩脉动的大幅度减小是可能的。至于噪声问题，据有关文献报道，SRM采用合适的定子压装技术，加上适当的控制，其在满载和空载情况下，整个转速范围内的噪声水平可以做到比具有代表性的、高质量的PWM异步电动机在满载下的噪声水平更优良。

7.2 开关磁阻电动机的数学模型及特性分析

7.2.1 开关磁阻电动机的基本方程

建立SRM数学模型的主要困难在于，电机的磁路饱和、涡流、磁滞效应等产生的严重非线性，加上运行时的开关性和受控性，使电机内部的电磁关系十分复杂，难以建立与常规电机那样规范的数学关系。考虑到列出一个精确的数学模型，计算相当烦琐，但其所有电磁过程仍然符合电工理论中的基本定律，因此，在如下假设的基础上，人们以准线性模型为主进行分析：

1）主电路电源的直流电压（$\pm U_s$）不变。

2）半导体开关器件为理想开关，即导通时压降为零，关断时电流为零。

3）忽略铁心的磁滞和涡流效应，即忽略铁耗。

4）电机各相参数对称，每相的两个线圈正相串联，忽略相间互感。

5）在一个电流脉动周期内，认为转速恒定。

准线性模型是为了近似考虑铁心磁阻以及饱和效应、边缘效应的影响，将非线性特性分段线性化，用解析式来计算和分析SRM的性能，确定其控制方案。SRM的数学模型等式如下：

$$\mathrm{d}\psi_j/\mathrm{d}t = -ri_j + v_j \tag{7-6}$$

$$\mathrm{d}\omega/\mathrm{d}t = (T_e - T_j)/J \tag{7-7}$$

$$\mathrm{d}\theta/\mathrm{d}t = \omega \tag{7-8}$$

$$\psi_j = L(\theta, i_j)i_j \tag{7-9}$$

$$T_e = \frac{\partial W'(\theta, i_j)}{\partial \theta} \tag{7-10}$$

式中，$j=1$、2、3代表了图7-1中SRM的三相；r为每相的相电阻；v_j、i_j、ψ_j代表j相的相电压、相电流、相磁链；T_e为电机的电磁转矩，T_L为负载转矩。在任意时刻，电机转矩是所有三相转矩之和，即

$$T_e = \sum T_j(\theta, i_j) \tag{7-11}$$

7.2.2 开关磁阻电动机的转矩特性分析

如图7-2所示，当A相单独通电时，设相电流为i_A，转子位置为θ，则磁共能为

$$W' = \int_0^{i_A} \psi \mathrm{d}t \tag{7-12}$$

式中，$\psi = iL(\theta,\ i)$，则根据电磁场的基本理论可知，SRM 的电磁转矩的数学表达式为

$$T_{em} = \frac{\partial W'}{\partial \theta}\Big|_{i=\text{const}} \tag{7-13}$$

定义电磁转矩方向与转子运动方向一致时为正，如图7-2 所示，电机从当前磁状态出发，当转子有虚位移 $+\Delta\theta$ 时，由式（7-13）可以得到电磁转矩为

$$T_{em} = \frac{\partial W'}{\partial \theta}\Big|_{i=\text{const}} = \frac{\text{面积}\ OABO}{\Delta\theta} \tag{7-14}$$

此时电机输出的电磁转矩为正值，即电磁转矩方向与转子运动方向一致，电机工作在电动状态。当电机从当前磁状态出发，转子有虚位移 $-\Delta\theta$ 时，由式（7-13）可以得到电磁转矩为

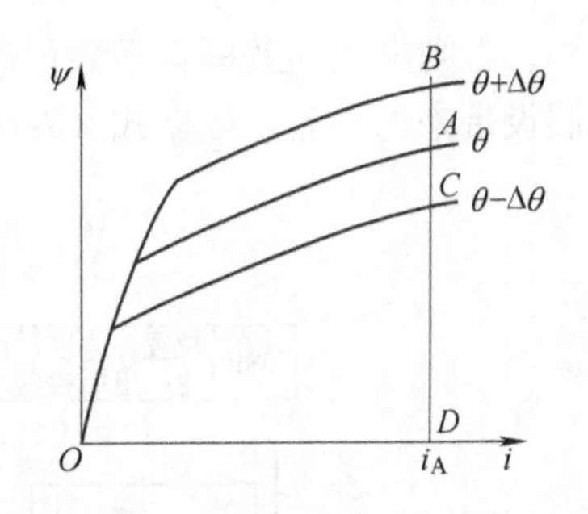

图 7-2　磁共能与电流、转子位置变化关系

$$T_{em} = \frac{\partial W'}{\partial \theta}\Big|_{i=\text{const}} = -\frac{\text{面积}\ OACO}{\Delta\theta} \tag{7-15}$$

式中，负号表示此时电磁转矩方向与转子运动方向相反，即电机工作在再生制动状态，机械能转换为电能通过续流电路反馈给电源。假设 SRM 的电感为线性的，即电感值不随电流大小变化仅为转子位置的函数：$\psi(\theta) = L(\theta)i$。磁共能和电磁转矩可以分别表示为

$$W' = \frac{1}{2}Li^2 \tag{7-16}$$

$$T_{em} = \frac{1}{2}i^2\frac{\partial L}{\partial \theta} \tag{7-17}$$

从式（7-17）可以知道，随转子位置而变化的相电感是产生转矩的重要因素。磁路电感随着转子极逐渐与定子极重叠而相应增加；电感随着转子极移出重叠区而减小。

由以上分析可得如下结论：

1）电机的电磁转矩是由转子转动时气隙磁导变化 $\partial L/\partial\theta$ 产生的，当气隙磁导变化 $\partial L/\partial\theta$ 大时，转矩也大。若磁导变化率为零，则转矩也为零。

2）电磁转矩的大小同绕组电流 i 的二次方成正比，因此，可以通过增大电流有效地增大转矩。

3）在电感曲线的上升段，通入绕组电流产生正向电磁转矩；在电感曲线的下降段，通入绕组电流产生反向电磁转矩。在电机向不同方向转动时，仅通过改变绕组通电时刻便能实现正向电动、反向电动、正向制动和反向制动状态的全部四象限运行。上述转矩的大小与方向均与绕组电流方向无关。

4）电机的平均转矩 T_{av} 为正、反向转矩的平均值，即

$$T_{av} = \frac{1}{t}\int_0^t T\mathrm{d}\theta \tag{7-18}$$

当正向转矩为主时，平均转矩为正，反之为负。

5）虽然上述分析是在一系列假设条件下得出，但它对了解电机的基本工作原理，对定性分析电机的工作状态及转矩产生是十分有益的。

7.2.3 开关磁阻电动机的电流特性分析

由于 SRM 存在严重的饱和效应和边缘效应，ψ_j 作为电流 i 和转子位置角 θ 的非线性函数，一般没有解析式，故为非线性模型。

由图 7-3，当 SRM 由恒定直流电源 U_s 供电时，由于绕组电阻压降 ri_j 与 $d\psi_j/dt$ 相比很小，否则电机的效率就不会很高，故可忽略电阻压降，并且由此引起的误差不会超过线性化假设带来的误差。根据式（7-6）整理可得

$$U_s = d\psi/dt = L\frac{di}{dt} + i\frac{dL}{dt} = L\frac{di}{dt} + \omega i\frac{\partial L}{\partial \theta} \tag{7-19}$$

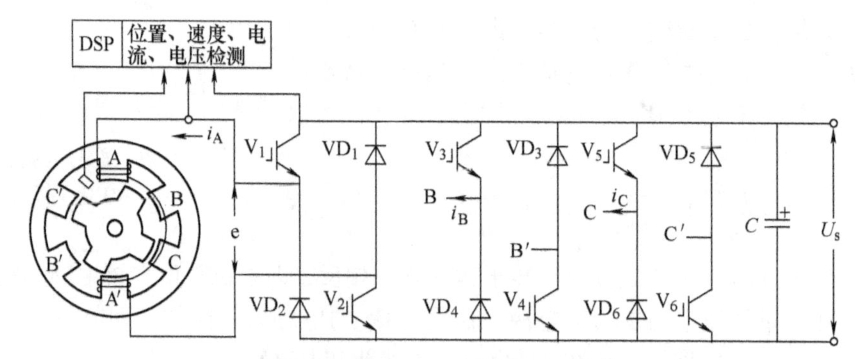

图 7-3　SRM 驱动系统构成原理图

根据图 7-4，可以将式（7-19）分别写成电动和发电模式：

$$U_s = L(\theta)\frac{di_m}{dt} + \omega i_m\frac{\partial L(\theta)}{\partial \theta} \tag{7-20}$$

$$U_s = L\left(\theta + \frac{\pi}{N_r}\right)\frac{di_g}{dt} + \omega i_g\frac{\partial L\left(\theta + \frac{\pi}{N_r}\right)}{\partial \theta} \tag{7-21}$$

式中，$(\pi/N_r) \leqslant \theta \leqslant 0$，$N_r$ 为转子极数。

对式（7-20）、式（7-21）进行求解，设 $\tau(\theta) = dL(\theta)/[\omega dL(\theta)d\theta]$，电动与发电电流可大致表示为

$$i_m(t) = \left[\frac{U_s}{\omega\frac{dL(\theta)}{d\theta}}\right]\left[1 - e^{-\frac{t}{\tau(\theta)}}\right] \tag{7-22}$$

$$i_g(t) = \left[\frac{U_s}{\omega\frac{dL\left(\theta + \frac{\pi}{N_r}\right)}{d\theta}}\right]\left[1 - e^{-\frac{t}{\tau\left(\theta + \frac{\pi}{N_r}\right)}}\right] \tag{7-23}$$

从式（7-22）、式（7-23）可知，对于给定转速和电压，电动状态下和发电状态下的电流波形是对称的。电动状态即 SRM 下反电动势限制相电流的上升；而在发电状态即 SRM 下反电动势在关断以后反而会促进电流的上升。因而，电动状态下，仅仅通过导通角就可以决定相电流的最大值，而发电时相电流的最大值与导通角和关断角都有关系。

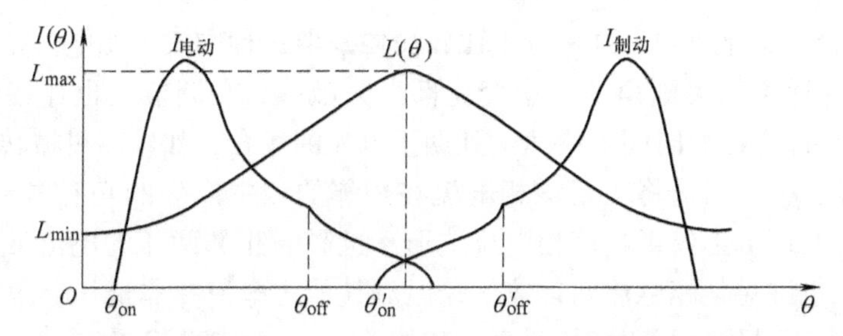

图7-4　相绕组电感随角位置变化曲线及对应的电动、制动运行相电流波形

7.3　开关磁阻电动机的基本控制方式

SRM的控制方式指电机运行时对哪些参数进行控制及如何进行控制，使电机达到规定的运行工况（如规定的转速、转矩等），并使其保持较高的性能指标。

与普通电机不同的是，SRM本身具有一个特殊的控制部分——功率变换器，通过这个结构就可以对SRM实施多种不同形式的控制。因此，可以说该系统的控制具有两个层面：一是电机控制层面，即通过调节电机自身的参数改变电机的运行特性，这一层关系是直接的，是SRM所特有的；二是系统控制层面，这个层面是将控制策略应用于SRM及其外围设备，并使之为达到某一控制目标协同运作，这种控制是通过功率变换器间接作用在电机之上的。这个层面上的控制是一种通用技术，能够应用在其他电机上的控制理论基本上都可以应用在SRM上，比如最常见的PI或PID调节、模糊控制等。

SRM的可控参数主要有导通角、关断角、相绕组两端的电压$\pm U_s$和相电流i等，SRM的控制简单地说就是对上述参数进行调节。目前，主要的控制方式有三种：角度控制（APC）、电流斩波控制（CCC）、电压斩波PWM控制。

7.3.1　角度控制（APC）方式

角度控制方式是指对导通角q_{on}、关断角q_{off}的控制，通过对它们的控制来改变电流波形以及电流波形与绕组电感波形的相对位置。相电感曲线及导通角、关断角范围如图7-5所示。在电动机电动运行时，应使电流波形的主要部分位于电感波形的上升段；在电动机制动运行时，应使电流波形位于电感波形的下降段。

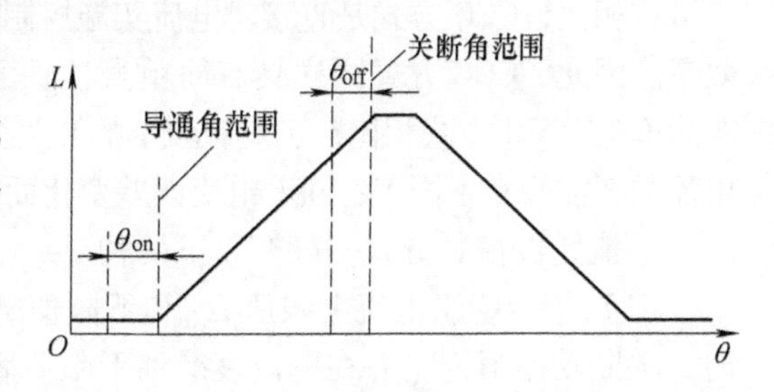

图7-5　相电感曲线及导通角、关断角范围

相电流的波形与导通角q_{on}和关断角q_{off}有着密切的关系，因此可以通过对这两个角度的调节来实现对电流的控制。在假设转速、母线电压不变的情况下，固定q_{on}，调节q_{off}，随着q_{off}的增加，导通电流时间增加；同理，当固定q_{off}，调节q_{on}，随着q_{on}的减小，导通电流时间增加。

实际采用的APC方式，一般都先优化固定q_{off}，然后通过闭环调节q_{on}。对于调速范围较宽的，可以分段优化固定q_{off}，然后再对q_{on}进行调节。角度控制也称单脉冲控制，因为导通期间内开关器件始终是导通的。这种方式比较简便，但这种方式中相电流是不可控的，其变化率很大，对于导通角和关断角的微小变化都十分敏感，在调节上也存在一定的困难。因此，这种方式比较适合在短时间里快速达到期望电流的场合，如较高机械转速下的控制。

显然，某相的 q_{on}、q_{off}值将决定该相电流在相邻的相中产生的互感电动势大小，因此，某一相的 q_{on}、q_{off}的调节不仅影响该相电流波形，也影响相邻两相的电流波形。就一对特定的 q_{on}、q_{off}组合，也许对某相电流而言较优，但对其他相电流并非最佳。因此，要实现 SRM 角度控制方式的真正最优运行，必须对每一相的 q_{on}、q_{off}分别进行调节。

角度控制方式的特点如下：

1）转矩调节范围大。若定义电流存在区间 t 占电流周期 T 的比例 t/T 为电流占空比，则角度控制下电流占空比的变化范围几乎为 0～100%。

2）同时导通相数可变。同时导通相数多，电动机出力较大，转矩脉动较小。当电机负载变化时，自动增加或减少同时导通相数是角度控制方式的特点。

3）电动机效率高。通过角度优化能使电动机在不同负载下保持较高效率。

4）不适用于低速。角度控制中，电流峰值主要由旋转电动势限制。当转速降低时，旋转电动势减小，可使电流峰值超过允许值，因此角度控制一般适用于较高的转速。

7.3.2 电流斩波控制（CCC）方式

当电机在起动或低速（一般是指在额定转速的 40% 以下）运行时，定子相绕组中反电动势较小，可能产生过大的冲击相电流。为防止可能出现的过电流和较大电流尖峰，必须采取斩波方式加以限制，即将检测到的相电流与某一给定电流上限值比较，当导通相绕组电流达到设定值时，使开关关断，相电流下降；当电流降至电流设定的下限值时，再重新导通功率开关，使相绕组电流上升。这样反复通断功率开关，形成在给定电流值附近上下波动的斩波电流波形。

CCC 方式是让相电流 i 与电流斩波限 i_s 进行比较，当转子位置角 θ 处于电流导通区间，即 $q_{on} < q < q_{off}$期间时，若 $i < i_s$，功率器件导通，相电流上升并逐渐达到斩波限值；若 $i > i_s$，则功率器件关断，电流下降。如此反复，相电流将维持在斩波限值附近，并伴有较小的波动。当固定导通、关断角时，调节斩波限值就相当于调节电流导通区间的长度。与 APC 方式下电流的不可控相比，CCC 方式是直接对电流实施控制，通过适当误差带的设置可以获得较精确的控制效果。因此，CCC 方式同样具有简单直接、可控性好的特点，也避免了 APC 方式中的问题。与后面的 PWM 方式相比，也具有较小的开关损耗，是比较常用的控制方式。只是这种控制下，电流的斩波频率不固定，随着电流误差变化而变化，不利于电磁噪声的消除。

电流斩波控制方式一般有以下两种。

（1）给定绕组电流上限值 I_{max}和下限值 I_{min}的斩波方式　控制器在绕组电流达到上限值时，关断功率器件，并在电流衰减到下限值后重新导通功率器件，即通过功率器件的多次导通和关断来限制电流在给定的上限值和下限值之间变化。在这种方式下，触发延迟角和关断角可以改变，也可以固定不变，一般多采用固定不变。这种方式是通过改变电流上、下限值的大小来调节 SRM 的输出转矩值，并由此实现速度闭环控制的。

（2）脉宽调制的斩波方式　一般在这种控制方式下，触发延迟角和关断角固定不变。控制器在固定的斩波周期 T 内控制功率器件的导通时间 T_1 和关断时间 T_2 的比例来改变绕组电流。

电流斩波控制的特点如下：

(1) 适用于低速和制动运行　电机低速运行时，绕组中旋转电动势小，电流增长快。在制动运行时，旋转电动势的方向与绕组端电压方向相同，电流比低速运行时增长更快。两种情况下，采用电流斩波控制方式能够限制电流峰值超过允许值，起到良好有效的保护和调节效果。

(2) 转矩平稳　电流斩波时电流波形呈较宽的平顶状，产生的转矩也较平稳。合成转矩脉动明显比其他控制方式小。

(3) 适合用于转矩调节系统　当斩波周期 T 较小、忽略导通和关断时电流建立和消失的过渡时间，绕组电流波形近似为平顶方波。平顶方波的幅值对应电机转矩，转矩值基本不受其他因素的影响，可见电流斩波控制方式适用于转矩调节系统，如恒转矩控制系统。

(4) 用作调速系统时，其抗负载扰动特性较差　电流斩波控制方式中，由于电流峰值被限，当电机转速在负载扰动的作用下发生突变时，电流峰值无法自动适应，系统在负载扰动下的动态响应十分缓慢。

7.3.3　电压斩波 PWM 控制方式

电压斩波 PWM 控制也是保持 q_{on} 和 q_{off} 不变的前提下，使功率开关按 PWM 方式工作。其脉冲周期 T 固定，占空比可调。改变占空比，则绕组电压的平均值变化，绕组电流也相应变化，从而实现转速和转矩的调节，这就是电压斩波控制，又称调压调速。PWM 控制技术是利用半导体开关器件的导通和关断，把直流电压变成电压脉冲列，并通过控制电压脉冲宽度或周期以达到调节相绕组电压的目的。

PWM 控制方式不是实时地调整导通角和关断角，而是在功率器件的控制信号中加入 PWM 信号，通过调节占空比来调节加在主电路上电压有效值的大小。占空比越大，电压有效值越大，电路导通时间越长。其脉冲周期 T 固定，占空比 T_1/T 可调。在 T_1 内，绕组加正电压，T_2 内加零电压或反电压。改变占空比，则绕组电压的平均值 U_s 变化，绕组电流也相应变化，从而实现转速和转矩的调节，这就是电压斩波控制。与电流斩波控制方式类似，提高脉冲频率 $f=1/T$，则电流波形比较平滑，电机出力增大，噪声减小，但功率开关器件的工作频率增大。

以三相不对称半桥式电路为例，从该电路结构本身而言可采取单管 PWM 和双管 PWM 两种不同的控制方式。所谓的双管 PWM 控制即同时对每相的上、下开关管加 PWM 调制信号，以实现电路导通的控制。而单管 PWM 控制则只对每相上的一个开关管施加 PWM 控制信号，另一个开关管则始终导通。

如图 7-6 所示，两种方式主要区别在于续流回路不同，双管 PWM 控制时，电机绕组经由回路 1 续流，而单管 PWM 控制时则经由回路 2 续流。采用单管 PWM 控制时，对控制电流脉动大、噪声、损耗都相对较好。

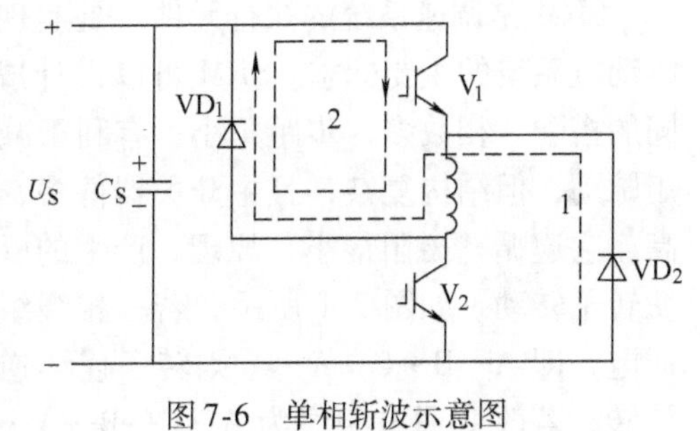

图 7-6　单相斩波示意图

PWM 控制一个突出的优点就是可控性能好。这种控制中有两个可控参数：斩波频率和占空比。一般斩波频率是固定的，通过选择适当频率可以控制相电流的变化率；占空比与相电流最大值之间有较好的线性关系，调节占空比就可以控制相电流的大小，因此在这种控制中相电流的变化率和大小都是可控的，并呈现较好的线性关系；有利于采用 PI 或 PID 调节构成闭环系统，获得较好的动态性。只是在这种控制方式下，由于开关的频繁通断而使得开关损耗有所上升。

电压斩波控制的特点如下：电压斩波控制是通过 PWM 方式调节绕组电压平均值，间接调节和限制过大的绕组电流，既能用于高速运行，又适合于低速运行。其他特点则与电流斩波控制方式相反，适用于转速调节系统，抗负载扰动的动态响应快，缺点是低速运行时转矩脉动较大。

7.3.4　组合控制方式

根据不同的实际应用要求，结合上述控制方式的特点，可选用其中几种控制方式的组合，使 SRM 调速系统可使用多种组合控制方式，以下是两种常用的组合控制方式：

1. 高速角度控制和低速电流斩波控制组合

高速时采用角度控制，低速时采用电流斩波控制，以利于发挥两者的优点。这种控制方法的缺点是在中速时的过渡不容易掌握。因此要注意在两种方式转换时参数的对应关系，避免存在较大的不连续转矩。并且注意两种方式在升速时的转换点和在降速时的转换点之间要有一定回差，一般应使前者略高于后者，一定避免电动机在该速度附近运行时频繁转换。

2. 变角度电压 PWM 控制组合

这种控制方式是靠电压 PWM 调节电动机的转速和转矩。由于 SRM 的特点，所以工作时希望尽量将绕组电流波形置于电感的上升段。但是电流的建立过程和续流消失过程是需要一定时间的，当转速越高时，通电区间对应的时间越短，电流波形滞后的就越多，因此通过调节开关角（一般固定 q_{off}，使 q_{on} 提前）的方法来加以纠正。

在这种工作方式下，转速和转矩的调节范围大，高速和低速均有较好的电动机性能，且不存在两种不同控制方式互相转换的问题，因此越来越多地得到业内普遍采用；其缺点是控制方式的实现稍显复杂。

7.4　开关磁阻电动机调速系统的组成及原理

7.4.1　调速系统的组成

SRM 调速系统主要由四部分组成：SRM、功率电路、控制器和角位移传感器，如图 7-7 所示。

SRM 是调速系统的执行元件，是实现机电能量转换的部件，也是调速系统有别于其他电动机系统的主要标志。SRM 可以设计成多种不同相数结构，且定、转子的极数有多种不同的搭配。相数多，步距角小，有利于减小转矩脉动，但结构复杂，且主开关器件多，成本高，它遵循“磁阻最小”原理，产生的磁拉力使转子转动。如图 7-1 所示，若三相绕组轮流通电，即 A—B—C—A…，则转子连续逆时针旋转，若改变通电相序为 A—C—B—A…，则

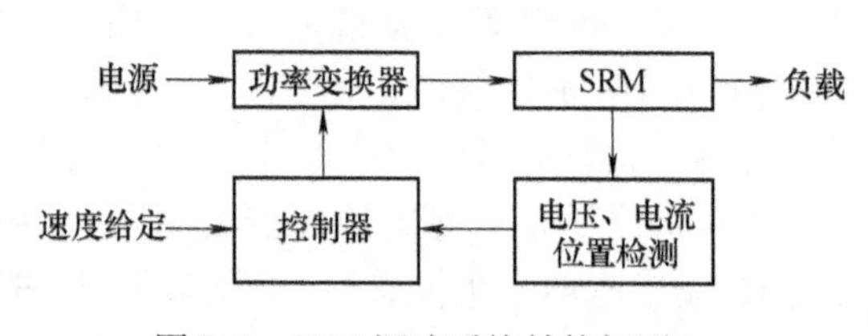

图 7-7　SRM 调速系统结构框图

可使转子顺时针转动；若改变相电流大小，则可改变电机转矩的大小，进而改变转速；若在转子极转离定子极时通电，所产生的电磁转矩与转子旋转方向相反，为制动转矩。由此可知，通过简单地改变控制方式便可改变电机的转向、转矩、转速和工作状态。

功率电路是连接电源和电机绕组的开关部件，它的作用是电动时将电源提供的能量经适当转换后提供给电机，制动时将电机的能量反馈给电源。由于SRM绕组是单向的，使得其功率变换器的主电路不仅简单，而且具有普通交流及无刷直流驱动系统所没有的优点，即相绕组与主开关器件是串联的，因而可预防短路故障。功率变换器的线路有多种形式，并且与SRM的相数、绕组形式等有密切关系。

控制器是SRM系统的中枢，起决策和指挥作用。它综合位置检测器、电流检测器所提供的电动机转子位置、速度和电流等反馈信息及外部输入的指令，然后通过分析处理，决定控制策略，向功率变换器发出一系列执行命令，从而控制SRM的运行状态。它一般包括操作电路、调节器电路、工作逻辑电路、传感器电路、保护电路、信号输出电路、状态显示电路等。

调速系统工作在自同步状态。位置闭环正是开关磁阻电机调速系统的重要标志之一。位置检测器是转子位置及速度等信号的提供者，及时向控制器提供定、转子齿极间实际相对位置的信号和转子运行速度的信号。而转子位置信号是各相主开关器件正确进行逻辑切换的根据。

SRM调速系统具有以下性能特点：

1）SRM结构简单、成本低，其突出的优点是转子上没有任何形式的绕组，因此机械强度极高，可以用于超高速运转（如每分钟上万转）。

2）功率电路简单可靠。其每个功率开关器件均直接与电机绕组相串联，根本上避免了直通短路现象。

3）系统可靠性高。从电机的电磁结构上看，各相绕组和磁路相互独立，当其中一相绕组或控制器的一相发生故障时，只需停止该相工作，电机除了总输出功率能力有所减小外，并无其他妨碍。由此本系统可构成可靠性极高的系统，可以适用于宇航等特殊场合。

4）效率高，损耗小。一方面电机转子不存在绕组铜损耗，另一方面电机可控参数多，灵活方便，易于在宽转速范围和不同负载下实现高效优化控制。

5）高起动转矩，低起动电流。这是本系统的一大特点。典型产品的数据是：起动电流为15%额定电流时获得100%额定转矩的起动转矩。对比其他调速系统的起动特性，如直流电动机为100%电流，获得100%转矩；笼型异步电动机为300%电流，获得100%转矩。系统的这一优点可以延伸到低速运行段，十分适合那些需要重载起动和较长时间低速重载运行的机械，如电动车辆等。

6）可控参数多，调整性能好。控制SRM的主要运行参数至少有4种：导通角、关断角、相电流幅值和相绕组电压等。采用不同的控制方法和参数值，既可使之运行于最佳状态（转矩最大、效率最高、转矩脉动最小等），还可使之实现不同的功能和特定的特性曲线，如四象限运行能力，并具有高起动转矩和串励电动机的负载能力曲线，如图7-8所示。

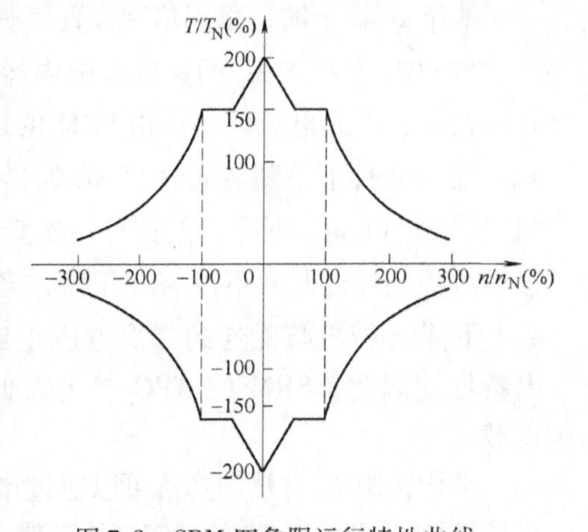

图7-8　SRM四象限运行特性曲线

7.4.2　调速系统控制策略选择

对于给定的SRM，在最高外施电压 U_s、允许的最大磁链 ψ_{max} 与最大电流 i_{max} 条件下，存在一个临界角速度 ω_b，它是SRM能得到最大转矩的最高角速度。这一临界角速度 ω_b 称为“基速”。显然，基速 ω_b 也就是SRM能得到最大电磁功率的最低角速度。

根据SRM的基本运行原理可知，通过控制SRM相绕组的励磁顺序和励磁电流的区域，可实现电机的正转、反转、电动及制动等功能；通过调节励磁绕组电流的大小及其在电感变化区的通电角度来调节SRM的电磁转矩，可达到调节SRM转速的目的。

通常将 ω_b（最大功率下的最低转速）和 ω_{sc}（最大功率下的最高转速）定义为“第一临界速度”和“第二临界速度”，如图7-9所示。在以 ω_b 和 ω_{sc} 为边界的不同区域内，采用不同的控制方式，给出控制变量（U_s、I_{ref}、θ_{on}、θ_{off}）的不同组合，便能得到满足不同需要的机械特性。

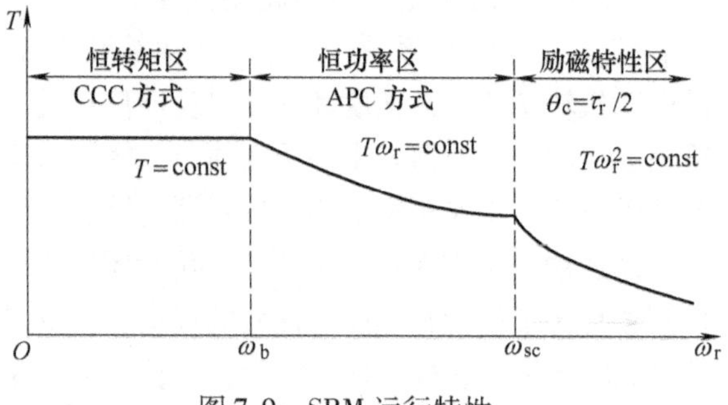

图7-9　SRM运行特性

1. 小于基速 ω_b 区间

当电机运行于基速 ω_b 以下时，采用电流斩波控制（CCC），输出恒转矩特性。由SRM的运行特性可知，当SRM在低于 ω_b 的速度范围内运行时，最大磁通 ψ_{max} 与最大电流 i_{max} 随角速度 ω_r 的降低而增大，为限制 ψ_{max} 与 i_{max} 不超过允许值，应调节外加电压 U_s、开通角 θ_{on} 和关断角 θ_{off} 这三个可控变量。人们采取的是通过斩波控制电压 U_s，用电流限值 i_{max} 调制外加电压 U_s 加在导通相绕组上的有效时间宽度来改变外加电压的有效值，进而控制输出转矩变化。实际上，在负载转矩不变的条件下，调节 U_s 占空比的大小，ω_r 将随 U_s 有效值的变化而变化。而相电流波形除频率变化外，其大小、形状与 θ_{on} 和 θ_{off} 有关。因此，SRM在调压、调速时的运行特性像直流电动机一样，自然地给出了恒转矩的转速控制。

2. 基速 ω_b 与 ω_{sc} 之间

基速 ω_b 以上时，采用角度位置控制（Angle Position Control，APC），输出恒功率特性。

当SRM在高于 ω_b 的速度范围内运行时，因旋转电动势较大，且各相主开关器件导通时间较短，因此电流较小。由SRM的运行特性可知，在外加电压 U_s、导通角 θ_{on} 和关断角 θ_{off} 一定的条件下，随着角速度 ω_r 的增加，磁通链 ψ 或电流 i 将以 ω_r^{-1} 下降，转矩 T_{av} 则“自然”地以 ω_r^{-1} 下降，但这种自然降落可通过按比例地增大导通角 $\theta_c=\theta_{off}-\theta_{on}$ 来补偿，这样可控制导通时间不以 ω_r^{-1} 下降。若做到使磁通以 $\omega_r^{-1/2}$ 下降，则转矩将受控制地随 ω_r^{-1} 下降（转矩与磁通的二次方成正比），即可在一个较宽的速度范围内得到恒功率输出特性。因此，SRM的APC方式类似于直流电动机中减弱磁场的控制，适合恒功率负载。

平均转矩 T_{av} 自然的降落可以通过增大导通角 θ_c 来补偿，但导通角的增大是有极限的，当导通角 θ_{on} 和关断角 θ_{off} 已调到极限值，没有进一步调节的余地时，SRM将回复到对应的自然机械特性上运行，转矩不再随转速的下降而下降，而是与转速的二次方成反比，即呈串励特性运行，导通角增加到极限所对应的运行角速度。ω_{sc}是 APC 方式的上限。

7.5　开关磁阻电动机调速系统仿真

SRM 调速系统采用典型的双闭环控制。外环为速度环，内环为电流环，控制系统原理框图如图 7-10 所示。

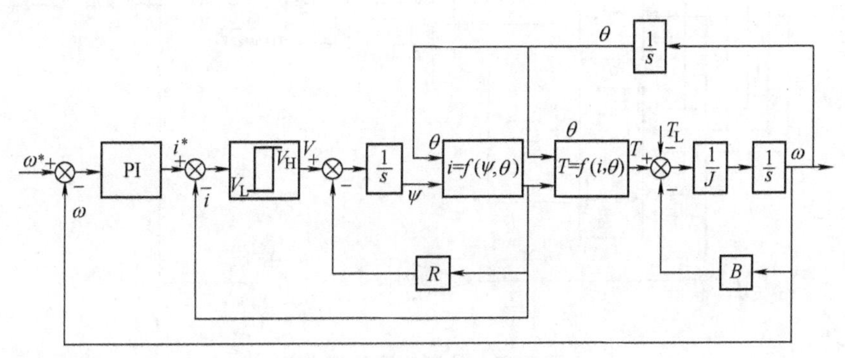

图 7-10　SRM 调速系统原理框图

7.5.1　电流斩波控制（CCC）方式的仿真

CCC 方式下开关磁阻电机调速系统仿真模型如图 7-11 所示，其子模块如图 7-12 所示。控制系统中，PI 控制器的输入为转速给定值与反馈值之差，输出为斩波的参考电流 i_s。仿真系统采用双闭环控制：转速环由 PI 控制器构成，电流环由滞环调节器构成。子模块中，Us、θ1、θ2 分别为直流电源导通角、关断角。

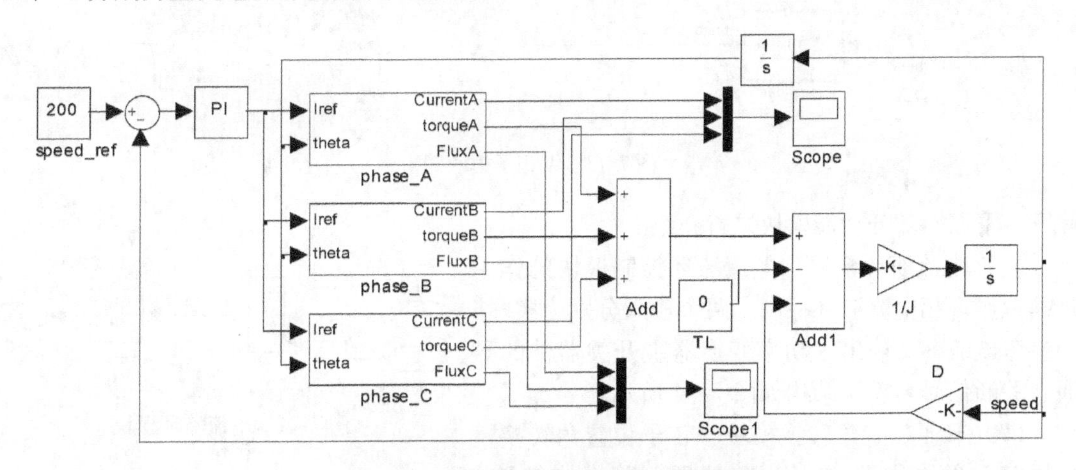

图 7-11　电流斩波控制方式系统仿真模型

子模块中，A、B、C 三相模块除了在转子位置角转换上有所区别外，其余模块搭建方式完全相同。这里以 A 相为例说明一相仿真模块的结构，其结构如图 7-13 所示。

该子模块主要包括以下功能：电流滞环控制、功率变换、转子位置角转换、电流及转矩

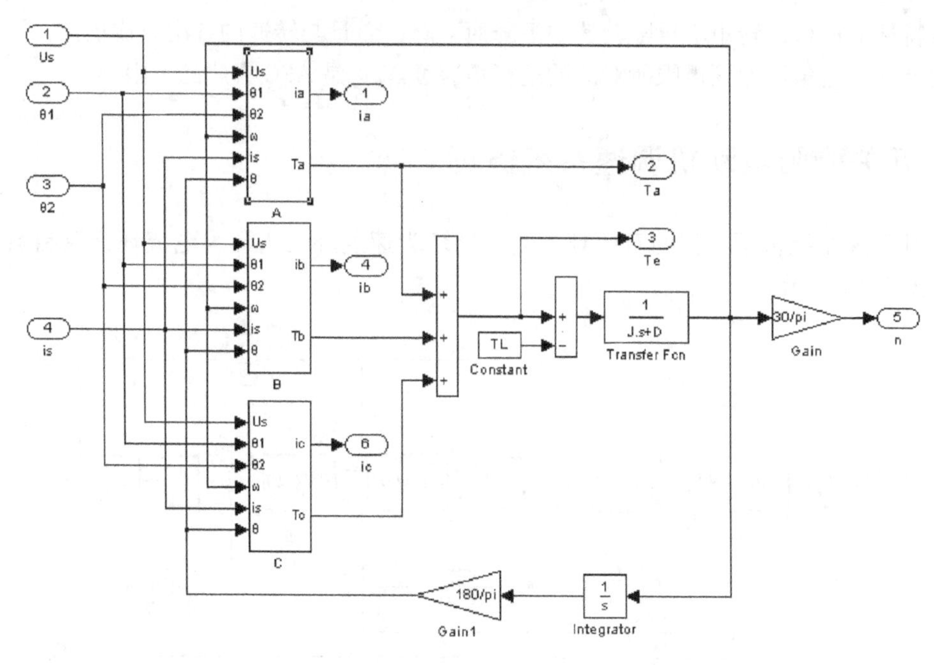

图 7-12　控制系统子模块图

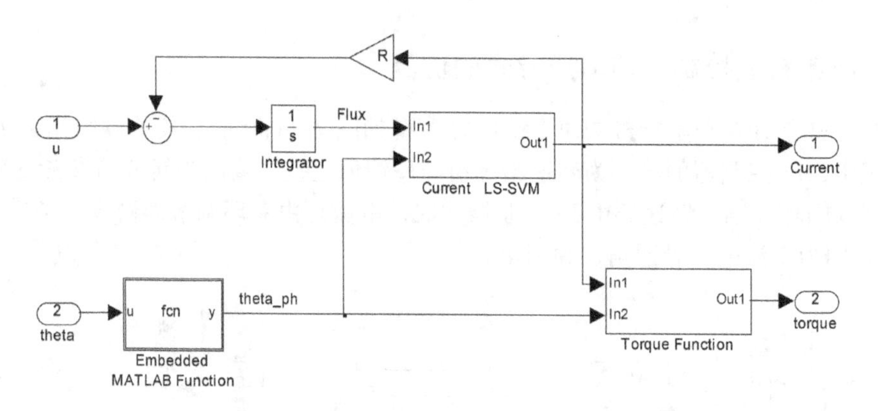

图 7-13　A 相子模块图

计算。下面对部分功能模块进行介绍。

（1）电流滞环模块　电流滞环控制模块的作用是模拟实现相电流滞环控制。两个输入分别为实际 i 和参考电流 is，输出为功率变换器主开关器件的导通、关断信号。模块结构如图 7-14 所示。

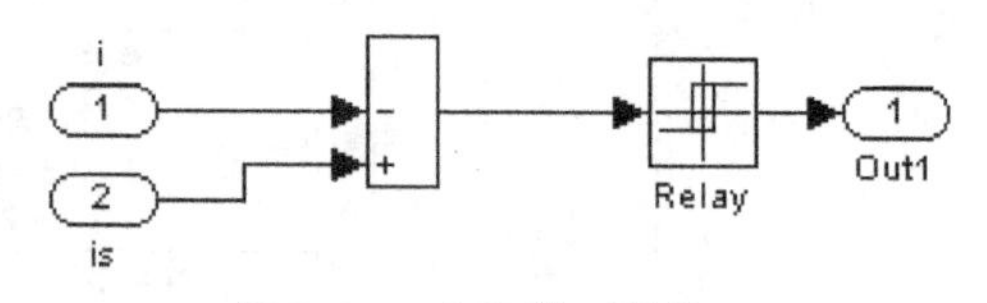

图 7-14　电流滞环模块

（2）转子位置角转换模块　转子位置角转换模块用来计算各相的转子当前位置，其模块结构如图 7-15所示。模块的输入为转子转过的总位置角，输出为当前转子的相对位置角。其中，“Constant”为初始相位；“Constant1”为 q_r，此处为 45°；“Math Function”将转子位置角折算在 0° ~ q_r 之间。B、C

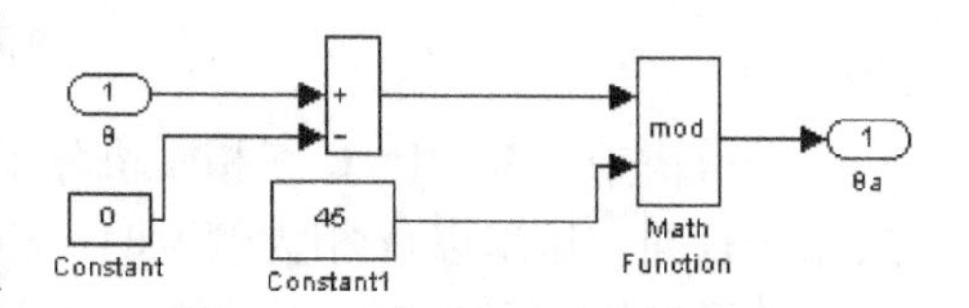

图 7-15　位置角转换模块

两相仿真模型与A相的不同之处在于SRM各相相位依次相差一定角度，在A、B、C三相中“Constant”的值分别为0、15、30，表示A、B、C三相的初始相位分别为0°、15°、30°。

(3) 电流计算模块 模块结构如图7-16所示。

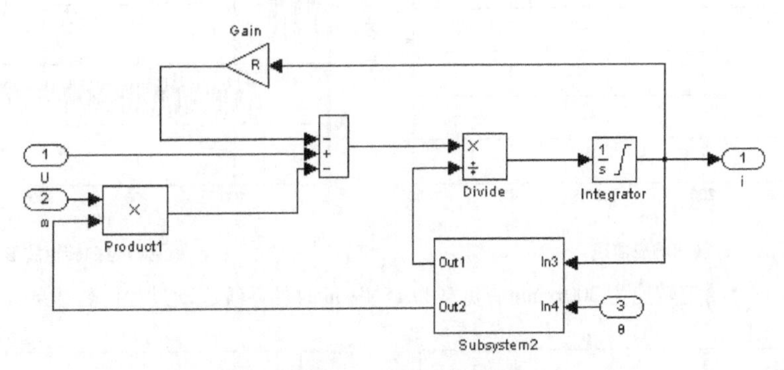

图7-16 电流计算模块

电流计算模块输入分别为相绕组电压（即功率变换器的输出)、转速、转子相对位置（即转子位置角转换模块的输出)，输出为相电流。其中电流计算模块所依据的数学表达式为

$$\begin{cases}\dfrac{\partial\psi}{\partial i}=\dfrac{\psi(i+\Delta i,\theta)-\psi(i,\theta)}{\Delta i}\\[2ex]\dfrac{\partial\psi}{\partial\theta}=\dfrac{\psi(i,\theta+\Delta\theta)-\psi(i,\theta)}{\Delta\theta}\end{cases}\tag{7-24}$$

电流斩波控制方式仿真系统采用如下参数：三相12/8结构SRM，定子相电阻$R=0.36\Omega$，系统转动惯量$J=0.015\mathrm{kg\cdot m^2}$；电动机系统黏性摩擦系数$K_\omega=0.0002\mathrm{N\cdot s/rad}$，额定功率$P=15\mathrm{kW}$，额定转速为1500r/min，直流电压$U_s=550\mathrm{V}$。

分别对负载15N·m、给定转速300r/min和负载10N·m、给定转速500r/min两种工况下系统的起动过程进行仿真，波形如图7-17和图7-18所示。由仿真结果可以看出，系统具有速度响应快、转矩有脉动等特点。在电流斩波控制方案中，相电流顶部呈现锯齿状，随着相电流的波动，相转矩也相应地产生脉动。对比图7-17和图7-18，在第一种工况下，负载较大，给定转速较小；两者的转速超调量都很小，第二种工况的速度超调量要大些。

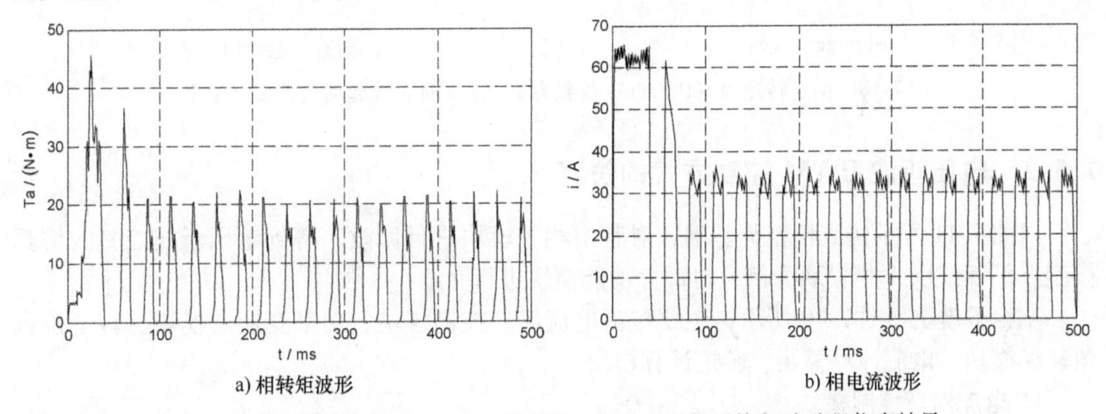

a) 相转矩波形 b) 相电流波形

图7-17 给定转速为300r/min、负载为15N·m时的系统起动过程仿真结果

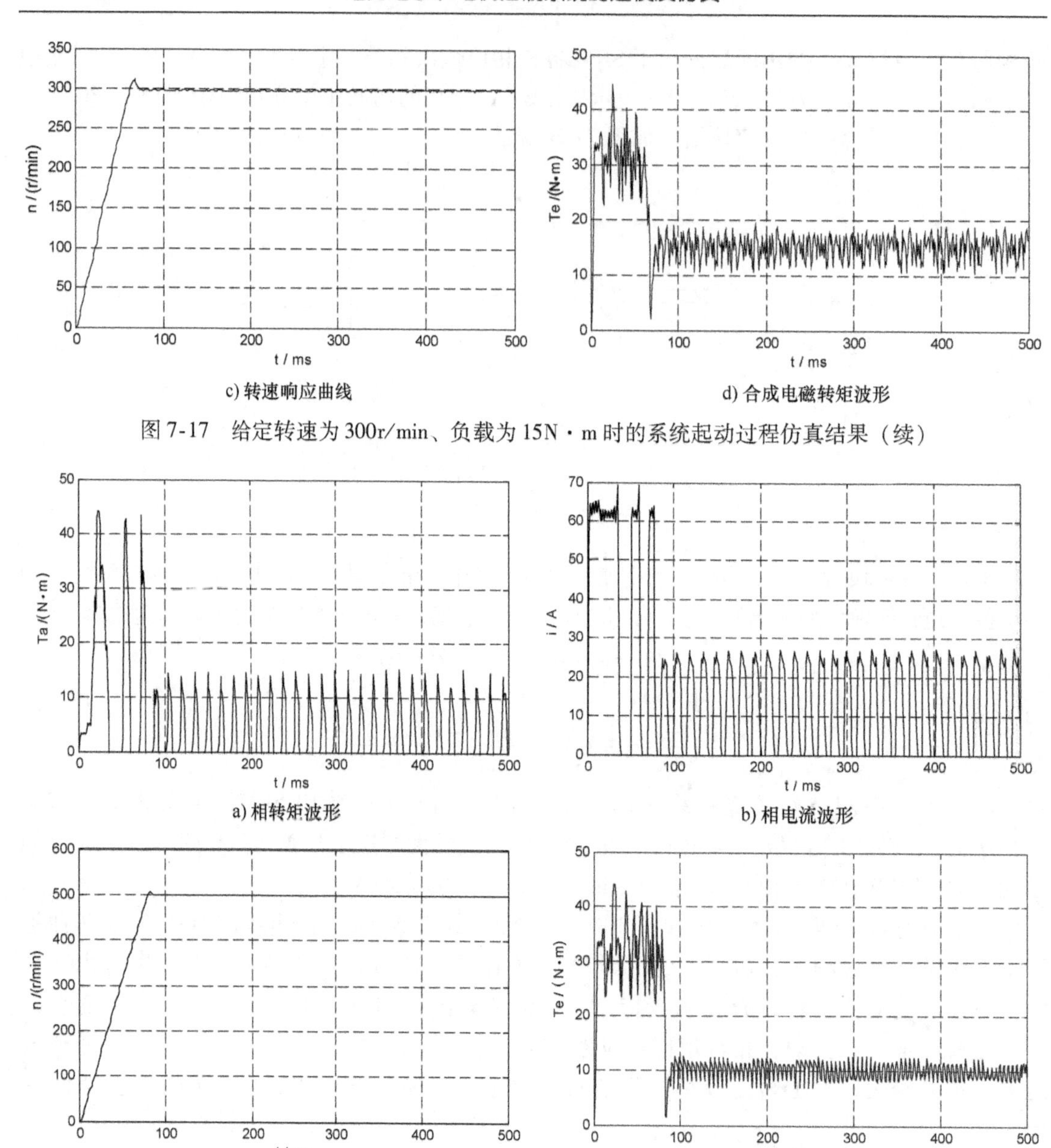

c) 转速响应曲线　　d) 合成电磁转矩波形

图 7-17　给定转速为 300r/min、负载为 15N · m 时的系统起动过程仿真结果（续）

a) 相转矩波形　　b) 相电流波形

c) 转速响应曲线　　d) 合成电磁转矩波形

图 7-18　给定转速为 500r/min、负载为 10N · m 时系统起动过程仿真结果

7.5.2　电压斩波 PWM 控制方式的仿真

以图 7-11 所示仿真模型为基础，对其中相关模块进行修改，得到电压斩波控制的仿真模型。下面仅以 A 相模块为例，对部分功能模块进行介绍。

A 相子模块如图 7-19 所示，主要包括电流滞环控制模块、功率变换器模块、转子位置角转换模块、电流计算模块、转矩计算模块。

1. 电流滞环控制模块

电流滞环控制模块的作用是模拟实现相电流滞环控制。两个输入分别为实际电流 i 和参

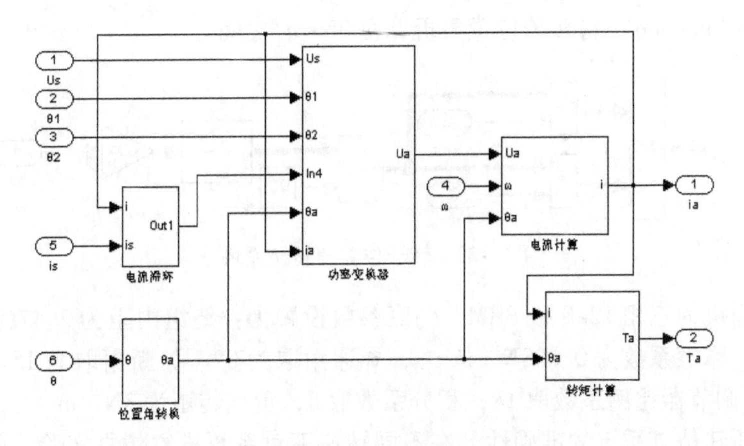

图 7-19　A 相子模块图

考电流 i_s，输出为功率变换器主开关器件的导通、关断信号。

2. 功率变换模块

功率变换模块根据不对称半桥结构的主电路的数学模型建立，如图 7-20 所示。以 A 相为例（见图 7-3），每相有两个主开关管（即主开关器件）VD1、VD2。其中，上、下两只主开关管是同时导通和关断的。当 V1、V2 导通时，VD1、VD2 截止，外加电源 U_s 加至 A 相绕组两端，产生相电流 i_a；当 V1、V2 关断时，VD1、VD2 正向导通，i_a 通过 VD1、VD2 及储能电容 C 续流，C 将吸收 A 相绕组的部分磁场能量。图 7-21 给出了功率变换模块所含的子模块图。

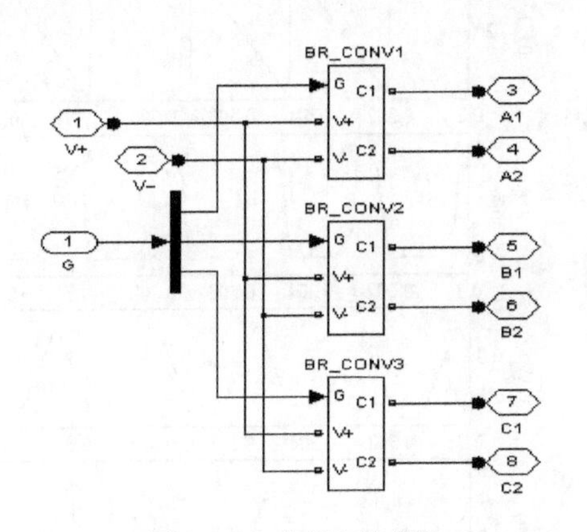

图 7-20　功率变换模块

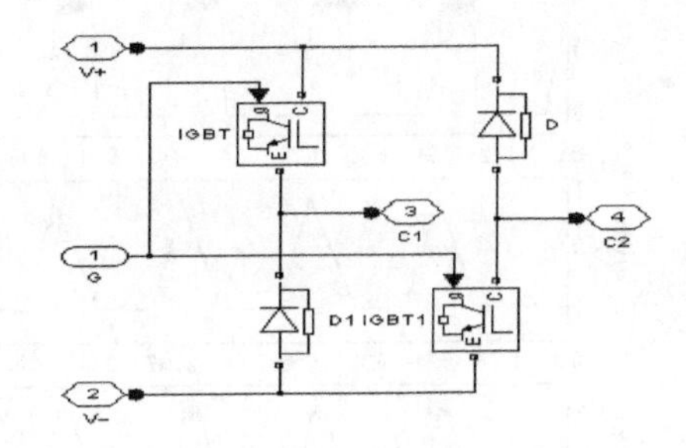

图 7-21　功率变换半桥模块

由于主开关管的额定电压与电动机绕组的额定电压近似相等，所以这种线路用足了主开关管的额定电压，有效的全部电源电压可用来控制相绕组电流；同时，由于每相绕组接至各自的不对称半桥，在电路上，相与相之间是完全独立的，故这种结构对绕组相数没有任何限制。

3. 转子位置角转换模块

转子位置角转换模块用来计算各相的转子当前位置，其模块结构如图 7-22 所示。模块的输入为转子转过的总位置角度，输出为当前转子的相对位置角。其中，初始相位为 0°；

$q_r=90°$；“Math Function”将转子位置角折算在 $0°\sim q_r$ 之间。

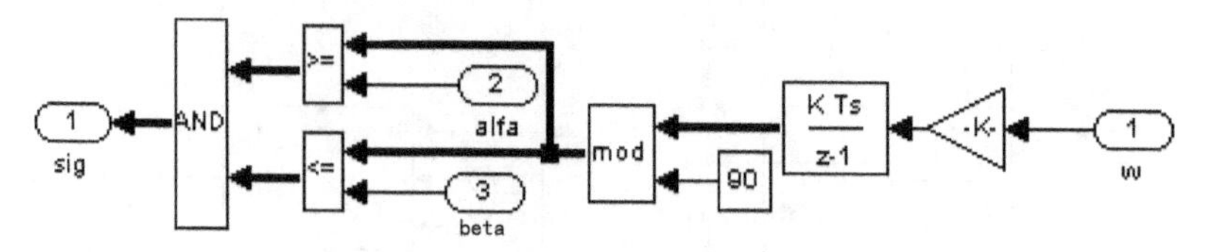

图 7-22　转子位置角转换模块

本节仿真样机为三相 12/8 极 SRM。仿真参数设置为：绕组内阻为 2.47Ω，转动惯量为 0.0082kg · m²，摩擦系数为 0.008N · m · s，导通角取为 0°，关断角取为 15°，电流滞环宽度为 0.4A，PI 调节器比例系数取 18，积分系数取 6，负载转矩为 3N · m。

为了验证所建仿真系统的准确性，在不同转速下对系统进行仿真实验。图 7-23 是转速为 200r/min 时 A 相的位置、电流、磁链和相转矩的仿真波形，图 7-24 是转速为 3000r/min 时相应的仿真波形。从图中可以看出，当电机低速运行时，相绕组电流上升快，为了避免较大的峰值电流，电流滞环控制器起到主要调节作用，使电流峰值限制在给定的上、下限之间，同时由于电路工作于斩波状态，电源电压断续地加在相绕组上，所以磁链不是线性上升。当电机高速运行时，相电流从开通角处开始快速上升，在最小电感区附近达到最大值，当超过指定电流幅值时，滞环电流控制器起调节作用，随后由于电感的不断增大和运动电动势的影响，电流逐渐下降；在相绕组导通角期间，由于相电压变化较小，所以磁链线性增加到最大值，续流阶段由于电压为负，磁链线性减小到零。

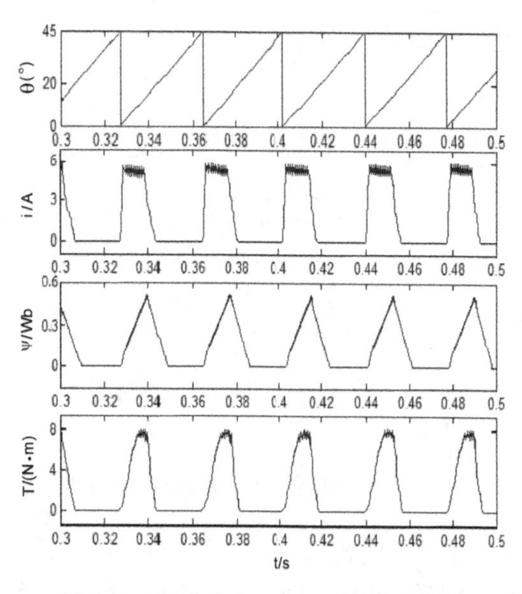

图 7-23　转速为 200r/min 时的仿真结果

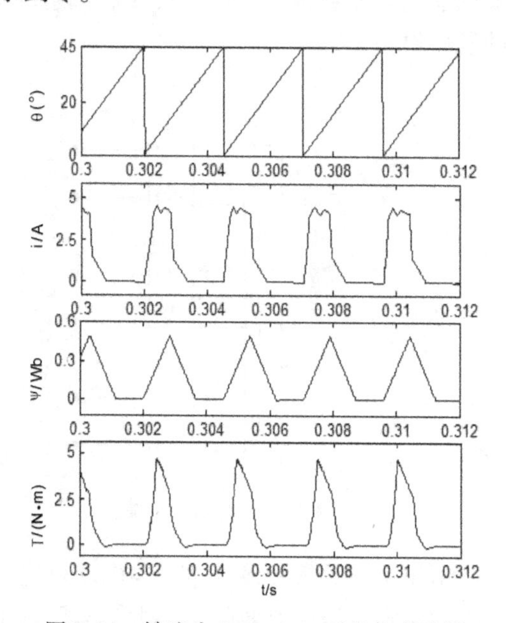

图 7-24　转速为 3000r/min 时的仿真结果

第 8 章　永磁同步电动机调速系统及仿真

8.1　永磁同步电动机简介

永磁同步电动机（Permanent Magnet Synchronous Motor，PMSM）早在 19 世纪就发明问世，然而在早期，由于低性能永磁材料的阻碍，使得永磁同步电动机没有得到广泛应用，直到高磁能永磁材料的出现，国内外学者才开始研究高性能的永磁同步电动机。20 世纪 80 年代初期，永磁同步电动机就因高效率和高功率因数得到学者和研究人员的密切关注。

随着稀土永磁材料性能的逐渐提升，新一代的钕铁硼材料已比 19 世纪的磁钢材料的性能高出一百多倍，使得永磁同步电动机向着更小、更轻化发展。

与异步电动机比较，永磁同步电动机有如下特点：

1）永磁同步电动机中由于没有励磁损耗，因此功率因数比电励磁的异步电动机有很大的提高。

2）由于永磁同步电动机的机械特性较硬，因此抗转矩扰动效果强。

3）在调速控制方面更为宽泛，转子惯量小，功率密度高。

8.1.1　永磁同步电动机的分类

永磁同步电动机的永磁体形状及安装方式对其运行性能、控制策略和适用场合有着巨大的影响。按永磁体在转子上位置的不同，PMSM 转子磁路结构可分为表贴式（Surface Permanent Magnet，SPM）和内置式（Interior Permanent Magnet，IPM）两种。

表贴式转子磁路结构下，永磁体呈瓦片形安装于转子铁心的外表面上，磁通方向为径向。SPM 又分为凸出式和嵌入式两种。凸出式 SPM 多应用于小功率场合；与之相比，嵌入式 SPM 除使用励磁转矩外，还可充分利用由于转子磁路不对称所产生的磁阻转矩，进一步提高电机的功率密度。

内置式转子磁路结构下，永磁体位于转子内部，励磁方向按转子径向、切向或两者复合的方式排布，其特有的极靴结构使电机的动、稳态性能良好。由于永磁体嵌入转子内部，高速运转时可避免永磁体飞出，可靠性和安全性更高。与表帖式 SPM 结构相比，IPM 所产生的磁阻转矩更大，且容易实现恒功率区“弱磁”扩速。该结构简单坚固、电磁转矩大、脉动小，适用于混合动力电动汽车的电驱动系统中。

8.1.2　永磁同步电动机的基本控制策略

伴随着电力电子技术的飞速发展，交流调速技术日趋成熟，目前永磁同步电动机的基本控制策略有如下三种：

（1）恒压频比控制（VVVF）　这种控制方法是一种开环控制，它通过控制调制器产生的输出电压，使电机按照指定的电压和频率运行。这种方法的控制思想很简单，但是动态性能不是很理想，所以在精度要求不高的场合下还是适用的。

（2）矢量控制（FOC）　与恒压频比控制不同，矢量控制的基本思想是在旋转坐标变换和电机的转矩方程的基础上，用类似于直流电机的控制方法来控制电机的转矩。在实施控制时，独立控制电机定子电流的幅值与相位，保证定子三相电流所形成的正弦波磁动势与永磁体基波励磁磁场保持正交，即为磁场定向的矢量控制。这种控制方法关键要控制定子电流的幅值和空间位置，然而电机通入的是三相交流电流，三相绕组间强耦合，同时又与转子磁场耦合，因此必须要依靠复杂的坐标变换，导致控制系统相对复杂。

（3）直接转矩控制（DTC）　1985 年德国鲁尔大学 Dpenbrock 教授第一次提出了直接转矩控制理论，由于它没有矢量控制复杂，所以很快受到国内外学者的关注。它的基本思想是保持定子磁链的幅值恒定，通过改变定子磁链与转子磁链间的转差角来调节转矩的大小，进而达到调速的目的。

8.2　永磁同步电动机矢量控制系统

8.2.1　坐标变换原理

PMSM 矢量控制中主要用到三种坐标变换，实现坐标变换需遵循幅值守恒或功率守恒的等效原则。坐标系分两类，一类是静止坐标系，其固定在电机定子上，如 A-B-C 坐标系和 α-β 坐标系；另一类是旋转坐标系，固定在转子上，即 d-q 坐标系。它们在空间相对位置关系如图 8-1 所示。

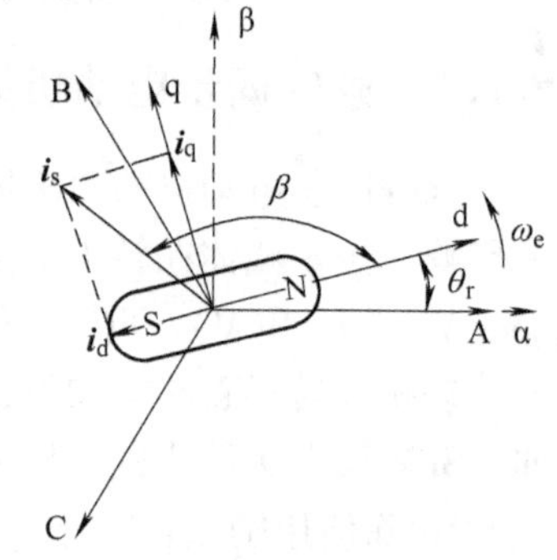

图 8-1　永磁同步电机空间矢量图

A-B-C 坐标系为空间互差 120°的三相绕组轴线。α-β 坐标系中，α 轴和 A 轴重合，β 轴逆时针超前 α 轴 90°电角度。d-q 坐标系中 d 轴与转子 N 极重合，q 轴逆时针超前 d 轴 90°电角度，该坐标系与转子同步旋转。Clarke 变换是将 A-B-C 坐标系向 α-β 坐标系转换；Park 变换是将 α-β 坐标系向 d-q 坐标系转换；反之为 Park 逆变换。其变换公式如下：

（1）Clarke 变换

$$\begin{bmatrix} i_\alpha \\ i_\beta \end{bmatrix} = \sqrt{\frac{2}{3}} \begin{bmatrix} 1 & -\frac{1}{2} & -\frac{1}{2} \\ 0 & \frac{\sqrt{3}}{2} & -\frac{\sqrt{3}}{2} \end{bmatrix} \begin{bmatrix} i_a \\ i_b \\ i_c \end{bmatrix} \tag{8-1}$$

（2）Park 变换及其逆变换

$$\begin{bmatrix} i_d \\ i_q \end{bmatrix} = \begin{bmatrix} \cos\theta_r & \sin\theta_r \\ -\sin\theta_r & \cos\theta_r \end{bmatrix} \begin{bmatrix} i_\alpha \\ i_\beta \end{bmatrix} \tag{8-2}$$

$$\begin{bmatrix} i_\alpha \\ i_\beta \end{bmatrix} = \begin{bmatrix} \cos\theta_r & -\sin\theta_r \\ \sin\theta_r & \cos\theta_r \end{bmatrix} \begin{bmatrix} i_d \\ i_q \end{bmatrix} \tag{8-3}$$

8.2.2　永磁同步电动机的数学模型及基本方程

永磁同步电动机的数学模型是实现矢量控制的基础，为简化数学分析过程，做出如下假设：定子绕组电流为三相对称正弦波，忽略其高次谐波、铁心饱和、涡流和磁滞损耗及温度对电机参数的影响、转子无阻尼绕组、相绕组中感应电动势为正弦。则在 d-q 坐标系下 PMSM 数学模型可表示如下：

（1）电压方程

$$\begin{cases} u_d = R_s i_d + \dfrac{d}{dt}\psi_d - \omega_e \psi_q \\ u_q = R_s i_q + \dfrac{d}{dt}\psi_q + \omega_e \psi_d \end{cases} \tag{8-4}$$

（2）磁链方程

$$\begin{cases} \psi_d = L_d i_d + \psi_f \\ \psi_q = L_q i_q \end{cases} \tag{8-5}$$

（3）电磁转矩方程

$$T_e = p(\psi_d i_q - \psi_q i_d) \tag{8-6}$$

（4）机械运动方程

$$\frac{J}{p}\frac{d\omega_e}{dt} = T_e - T_L \tag{8-7}$$

式中，u_{dq}、i_{dq}、ψ_d、ψ_q 为定子电压、电流、磁链的 dq 轴分量；L_d、L_q 为定子绕组 dq 轴电感；R_s 为定子电阻；ψ_f 为转子永磁体磁链；T_e 为电机电磁转矩；T_L 为负载转矩；J 为转动惯量；p 为电机极对数；ω_e 为转子电角速度。

将式（8-5）代入式（8-6），可得

$$T_e = p[\psi_f i_q + (L_d - L_q) i_d i_q] \tag{8-8}$$

由式（8-8）可发现，T_e 由励磁转矩和磁阻转矩两部分组成。对于表面凸出式 PMSM，转子磁路对称即 $L_d = L_q$，磁阻转矩为零，则电磁转矩与 i_q 成正比；对于凸极式 PMSM，一般 $L_d < L_q$，可灵活有效地利用磁阻转矩以实现最优控制。

8.2.3　永磁同步电动机的矢量控制原理

矢量控制的本质即是对电机定子电流矢量 $\boldsymbol{i}_s$ 幅值和相位的控制。通过矢量变换实现 i_d、i_q 解耦控制（见图 8-1）以达到改善电机转矩、转速控制性能的目的。

1. 矢量控制系统结构组成

图 8-2 为 PMSM 矢量控制系统采用转速、电流双闭环结构基本框图。该系统中，旋转变压器实时检测转子磁极位置，其反馈波形通过解码芯片得到转子的绝对位置和电机的实际转速，速度参考与速度反馈的差值经 ASR 调节得电流环 dq 轴电流给定；电流传感器检测到的相电流经 Clarke 和 Park 变换，得到反馈定子电流 i_q、i_d；电流环给定和反馈差值经 ACR 和 Park 逆变换获得 α-β 坐标系下电压给定，再通过 SVPWM 技术产生期望的门极 PWM 信号给逆变器。由式（8-8）可知，当电机参数确定后，电磁转矩仅与 i_d、i_q 有关，通过对 i_d 和 i_q 的独立控制便可实现对 PMSM 转矩的精确控制。

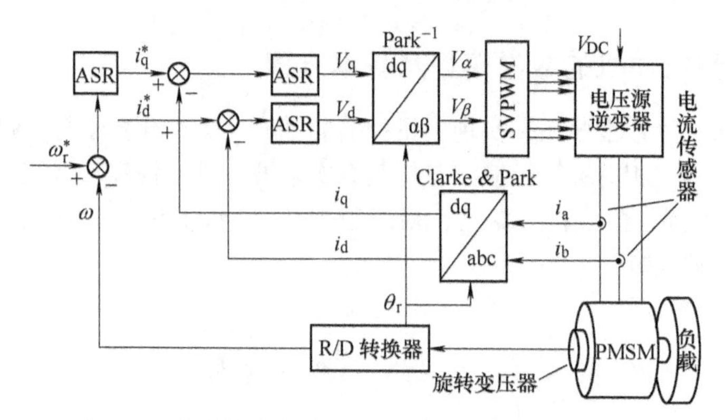

图 8-2　永磁同步电动机的矢量控制系统的基本结构

2. 电动机运行约束条件

如上所述，矢量控制的对象是定子电流 $\boldsymbol{i}_s$ 在 dq 轴下的分量，但其控制要受到逆变器及电源的双重制约。

（1）电压约束条件　PMSM 定子电压矢量 $\boldsymbol{U}_s$ 的幅值要受到逆变器直流侧电压的限制，设电机定子相电压的极限值为 u_{lim}，则有

$$u_d^2 + u_q^2 \leqslant u_{lim}^2 \tag{8-9}$$

将式（8-4）、式（8-5）简化后带入式（8-9），忽略定子绕组上压降，可以推出

$$(i_d + \psi_f/L_d)^2 + (L_q/L_d)^2 i_q^2 \leqslant (u_{lim}/L_d\omega_e)^2 \tag{8-10}$$

式（8-10）表明，电机每一个转速对应着 d-q 坐标系下的一个以（$-\psi_f/L_d$，0）为圆心的椭圆，随着转速的增加，椭圆逐渐收缩，如图 8-3 所示。电压极限椭圆主要约束电机恒功率区的运行。

（2）电流约束条件　PMSM 定子电流矢量 $\boldsymbol{i}_s$ 要受到电机发热量和逆变器允许流过最大电流的限制。将各电流约束中的最小值设为 i_{lim}，则有

$$|\boldsymbol{i}_s| = \sqrt{i_d^{\ 2} + i_q^2} \leqslant i_{lim} \tag{8-11}$$

对应着 d-q 坐标系下的一个以（0，0）为圆心的电流极限圆，如图 8-3 所示，其主要约束电机恒转矩区，即制约电机的最大转矩输出能力。

电机运行时，定子电流矢量需同时满足电压极限椭圆和电流极限圆的约束，且随着转速的升高，电流矢量的控制范围逐渐缩小，控制难度加大。

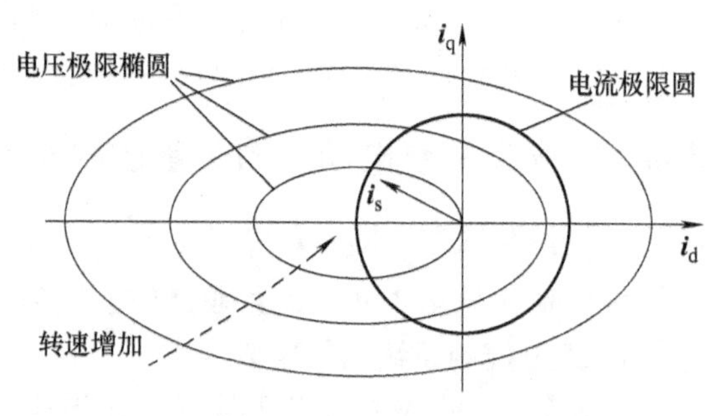

图 8-3　电流极限圆和电压极限椭圆

3. 电机定子电流最优控制

（1）最大转矩电流比（MTPA）控制　在矢量控制中，对于每一个给定的 T_e，i_d、i_q 都有无穷多组选择，这些不同选择便构成了恒转矩曲线。恒转矩轨迹上距坐标原点最近的点，表明产生该转矩时所需最小的电流矢量。把满足这一条件的点连接起来便形成了永磁同步电动机的最大转矩电流比轨迹，如图 8-4 所示。MTPA 控制策略可将电机、逆变器乃至整个系统的损耗降至最低，从而提高电机效率。

MTPA控制时，应对电机的转矩求电流的极小值，再根据$|\boldsymbol{i}_s| = \sqrt{i_d^2 + i_q^2}$，结合式（8-8），可推出MTPA控制方式下$i_d$和$i_q$的关系为

$$i_d = \frac{\psi_f}{2(L_d - L_q)} - \sqrt{\frac{\psi_f^2}{4(L_q - L_d)^2} + i_q^2} \tag{8-12}$$

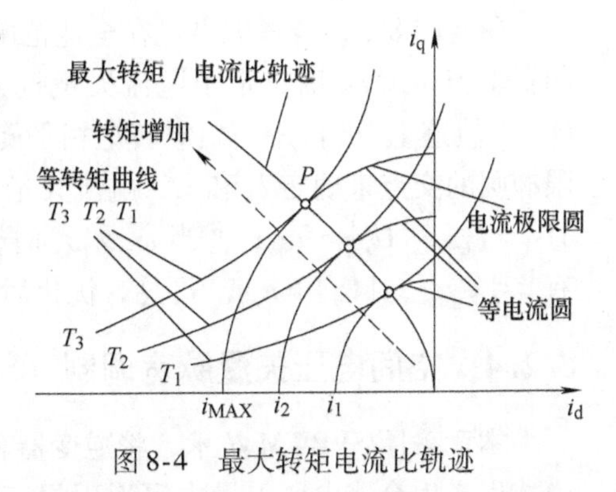

图8-4　最大转矩电流比轨迹

将式（8-12）代入式（8-8），得到

$$\begin{cases} i_q^* = f_1(T_e^*) \\ i_d^* = f_2(T_e^*) \end{cases} \tag{8-13}$$

对任一给定T_e，按式（8-13）求出最小电流的两个分量作为电流控制指令值，即可实现电机的MTPA控制。

（2）弱磁（FW）控制　当电机输入电压达逆变器的极限时，若想继续提高转速就需通过增加定子直轴去磁电流分量来维持高速下的电压平衡，这便是弱磁控制的本质。

图8-5中，A点是MTPA轨迹与电流极限圆、转速ω_1对应的电压极限椭圆的交点，设定该点对应的转矩为T_0，当电机以恒定最大转矩T_0运行到达转速ω_1时，电压和电流均达到极限值，这一转速即为由恒转矩区向恒功率区过渡的转折速度。转速进一步升高至ω_2（$\omega_2 > \omega_1$）时，MTPA轨迹与电压极限椭圆交于B点，对应的转矩为T_1（$T_1 < T_0$）。若此时定子电流矢量偏离MTPA轨迹由B点移至C点，电机便可输出该转速下的最大转矩T_2。以此类推，弱磁控制策略的轨迹即为一系列电流极限圆与电压极限椭圆交点的连线。随着d轴定子电流的不断增加，通过弱磁提高了电机超过转折速度运行时的输出功率。

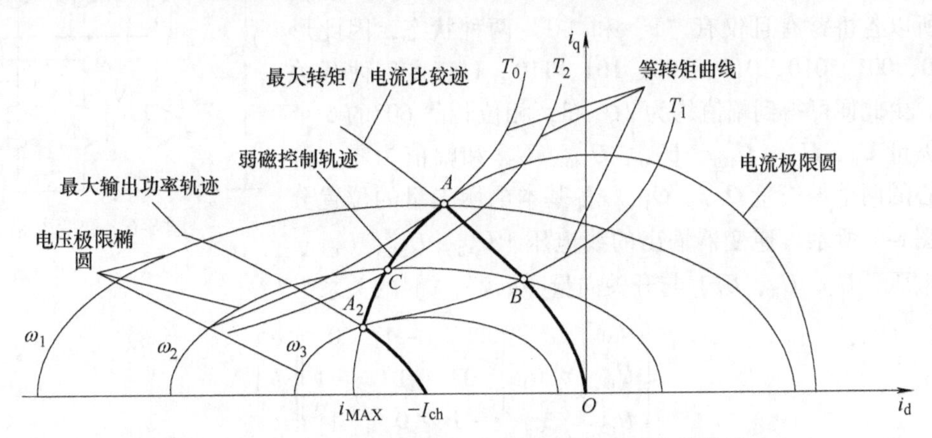

图8-5　弱磁控制和最大输出功率控制下的电流矢量轨迹

4. 最大输出功率控制

若在恒功率区需满足电机输出功率最大的要求，则可使i_d、i_q按最大功率输出轨迹控制。如图8-5所示，该轨迹与电流极限圆交于A_2点，该点对应转速为ω_3，超过该转速后，定子电流矢量将向极限运行点M（$-\psi_f/L_d$，0）逼近。若满足$\psi_f/L_d < i_{lim}$，则理论上电机转速可达无穷大；若$\psi_f/L_d > i_{lim}$，则最大输出功率轨迹将落在电流极限圆外，该控制的条件不具备，电机可以达理想最高转速为$u_{lim}/(\psi_f - L_d i_{lim})$，此时电机输出功率变为零。

参看图 8-5，若考虑电机在全速范围内运行，应按以下方法对定子电流矢量实现最佳控制：①当 $\omega_e \leqslant \omega_1$ 时，定子电流矢量按 A 点进行控制，有 $|\boldsymbol{i}_s| = i_{\lim}$，$|\boldsymbol{U}_s| \leqslant u_{\lim}$，稳态落回 MTPA 轨迹上 OA 段中与负载转矩相平衡的点；②当 $\omega_1 < \omega_r \leqslant \omega_3$ 时，按电流极限圆与电压极限椭圆的交点来确定 i_d 和 i_q，电流矢量随着转速的升高沿电流极限圆由 A 点移至 A_2 点，有 $|\boldsymbol{i}_s| = i_{\lim}$，$|\boldsymbol{U}_s| = u_{\lim}$；③当 $\omega_r > \omega_3$ 时，电流矢量沿最大功率输出轨迹由 A_2 点移至 M 点，有 $|\boldsymbol{i}_s| \leqslant i_{\lim}$，$|\boldsymbol{U}_s| = u_{\lim}$。可见，优化后可明显改善电机动态品质和稳态性能。

8.2.4　空间电压矢量脉宽调制（SVPWM）技术

本章采用 SVPWM 技术，将逆变器和电机视为一个整体，着眼于如何控制逆变器的开关模式以产生合成电压矢量去逼近理想三相对称正弦电压供电时所形成的基准磁链圆。SVPWM 技术开关损耗小于 SPWM 控制，并且其旋转磁场更接近圆形，而电压基波成分利用率的提高使直流母线电压利用率提高了近 15%，控制模型简单，易于数字化实现。

1. SVPWM 的基本原理

电压空间矢量是按照电压所加在绕组的空间位置来定义的，当向空间三相平衡的绕组施加三相平衡的定子相电压时，其合成电压矢量 $\boldsymbol{U}$ 则是一个以电源角频率 ω 速度旋转的空间矢量。在转速不是很低，忽略定子电阻压降的情况下，电压矢量的运行轨迹与磁链圆重合，因此选择适当的电压空间矢量 $\boldsymbol{U}$ 输出便可实现圆形磁链轨迹的近似，这就是 SVPWM 的基本指导思想。

图 8-6 为三相电压型 PWM 逆变器，$V_1 \sim V_6$ 为 IGBT。设 a、b、c 分别代表 3 个桥臂 IGBT 开关状态：为“1”表明上桥臂导通；为“0”表明下桥臂导通。上、下桥臂不能直通，所以各桥臂有且仅有“1”和“0”两种状态，因此形成 000、001、010、011、100、101、110、111 共 8 种开关状态。由此便可得到幅值均为 $2U_{dc}/3$，相位相隔 60°的 6 个基本矢量 $\boldsymbol{U}_0$、$\boldsymbol{U}_{60}$、$\boldsymbol{U}_{120}$、$\boldsymbol{U}_{180}$、$\boldsymbol{U}_{240}$、$\boldsymbol{U}_{300}$ 和幅值为零、位于中心的两个零矢量 $\boldsymbol{O}_{000}$、$\boldsymbol{O}_{111}$。各基本电压矢量的位置分布如图 8-7 所示。逆变器输出的线电压 $[U_{AB}, U_{BC}, U_{CA}]^T$ 及相电压 $[U_A, U_B, U_C]^T$ 与开关向量 $[a, b, c]^T$ 的关系为

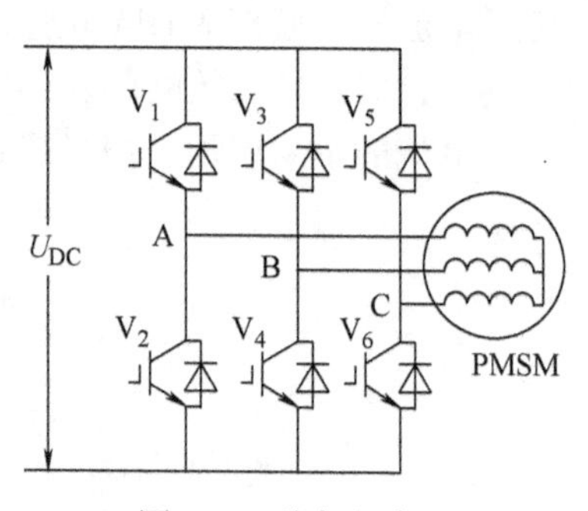

图 8-6　逆变电路

$$\begin{bmatrix} U_{AB} \\ U_{BC} \\ U_{CA} \end{bmatrix} = U_{DC} \begin{bmatrix} 1 & -1 & 0 \\ 0 & 1 & -1 \\ -1 & 0 & 1 \end{bmatrix} \begin{bmatrix} a \\ b \\ c \end{bmatrix} \tag{8-14}$$

$$\begin{bmatrix} U_A \\ U_B \\ U_C \end{bmatrix} = \frac{1}{3} U_{DC} \begin{bmatrix} 2 & -1 & -1 \\ -1 & 2 & -1 \\ -1 & -1 & 2 \end{bmatrix} \begin{bmatrix} a \\ b \\ c \end{bmatrix} \tag{8-15}$$

显然，如果仅按照图 8-7 中的电压矢量换相就无法实现圆形的旋转磁场，SVPWM 技术的目的即是利用 6 个非零基本矢量的线性组合以实现空间中任意电压矢量的合成。现以输出参考电压矢量 $\boldsymbol{U}_{OUT}$ 位于 I 扇区为例说明。$\boldsymbol{U}_{OUT}$ 的幅值即为相电压幅值，旋转角速度为输出正弦电压的角频率，它等于 t_1/T_{PWM} 倍 $\boldsymbol{U}_0$ 与 t_2/T_{PWM} 倍 $\boldsymbol{U}_{60}$ 的矢量和。其中，t_1、t_2 分别是 $\boldsymbol{U}_0$、

$\boldsymbol{U}_{60}$的作用时间；T_{PWM}是$\boldsymbol{U}_{\mathrm{OUT}}$的作用时间，当其足够小时，电压矢量的运动轨迹便近似为圆形。结合图 8-7 也可看出，$\boldsymbol{U}_{\mathrm{OUT}}$运行的最大圆形轨迹是 6 个基本矢量幅值所组成的正六边形的内接圆，根据三角函数关系可知，$\boldsymbol{U}_{\mathrm{OUT}}$的最大幅值为$\sqrt{3}/2\times 2U_{\mathrm{dc}}/3=U_{\mathrm{dc}}/\sqrt{3}$。

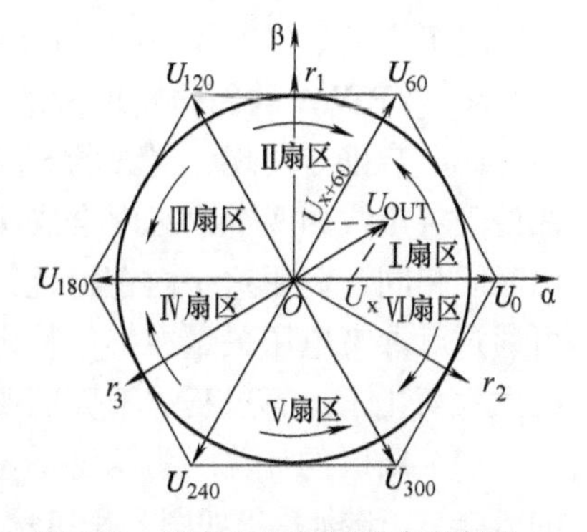

图 8-7　基本电压矢量和参考矢量

2. SVPWM 的经典实现方法

本文采用经典七段式 SVPWM 技术，它由三段零矢量和四段非零矢量组成，在每个扇区均以$\boldsymbol{O}_{000}$开始和结束，$\boldsymbol{O}_{111}$插在中间，且作用时间相同，保证了每个 PWM 周期只使功率管开关一次，且磁链的运动速度平滑以减少电机的转矩脉动。

首先确定$\boldsymbol{U}_{\mathrm{OUT}}$所在扇区和基本电压矢量的作用时间。当$\boldsymbol{U}_{\mathrm{OUT}}$以 α-β 坐标系上的分量形式$U_{\mathrm{OUT}\alpha}$、$U_{\mathrm{OUT}\beta}$给出时，可由式（8-16）计算$B_0$、$B_1$、$B_2$。

$$\begin{cases}B_0=U_\beta\\B_1=\sin60°U_\alpha-\sin30°U_\beta\\B_2=-\sin60°U_\alpha-\sin30°U_\beta\end{cases}\tag{8-16}$$

再用式$P=4\mathrm{sgn}(B_2)+2\mathrm{sgn}(B_1)+\mathrm{sgn}(B_0)$求得$P$值，式中$\mathrm{sgn}(x)$是符号函数，若$x>0$，$\mathrm{sgn}(x)=1$，若$x<0$，$\mathrm{sgn}(x)=0$，然后查表 8-1 即可确定扇区号。

表 8-1　P 值与扇区对应关系

P	1	2	3	4	5	6
扇区号	2	6	1	4	3	5

$\boldsymbol{U}_{\mathrm{OUT}}$所在扇区确定后，由伏秒平衡原则得

$$\boldsymbol{U}_{\mathrm{OUT}}=\frac{t_1}{T_{\mathrm{PWM}}}\boldsymbol{U}_x+\frac{t_2}{T_{\mathrm{PWM}}}\boldsymbol{U}_{x\pm60}\tag{8-17}$$

将$\boldsymbol{U}_{\mathrm{OUT}}$、$\boldsymbol{U}_x$和$\boldsymbol{U}_{x\pm60}$投影到平面直角坐标系 O-α-β 下，由式（8-17）可得

$$\begin{bmatrix}t_1\\t_2\end{bmatrix}=T_{\mathrm{PWM}}\begin{bmatrix}U_{x\alpha}&U_{x\pm60\alpha}\\U_{x\beta}&U_{x\pm60\beta}\end{bmatrix}^{-1}\begin{bmatrix}U_{\mathrm{OUT}\alpha}\\U_{\mathrm{OUT}\beta}\end{bmatrix}\tag{8-18}$$

由式（8-18）可求得t_1和t_2，再根据$T_{\mathrm{PWM}}=t_1+t_2+t_0$可求出零矢量作用时间。当输出零矢量时，电机的定子磁链矢量$\boldsymbol{\psi}$不动，根据这个特点，在T_{PWM}期间可以通过插入零矢量$\boldsymbol{t}_0$来满足约束条件，调整角频率$\boldsymbol{\omega}$，从而达到变频的目的。

有效电压矢量的作用时间确定后，再根据 PWM 调制原理，计算出每一相对应比较器的值：$t_{\mathrm{aon}}=(T_{\mathrm{PWM}}-t_1-t_2)/2$，$t_{\mathrm{bon}}=t_{\mathrm{aon}}+t_1$，$t_{\mathrm{con}}=t_{\mathrm{bon}}+t_2$。而不同扇区比较器的值分配见表 8-2。

表 8-2　不同扇区比较器的比较值

扇　区	1	2	3	4	5	6
T_{a}	T_{aon}	T_{bon}	T_{con}	T_{con}	T_{bon}	T_{aon}
T_{b}	T_{bon}	T_{aon}	T_{aon}	T_{bon}	T_{con}	T_{con}
T_{c}	T_{con}	T_{con}	T_{bon}	T_{aon}	T_{aon}	T_{bon}

将 T_a、T_b、T_c 分别写入相应的全比较寄存器便完成了整个 SVPWM 的算法。

3. SVPWM 的简化实现方法

由上节推导发现，经典的 SVPWM 算法实现较为复杂，综合分析图 8-7 便可以看出，当在处于对角线的两个扇区内合成两个等幅、反相的电压矢量时，相位相反的有效电压矢量作用时间相同，利用这一内在特性，采用了一种适于数字化实现的 SVPWM 简化算法，该算法可通过对参考电压矢量在某一特定坐标系下的分解运算来直接确定相应全比较寄存器值，从而大大简化了运算过程。下面简要介绍该算法的实现过程及仿真模型的建立。

（1）扇区的计算　为确定参考电压矢量 $\boldsymbol{U}_{\text{OUT}}$所在扇区，建立一个超前 A-B-C 坐标系 90°的 r_1-r_2-r_3 坐标系，如图 8-8 所示，该坐标系与 α-β 坐标系转换关系为

$$\begin{bmatrix} U_{r1} \\ U_{r2} \\ U_{r3} \end{bmatrix} = \begin{bmatrix} 0 & 1 \\ \sqrt{3}/2 & -1/2 \\ -\sqrt{3}/2 & -1/2 \end{bmatrix} \begin{bmatrix} U_\alpha \\ U_\beta \end{bmatrix} \tag{8-19}$$

式中，U_{r1}、U_{r2}、U_{r3}和 U_α、U_β 分别为参考电压 $\boldsymbol{U}_{\text{OUT}}$在 r_1-r_2-r_3 坐标系和 α-β 坐标系下的分量。式（8-19）等同于式（8-16），因此可按照上节所述判断规则确定扇区号。

（2）逆变器开关时刻计算及饱和处理　任意电压空间矢量需要由其所在扇区的相邻基本电压矢量加权产生，以 I 扇区为例，可得相邻两个非零矢量作用时间为

$$\begin{cases} t_1 = \sqrt{3}T_{\text{PWM}}\left(\dfrac{\sqrt{3}}{2}U_\alpha - \dfrac{1}{2}U_\beta\right)\Big/ U_{\text{DC}} = \sqrt{3}T_{\text{PWM}}U_{r2}/U_{\text{DC}} = kT_{\text{PWM}}U_{r2} \\ t_2 = \sqrt{3}T_{\text{PWM}}U_\beta/U_{\text{DC}} = kT_{\text{PWM}}U_{r1} \end{cases} \tag{8-20}$$

式（8-20）中，比例系数 $k=\sqrt{3}/U_{\text{DC}}$，根据 PWM 调制原理以及图 8-7 所示的相邻非零矢量的作用顺序，可求出 A、B、C 三相 PWM 波的占空比，进而求得三相桥臂的导通时刻为

$$\begin{cases} T_{\text{cmpA}} = T_{\text{PWM}}(1 - kU_{r2} - kU_{r1})/4 \\ T_{\text{cmpB}} = T_{\text{PWM}}(1 + kU_{r2} - kU_{r1})/4 \\ T_{\text{cmpC}} = T_{\text{PWM}}(1 + kU_{r2} + kU_{r1})/4 \end{cases} \tag{8-21}$$

式（8-21）中 T_{cmpA}、T_{cmpB}、T_{cmpC}便是装载到三相比较寄存器 CMPR1、CMPR2、CMPR3 的值。以此类推其他扇区内各寄存器的赋值情况，运算后发现处于对角线的两扇区各寄存器的值完全相同，因此在扇区计算的仿真处理中可只输出 3 个扇区即可。将公共因子 $T_{\text{PWM}}/4$ 提出，则各扇区相应比较寄存器值分配见表 8-3。

表 8-3　不同扇区比较器的比较值

N	CMPR1	CMPR2	CMPR3
1（4）	$1-kU_{r2}-kU_{r1}$	$1+kU_{r2}-kU_{r1}$	$1+kU_{r2}+kU_{r1}$
2（5）	$1-kU_{r2}+kU_{r3}$	$1+kU_{r2}+kU_{r3}$	$1-kU_{r2}-kU_{r3}$
3（6）	$1+kU_{r1}+kU_{r3}$	$1-kU_{r1}-kU_{r3}$	$1+kU_{r1}-kU_{r3}$

实际中需对有效矢量作用时间做限幅处理。从表 8-3 不难看出，若某一扇区两非零矢量总作用时间大于 T_{PWM}，则必有一相寄存器值小于零，则令 CMPRx=0，即无零矢量作用，相电压幅值最大。处理后可避免由于过调制而造成电压波形失真和微处理器运算溢出。将所得寄存器值与周期为 100μs 的三角载波进行比较，即可得到期望的 PWM 波形。

8.3　永磁同步电动机矢量控制系统仿真

8.3.1　SVPWM 技术仿真

本节将分别对经典 SVPWM 与简化 SVPWM 进行建模仿真。

1. 经典 SVPWM 仿真

经典 SVPWM 仿真模型如图 8-8 所示，该模型由扇区计算模块、中间参数计算模块、基本矢量时间计算模块、逆变器开关时刻计算模块及 PWM 生成模块组成。下面对每一个功能模块给出仿真模型，并做简单介绍。

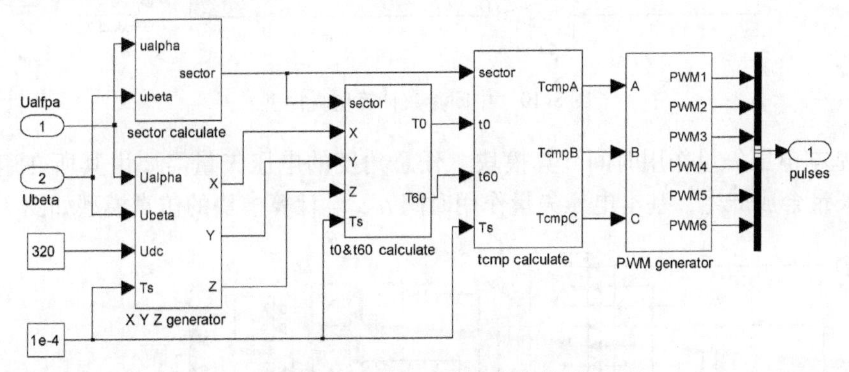

图 8-8　经典 SVPWM 仿真模型

（1）扇区计算模块　参考电压所在扇区可根据式（8-16）及表 8-1 判断。其模型如图 8-9所示。

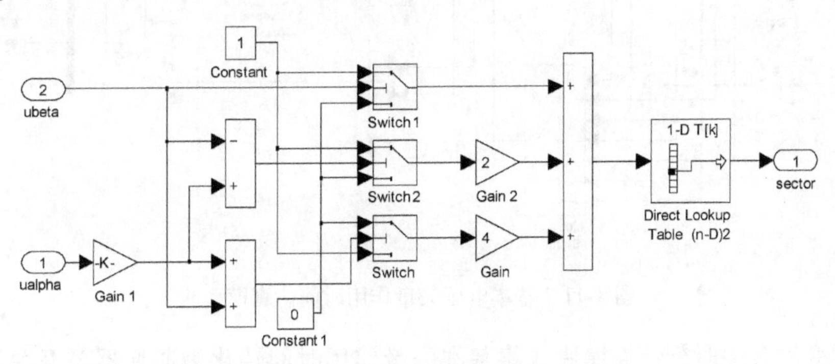

图 8-9　扇区计算模块仿真模型

（2）中间参数计算模块　X、Y、Z 是用于计算相邻基本电压矢量作用时间的中间参数，式（8-22）给出了它们的计算公式，这部分计算的仿真模型如图 8-10 所示。

$$
\begin{cases}
X = \dfrac{U_{\alpha} T_{s}}{U_{DC}} \sqrt{3} \\
Y = \dfrac{1}{2} \dfrac{(\sqrt{3} U_{\beta} + 3 U_{\alpha}) T_{s}}{U_{DC}} \\
Z = \dfrac{1}{2} \dfrac{(\sqrt{3} U_{\beta} - 3 U_{\alpha}) T_{s}}{U_{DC}}
\end{cases}
\tag{8-22}
$$

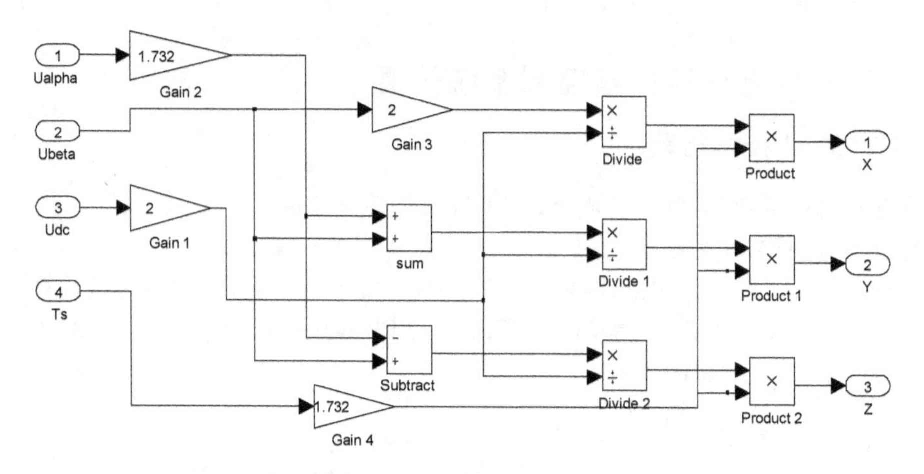

图 8-10　中间参数计算仿真模型

（3）基本电压矢量作用时间计算模块　任意角度的电压矢量需要由其所在扇区的相邻基本电压矢量合成产生，基本电压矢量作用时间 t_0、t_{60} 计算模块的仿真模型如图 8-11 所示。

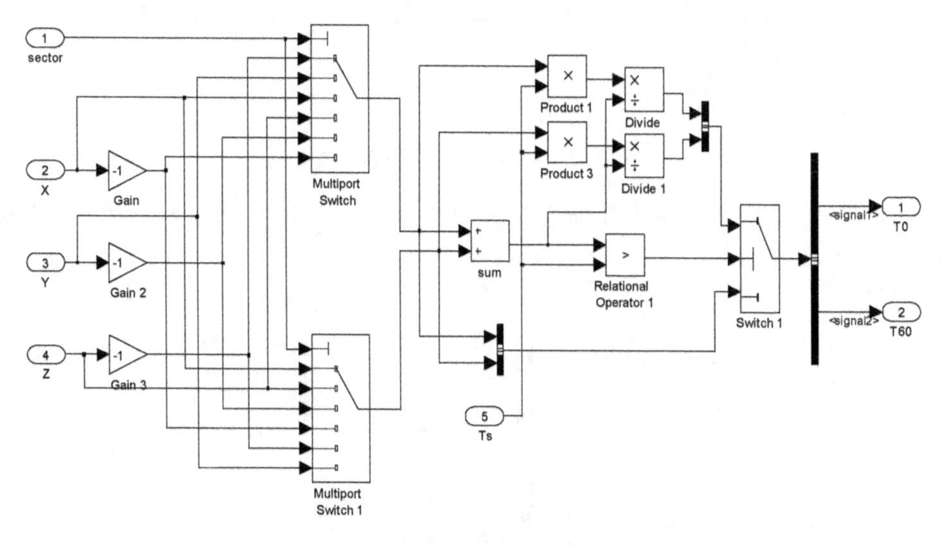

图 8-11　基本电压矢量作用时间仿真模型

（4）逆变器开关时刻计算模块　将基本矢量作用时间转化为逆变器各开关器件通断状态的切换时间，根据 7 段式 SVPWM 零矢量平均分配的原则，首先根据式（8-23）计算状态切换时间 T_1、T_2和 T_3，再根据扇区的不同将切换时间转化为 A、B、C 三相桥臂的导通时刻 T_{cmpA}、T_{cmpB}和 T_{cmpC}，转化关系见表 8-2。

$$\begin{cases} T_1 = \dfrac{T_s - T_0 - T_{60}}{4} \\ T_2 = T_1 + \dfrac{T_0}{2} \\ T_3 = T_2 + \dfrac{T_{60}}{2} \end{cases} \tag{8-23}$$

（5）PWM 波形生成模块　由 A、B、C 三相桥臂的导通时刻与周期为0.1ms 的三角波进行比较即可产生期望的 PWM 波形。为避免上、下桥臂直通，需在产生导通信号时加入死区，死区时间设为2μs。最后，将输出的 PWM 波信号的数据类型转化为布尔型，以与下级逆变器模块匹配。PWM 波形产生模块的仿真模型如图 8-12 所示。

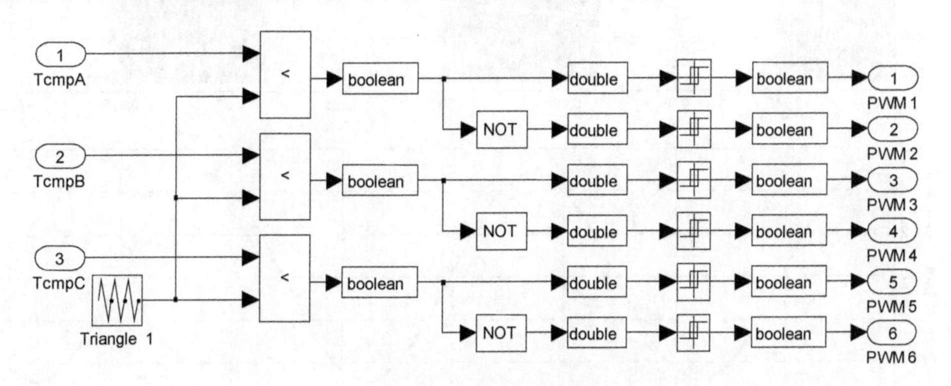

图 8-12　PWM 生成模块仿真模型

以图 8-8 所示模型为基础，设定母线电压为 320V，设定电机参考转速为 1000r/min，稳态后进行 SVPWM 波形测试，结果如图 8-13 所示。图中由上至下依次为扇区编号、逆变器 A 相上桥臂导通时刻、A、B 两相间线电压和 A 相电流。由图 8-13 可知，扇区编号按顺序更替，逆变器的导通时刻波形为马鞍形，符合 SVPWM 模块的设计要求。在 PWM 开关频率为 10kHz 的情况下，相电流波形畸变很小，谐波成分很低。

2. 简化 SVPWM 仿真

简化 SVPWM 系统仿真模型如图 8-14 所示。

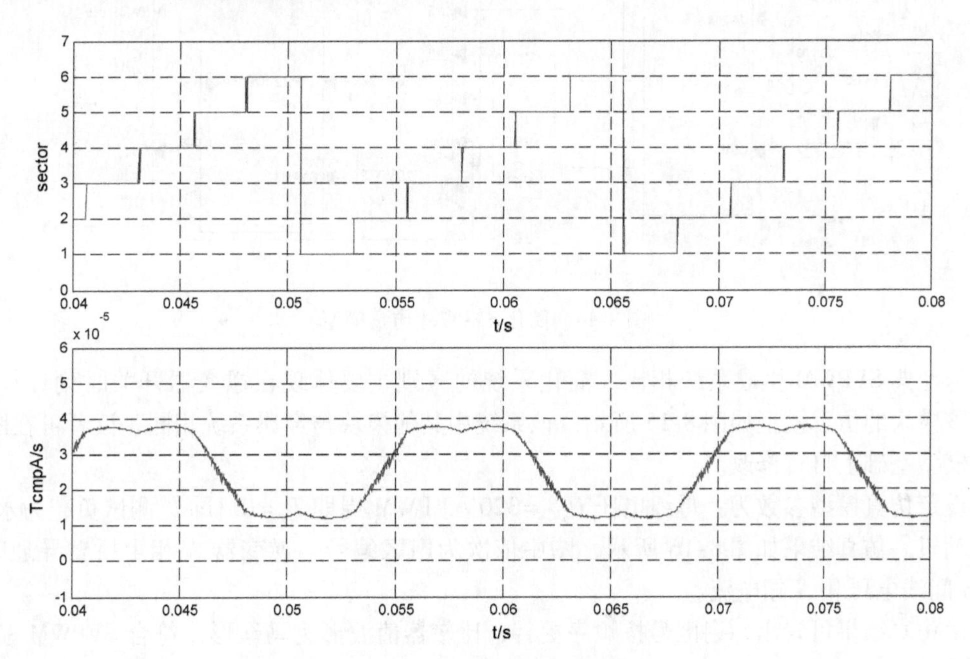

图 8-13　经典 SVPWM 测试波形

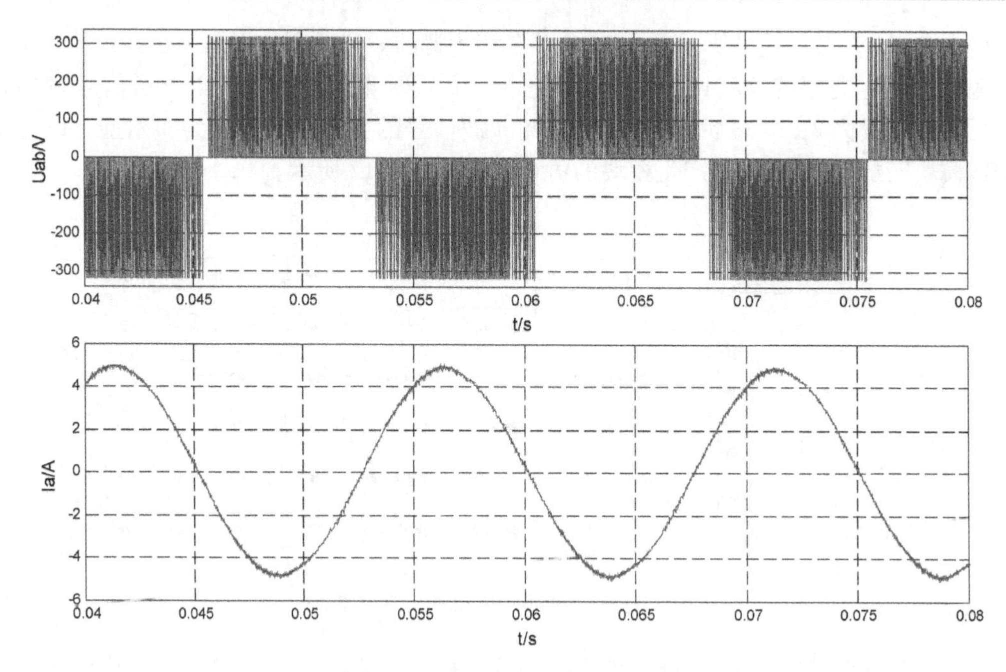

图 8-13　经典 SVPWM 测试波形（续）

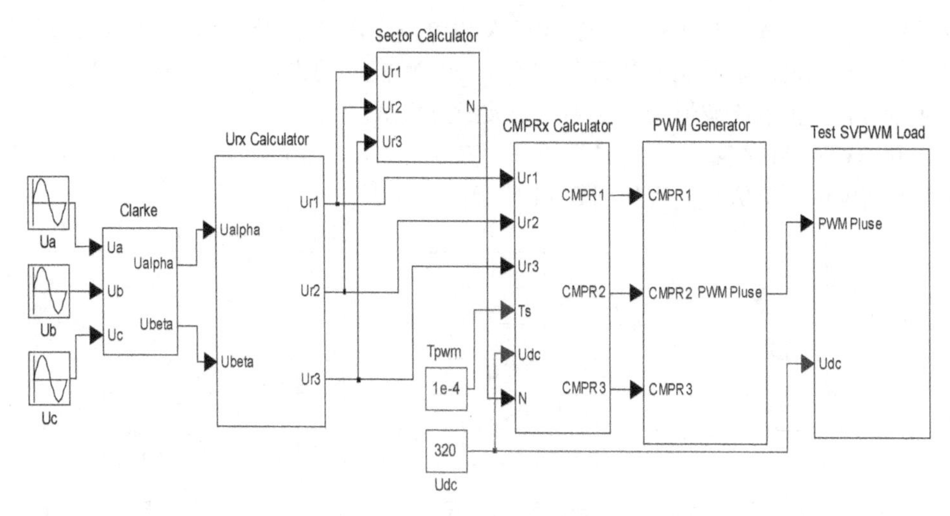

图 8-14　简化 SVPWM 仿真模型

与经典 SVPWM 生成系统相比，简化系统的区别主要体现在逆变器开关时刻计算模块上，该模块的仿真模型如图 8-15 所示。该系统中其他模块与经典系统相同，读者可在图 8-8 所示模型基础上自行修改。

设定仿真模型参数为：母线电压 $U_{DC}=320V$，PWM 周期 $T_s=0.1ms$，测试负载为永磁同步电动机。仿真结果如图 8-16 所示，图中依次为扇区编号、逆变器 A 相上桥臂导通时刻、A、B 间线电压和 A 相电流。

由仿真结果可看出，扇区号按顺序更替，比较器值波形为马鞍形，符合 SVPWM 模块的设计要求。相电流波形畸变很小，谐波成分很低，验证了 SVPWM 简化算法的正确性。

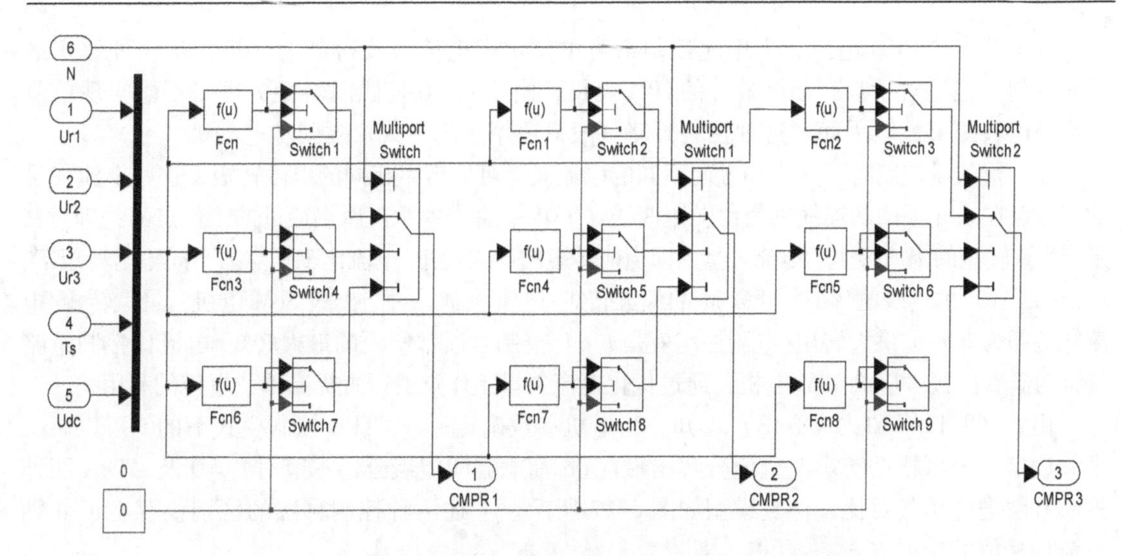

图 8-15 简化 SVPWM 逆变器开关时刻仿真模型

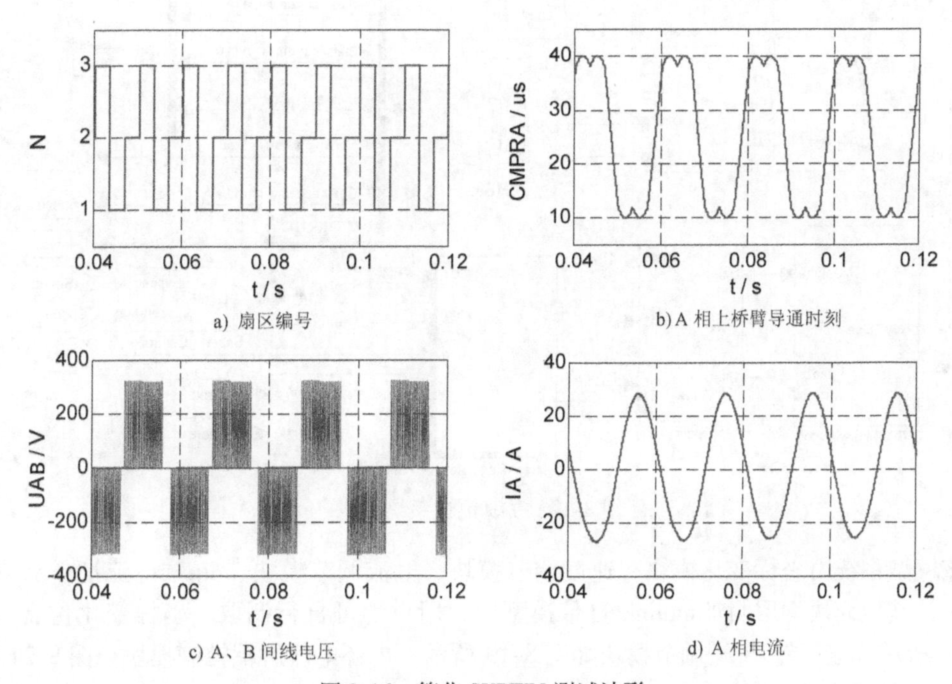

a) 扇区编号 b) A 相上桥臂导通时刻

c) A、B 间线电压 d) A 相电流

图 8-16 简化 SVPWM 测试波形

8.3.2 $i_d=0$ 与 MTPA 控制系统仿真

对于 $i_d=0$ 控制，由于 d 轴电流为 0，转矩方程简化为

$$T_e = \frac{3}{2}p\psi_f i_q \tag{8-24}$$

由式（8-24）可以看出，$i_d=0$ 控制下电机输出的电磁转矩仅为励磁转矩，输出转矩与定子电流矢量的幅值成线性关系。这种控制策略相对简单，且易于实现电磁转矩的线性化控

制，对于凸出式 SPM 电机，采用此控制策略单位定子电流可获得最大转矩，是一种效率最优的控制。但是对于具有凸极效应的 IPM 电机，由于 $i_d=0$ 使磁阻转矩为零，不能实现单位电流输出转矩最大。因而，这种控制策略一般只适用于隐极式永磁同步电动机。

在进行矢量控制时，大小和方向不同的电流矢量可以产生相同的电磁转矩，这些电流矢量的工作点在 d-q 平面的连线称为恒转矩曲线。恒转矩曲线中距离原点最近的工作点的物理意义是产生该转矩的幅值最小的电流矢量，即当前转矩的最大转矩/电流比工作点。不同输出转矩下，这样的工作点的连线就形成了 PMSM 的最大转矩/电流轨迹。对凸出式 SPM 电机，最大转矩/电流轨迹即为 q 轴，最大转矩/电流控制就是 $i_d=0$ 控制。通常所说的最大转矩/电流比控制策略是针对具有凸极效应的 IPM 电机，通过优化电流矢量工作点的位置提高单位电流的利用率。

由式（8-12）和式（8-13）可知，当电机参数确定后，MTPA 控制模式下的 i_d 可以由 i_q 唯一确定，也可根据转矩期望值分解出最优 dq 轴电流期望组合。本节对 $i_d=0$ 及 MTPA 两种控制算法进行仿真对比，仿真模型如图 8-17 所示。上述两种控制算法的区别仅存在于 d 轴电流期望值的获得方式。

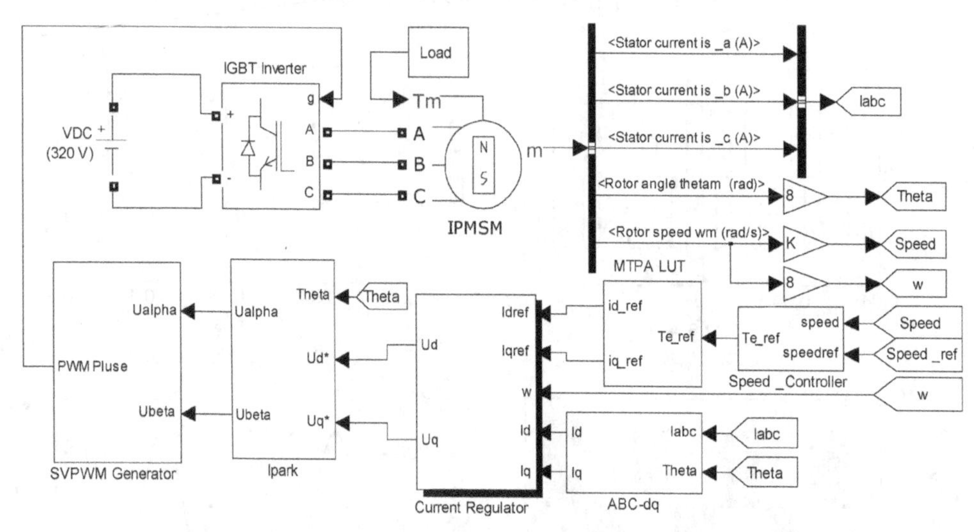

图 8-17　仿真测试系统模型

该模型系统由坐标变化模块、速度调节模块、电流调节模块、dq 轴电流期望获得模块等组成，其他模块均取自 Simulink 自带模型库，用户均可自行调取。坐标变化仿真模块如图 8-18 所示，速度外环 PI 调节模块如图 8-19 所示，内环电流解耦控制模块如图 8-20 所示，dq 轴电流期望获得模块如图 8-21 所示。

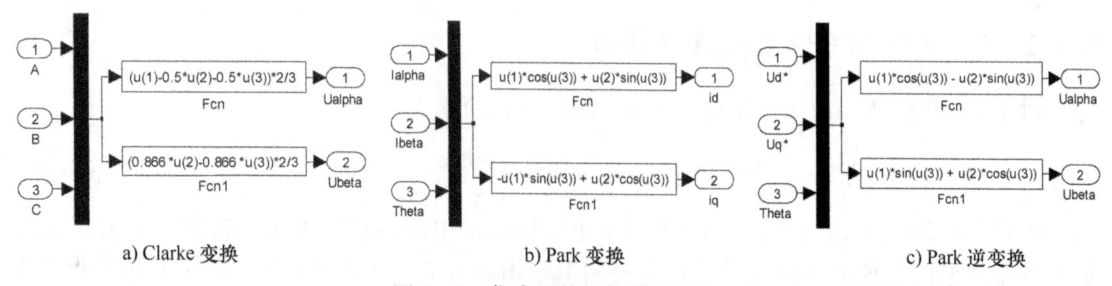

a) Clarke 变换　　　　b) Park 变换　　　　c) Park 逆变换

图 8-18　仿真系统坐标变换模型

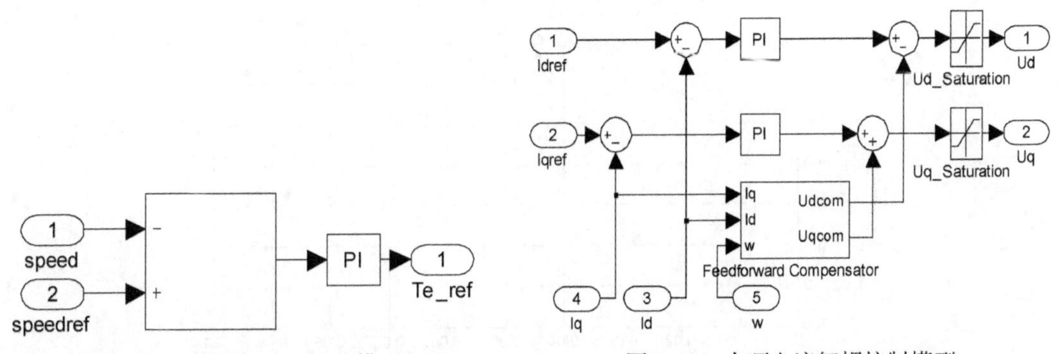

图 8-19　速度外环 PI 调节模型　　　　图 8-20　内环电流解耦控制模型

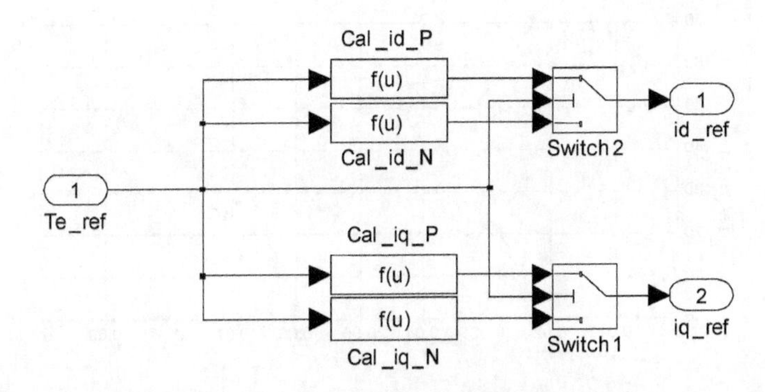

图 8-21　内环电流期望值获得模型

设定 PMSM 仿真模型参数为：$R_S=2.875\Omega$，$L_d=8.5\text{mH}$，$L_q=12.5\text{mH}$，$\psi_f=0.175\text{Wb}$，$J=0.0032\text{kg}\cdot\text{m}^2$，$p=4$。设定逆变器直流电压为 320V，PWM 周期为 0.1ms。为验证 MTPA 控制策略在控制 IPM 电机方面较 $i_d=0$ 控制策略的优越性，分别采用两种控制策略进行仿真。设定电机参考转速为 1000r/min，在保持负载转矩为 20N · m 的条件下由静止起动电机，仿真时间为 0.1s，仿真结果如图 8-22 所示。图中由上至下依次为电机转速、输出电磁转矩、dq 轴电流和定子三相电流波形。

对图 8-22 进行分析可以看出：

1）MTPA 策略可以实现更快的转速响应，上升时间较 $i_d=0$ 策略缩短了 0.08s。

2）导致转速响应变快的原因是输出电磁转矩能力的提高，MTPA 策略输出的峰值转矩较 $i_d=0$ 策略提高了 31.4%。

3）由于 dq 轴电流给定都在动态调整，导致 MTPA 策略下 I_d 和 I_q 在过渡过程中存在一定的波动，这也带来了一定的转矩脉动，稳态后恢复正常。

4）无论动态还是稳态过程，MTPA 策略在输出更大或相同转矩的前提下定子三相电流均小于 $i_d=0$ 策略。

综合以上分析可以得出：MTPA 策略在转速响应快速性、转矩输出能力和损耗等方面均明显优于 $i_d=0$ 策略。但由于控制结构相对复杂，对动态过程转矩脉动的控制存在一定的难度。

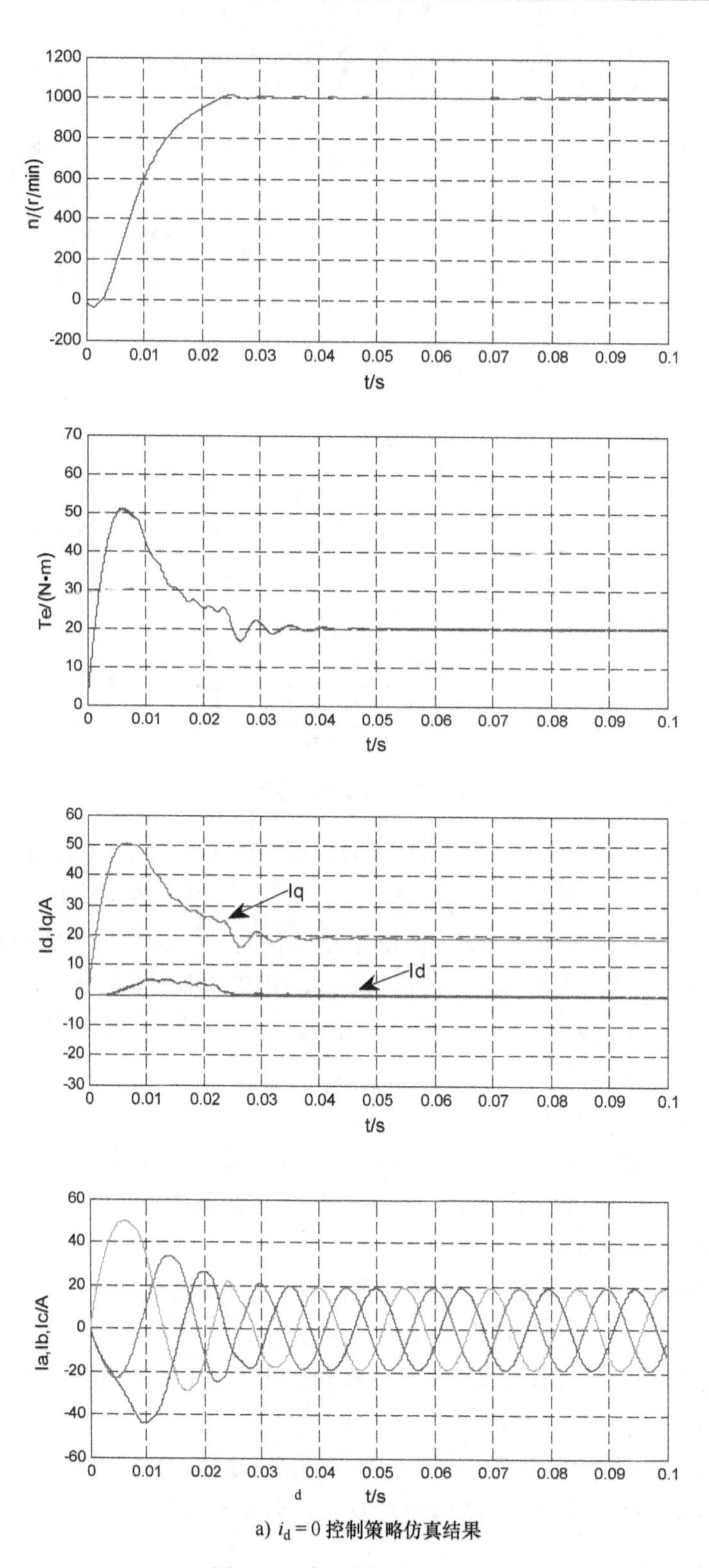

a) $i_d = 0$ 控制策略仿真结果

图 8-22　仿真结果对比波形

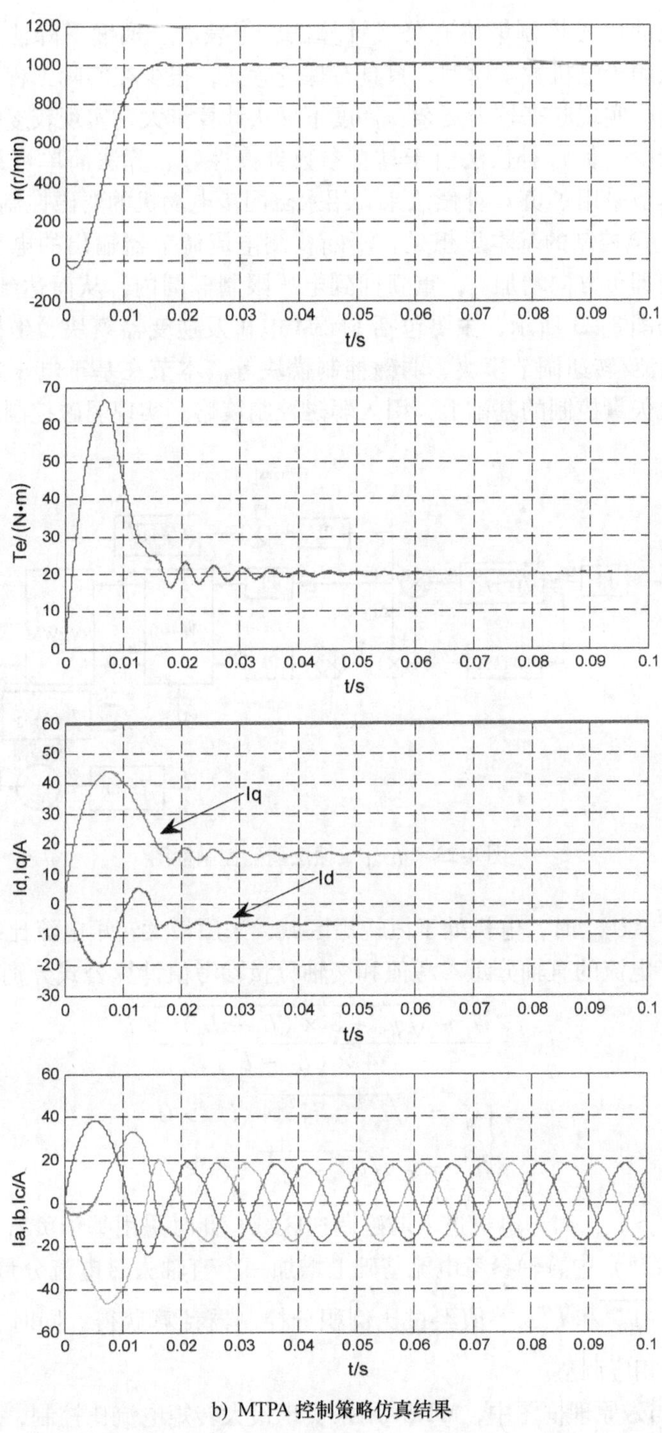

b) MTPA 控制策略仿真结果

图 8-22　仿真结果对比波形（续）

8.3.3　弱磁控制系统仿真

对永磁同步电机弱磁控制的研究始于 20 世纪 80 年代中期，并于 90 年代初形成了完善的弱磁理论。常见的弱磁控制策略有公式计算法、查表法、梯度下降法和负 i_d 补偿法等。公式计算法完全依赖于电机数学模型，只具有理论意义，很少在实际工程中应用；查表法依赖大量的实验数据，实现起来较为复杂；梯度下降法计算量大，实现较复杂。这几种方法在实际工程中应用较少，负 i_d 补偿法由于具有参数鲁棒性好、算法简单可靠等优点获得了广泛的应用。所以本节采用了负 i_d 补偿法来介绍永磁同步电动机的弱磁控制系统仿真。

负 i_d 补偿法弱磁控制的基本思想是，不断检测电流调节器输出的电压指令，一旦电压指令超出了限幅，即负方向增加 i_d，重新回到电压限制椭圆内，从而达到弱磁升速的目的。其弱磁控制框图如图 8-23 所示，主要包括 PMSM 电机及逆变器模块、坐标变换模块、SVPWM 产生模块、电流/转速调节模块、弱磁控制模块等。本节在基于电压空间矢量脉宽调制的永磁同步电动机矢量控制的基础上，引入弱磁控制策略，实现弱磁控制仿真。

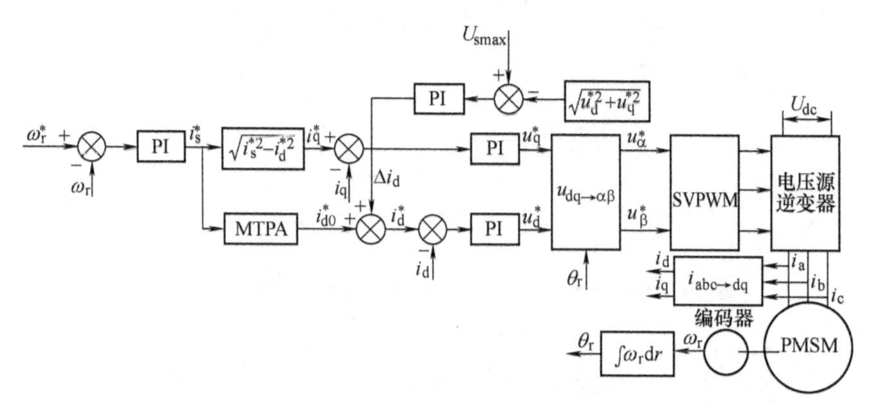

图 8-23　负 i_d 反馈法弱磁控制框图

当 $\sqrt{u_d^{*2}+u_q^{*2}}<U_{smax}$ 时，电机处于恒转矩区域，采用最大转矩电流比控制策略来分解定子电流的参考值，电流的直轴分量参考值和交轴分量参考值计算公式分别为

$$i_{d0}^*=\frac{\psi_f-\sqrt{\psi_f^2+8\times(L_q-L_d)^2\times i_s^{*2}}}{4\times(L_q-L_d)} \tag{8-25}$$

$$\begin{cases}i_q^*=\sqrt{i_s^{*2}-i_d^{*2}} & i_s^*>0\\ i_q^*=-\sqrt{i_s^{*2}-i_d^{*2}} & i_s^*<0\end{cases} \tag{8-26}$$

当 $\sqrt{u_d^{*2}+u_q^{*2}}>U_{smax}$ 时，电机进入弱磁调速区域，此时采用基于负 i_d 反馈的弱磁调速控制策略，在式（8-25）中直轴参考电流基础上增加一个直轴去磁电流分量 Δi_d，其具体数值通过输入为 $\sqrt{u_d^{*2}+u_q^{*2}}$ 和 U_{smax} 差值经过比例积分控制器计算获得。同时交轴参考电流根据 $i_q^*=\sqrt{i_s^{*2}-i_d^{*2}}$ 做相应调整。

负 i_d 反馈法弱磁原理框图中，MTPA 用来实现最大转矩电流比控制，基速以下运行时主要采取最大转矩电流比运行控制策略，此时永磁同步电动机转速的升高是通过电动机输入电压的升高来实现的，电机工作于恒转矩阶段。基速以上时，要采取弱磁控制，电机工作于恒功率阶段。为了避免电流调节器的饱和，可以通过改变直轴电流的大小来解决此问题，也就是说要减小直轴的电流。永磁同步电动机控制系统中引入电压环调节，归根到底是对电机磁链的调节，通过调节判断电流调节器输出电压的大小来控制弱磁的开通。在基速以下，电机的电流调节器输出的电压幅值 u_d^* 和 u_q^* 一般情况下不会高于 U_{smax}，也就是说电流调节器输出电压的幅值小于给定的参考值，这时不进行弱磁控制。当电机继续升速，转速达到基速时，电流调节器输出的交、直轴的电压幅值 u_d^* 和 u_q^* 会大于 U_{smax}，此时进行弱磁控制，电压外环 PI 输出的 Δi_d 作为 d 轴的去磁电流分量，这个去磁电流分量和 i_{d0}^* 叠加起来，作为 d 轴电流指令。

系统仿真模型如图 8-24 所示，该模型中包含速度外环 PI 调节模块、dq 轴电流期望获得模块、电压参考指令生成模块以及坐标变换模块。上述模块中，dq 轴电流期望获得模块如图 8-25 所示，其余模块与上一节中的模型相同。

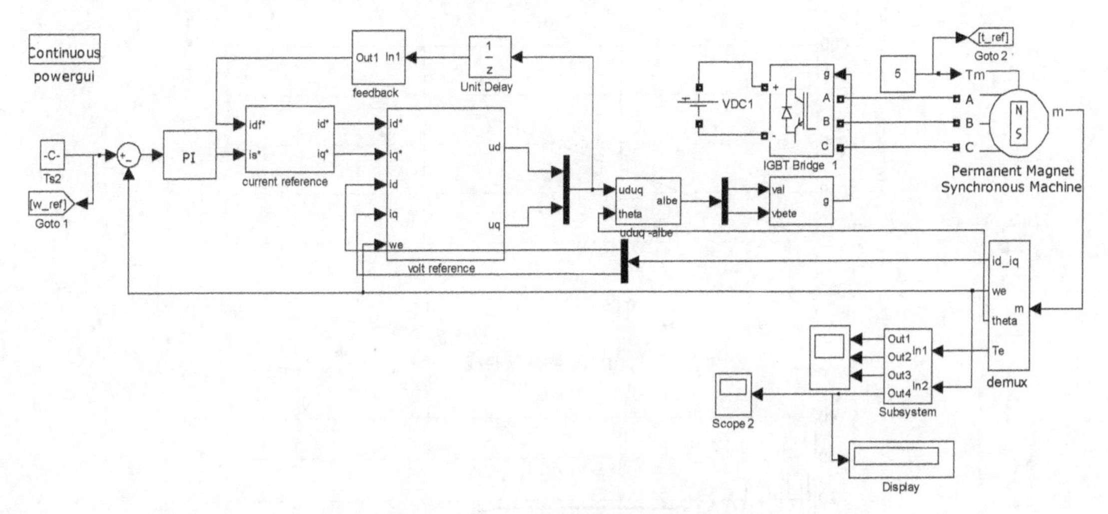

图 8-24　负 i_d 反馈法弱磁系统仿真模型

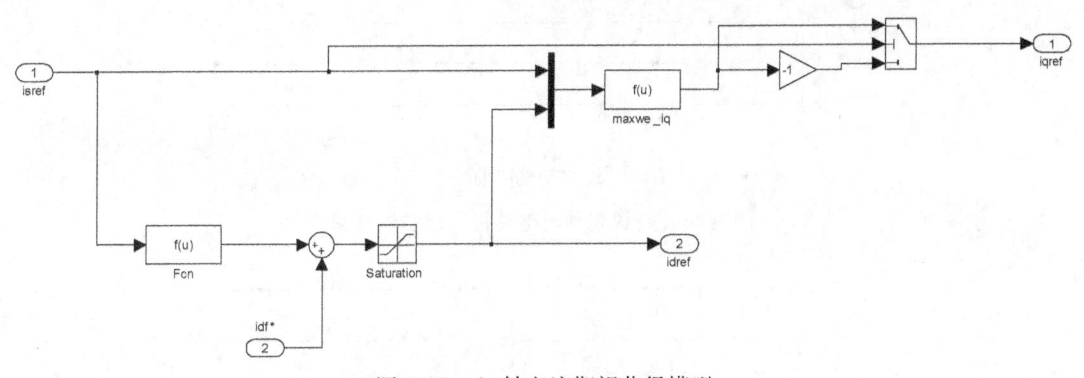

图 8-25　dq 轴电流期望获得模型

设定 PMSM 仿真模型参数为：$R_S=2.875\Omega$，$L_d=8.5\text{mH}$，$L_q=12.5\text{mH}$，$\Psi_f=0.175\text{Wb}$，$J=0.0032\text{kg}\cdot\text{m}^2$，$p=4$。设定逆变器直流电压为 320V，PWM 周期为 0.1ms。图 8-26 和图 8-27分别为空载及带 5N · m 负载时，电机起动至目标转速仿真结果波形。从转矩响应仿真波形可以看出，电机由恒转矩区间向弱磁区间过渡，进入弱磁区间后，电机输出转矩逐渐下降，直至达到稳态。从 dq 轴电流仿真波形可以观察到，在恒转矩区间，dq 轴电流为恒定值，进入弱磁区间后，d 轴电流向负半轴增大，同时 q 轴电流相应减小。

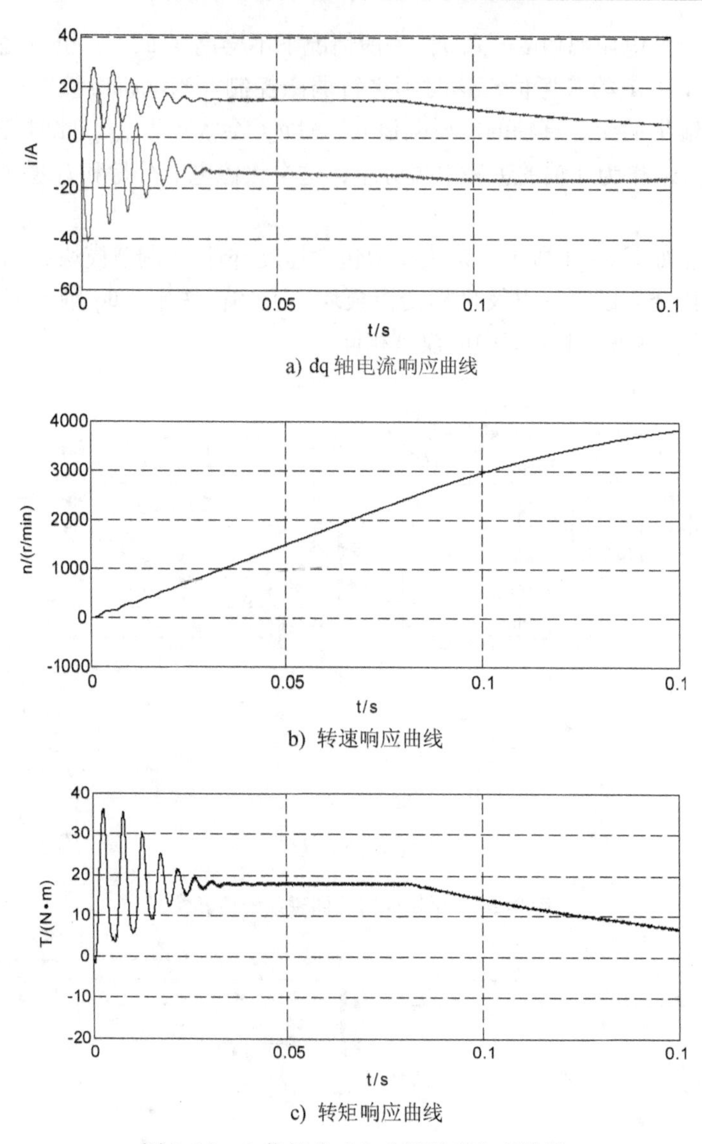

图 8-26　空载起动时电动机弱磁仿真结果

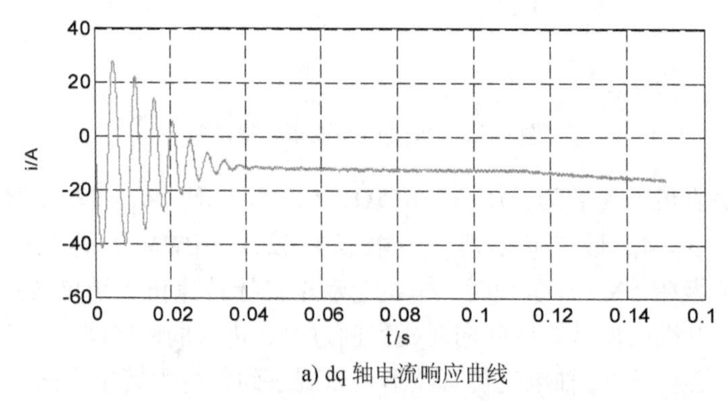

a) dq 轴电流响应曲线

图 8-27　带负载起动时电机弱磁仿真结果

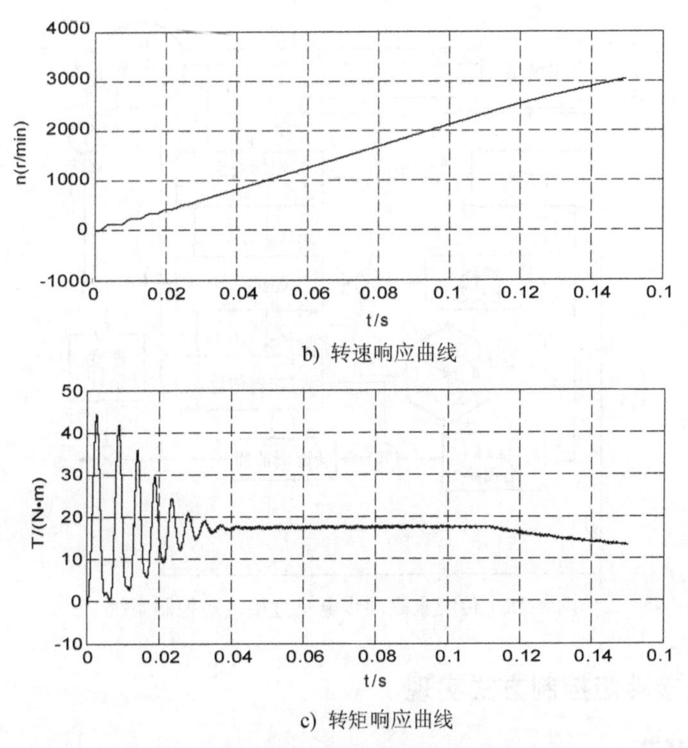

b) 转速响应曲线

c) 转矩响应曲线

图 8-27　带负载起动时电机弱磁仿真结果（续）

8.4　永磁同步电动机直接转矩控制系统仿真

8.4.1　传统直接转矩控制方式原理

传统的永磁同步电机直接转矩控制的思想是保持定子磁链的幅值不变，直接控制定子磁链的方向来实现对转子磁链与定子磁链间夹角的控制。通过对控制系统的母线电压和定子电流进行检测，从而直接计算出电机的转矩和磁链。然后采用两个滞环比较器来实现电机的转矩和磁链的解耦控制。控制系统框图如图 8-28 所示。工作过程如下：

1）系统先通过传感器测取相电压和三相电流，将测得的值送入坐标变换环节，计算出 αβ 坐标系下的电压、电流，对其积分来估计出磁链。

2）根据输出的磁链值和实际电流来估算瞬时转矩值。

3）将磁链估计值送入扇区判断环节，并与给定的磁链值做比较，将输出值送入滞环比较器中。

4）由光电编码器测得的速度值经过转速调节器得到转矩给定值，与转矩瞬时值做比较，将结果送入滞环比较器中。

5）两个滞环比较器的输出结果与扇区值一起送入开关表中得到逆变器的控制信号，从而控制永磁同步电动机。之后重复以上步骤，不断循环检测。

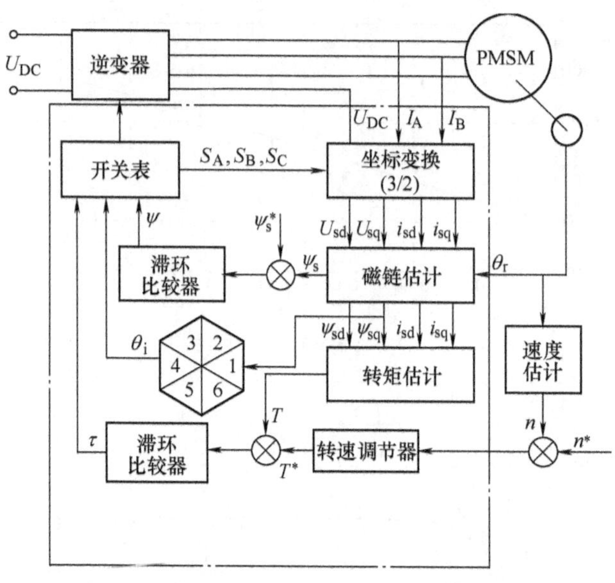

图 8-28　传统永磁同步电机直接转矩控制系统

8.4.2　传统直接转矩控制方式实现

1. 磁链估计环节

对于永磁同步电机直接转矩控制系统来说，定子磁链的估计显得尤为重要。其中电压电流模型测定法是应用非常普遍的一种方法。定子磁链与输入电压、电流的关系为

$$\psi_s(t) = \int[u_s(t) - i_s(t)R_s]\mathrm{d}t \tag{8-27}$$

式中，R_s 为定子电阻。

2. 转矩估计环节

转矩的估计值用电磁转矩在 dq 坐标系下的表达式（8-8）即可。

3. 开关表

传统直接转矩控制中，通过控制电机的端电压值来控制定子磁链，而三相电压是由三相电压型逆变器所产生，拓扑结构如图 8-29 所示。由于每一相的上、下桥臂不能同时导通，即当 $S_A=1$ 时，表示 A 相上桥臂逆变器开关闭合、下桥臂关断，因此逆变器共有 8 种开关状态，包括 6 个非零矢量和 2 个零矢量。其排列组合见表 8-4。

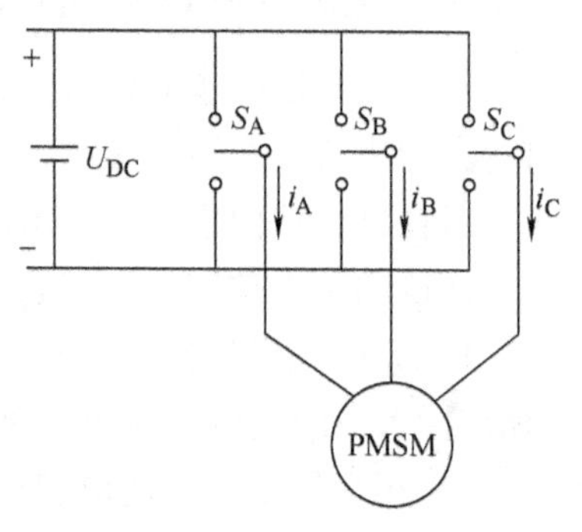

图 8-29　电压型逆变器拓扑结构图

表 8-4　电压型逆变器开关组合

状　态	0	1	2	3	4	5	6	7
S_A	0	1	0	1	0	1	0	1
S_B	0	0	1	1	0	0	1	1
S_C	0	0	0	0	1	1	1	1

4. 滞环比较器

传统直接转矩控制采用滞环比较器来实现转矩和磁链的控制。当给定值与实际值的误差在滞环范围内时，比较器输出保持不变，超出范围时输出相应值。转矩和磁链滞环比较器的控制原理如图 8-30 所示，图中，τ 为转矩状态量，ψ 为磁链幅值状态量。

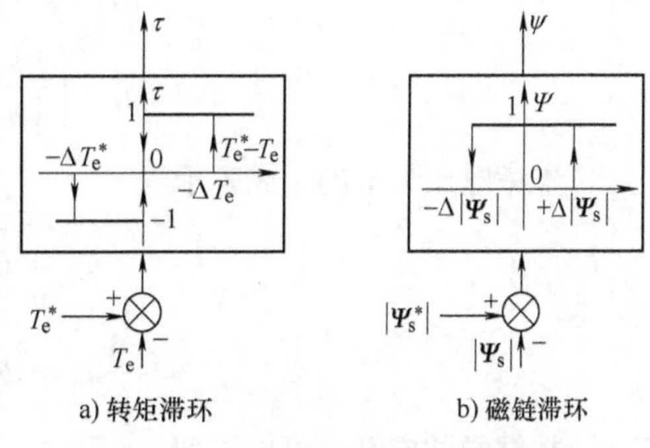

a) 转矩滞环　b) 磁链滞环

图 8-30　转矩和磁链滞环比较器

表 8-5 是各种情况下所选用的电压矢量的逆变器开关表。当滞环比较器输出的转矩与磁链幅值状态量为 1 时，表示要增大转矩和磁链幅值，当输出为 -1 时，表示要减小转矩和磁链幅值。θ_i 表示定子磁链所在扇区。

表 8-5　逆变器开关表

ψ	τ	θ_1	θ_2	θ_3	θ_4	θ_5	θ_6
1	1	$\boldsymbol{U}_2$ (110)	$\boldsymbol{U}_3$ (010)	$\boldsymbol{U}_4$ (011)	$\boldsymbol{U}_5$ (001)	$\boldsymbol{U}_6$ (101)	$\boldsymbol{U}_1$ (100)
	-1	$\boldsymbol{U}_6$ (101)	$\boldsymbol{U}_1$ (100)	$\boldsymbol{U}_2$ (110)	$\boldsymbol{U}_3$ (010)	$\boldsymbol{U}_4$ (011)	$\boldsymbol{U}_5$ (001)
-1	1	$\boldsymbol{U}_3$ (010)	$\boldsymbol{U}_4$ (011)	$\boldsymbol{U}_5$ (001)	$\boldsymbol{U}_6$ (101)	$\boldsymbol{U}_1$ (100)	$\boldsymbol{U}_2$ (110)
	-1	$\boldsymbol{U}_1$ (100)	$\boldsymbol{U}_2$ (110)	$\boldsymbol{U}_3$ (010)	$\boldsymbol{U}_4$ (011)	$\boldsymbol{U}_5$ (001)	$\boldsymbol{U}_6$ (101)

τ 和 ψ 的值由式（8-28）和式（8-29）确定。

$$\tau(k)=\begin{cases}1 & T_e^*-T_e>\Delta T\\ \tau(k-1) & |T_e^*-T_e|\leqslant\Delta T\\ -1 & T_e^*-T_e<-\Delta T\end{cases}\tag{8-28}$$

$$\psi(k)=\begin{cases}1 & |\psi_s^*|-|\psi_s|>\Delta\psi\\ \psi(k-1) & \big||\psi_s^*|-|\psi_s|\big|\leqslant\Delta\psi\\ -1 & |\psi_s^*|-|\psi_s|<-\Delta\psi\end{cases}\tag{8-29}$$

式中，$\tau(k-1)$ 和 $\psi(k-1)$ 表示上一个控制周期时的转矩和磁链控制量。

8.4.3　基于 SVPWM 的直接转矩控制系统

采用 SVPWM 的直接转矩控制系统去掉了滞环比较器环节，通过增加速度与转矩 PI 环节来获得控制量，而且摒弃了开关表，取而代之的是空间电压矢量脉宽调制单元来获得逆变器的开关信号。

直接转矩控制目的是保证定子磁链幅值不变，设 t 时刻定子磁链为 $\psi_s(\delta)$，$t+\Delta t$ 时刻定子磁链为 $\psi_s(\delta+\Delta\delta)$，定子磁链偏差变化矢量图如图 8-31 所示。

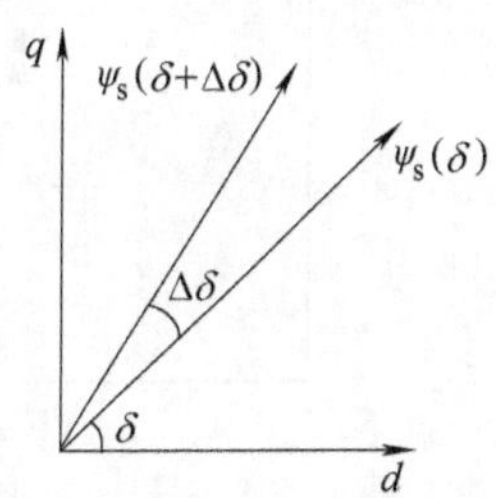

图 8-31　定子磁链偏差变化矢量图

若定子磁链给定值为 ψ_s^*，其幅值为 $|\psi_s^*|$，$t+\Delta t$ 时刻定子磁链在 d 轴下的磁链幅值为 $\psi_d(\delta+\Delta\delta)$，计算过程如下：

$$
\begin{aligned}
\psi_{\mathrm{d}}(\delta+\Delta\delta) &= |\psi_{\mathrm{s}}(\delta+\Delta\delta)|\cos(\delta+\Delta\delta) \\
&= |\psi_{\mathrm{s}}^{*}|\cos(\delta+\Delta\delta) \\
&= |\psi_{\mathrm{s}}^{*}|\left[\frac{|\psi_{\mathrm{d}}(\delta)|}{|\psi_{\mathrm{s}}(\delta)|}\cos(\Delta\delta)-\frac{|\psi_{\mathrm{d}}(\delta)|}{|\psi_{\mathrm{s}}(\delta)|}\sin(\Delta\delta)\right]
\end{aligned} \tag{8-30}
$$

参考电压矢量的生成表示为

$$
u_{\mathrm{d}} = R_{\mathrm{s}}i_{\mathrm{d}} + \frac{\mathrm{d}\psi_{\mathrm{d}}}{\mathrm{d}t} - \omega_{\mathrm{e}}\psi_{\mathrm{q}} \tag{8-31}
$$

$$
u_{\mathrm{q}} = R_{\mathrm{s}}i_{\mathrm{q}} + \frac{\mathrm{d}\psi_{\mathrm{q}}}{\mathrm{d}t} + \omega_{\mathrm{e}}\psi_{\mathrm{d}} \tag{8-32}
$$

根据导数定义，可以得到

$$
\begin{aligned}
\frac{\mathrm{d}\psi_{\mathrm{d}}}{\mathrm{d}t} &= \frac{\psi_{\mathrm{d}}(t+\Delta t)-\psi_{\mathrm{d}}(t)}{\Delta t} \\
&= \frac{\psi_{\mathrm{d}}(\delta+\Delta\delta)-\psi_{\mathrm{d}}(\delta)}{\Delta t} \\
&= \frac{1}{T_{\mathrm{s}}}[-\psi_{\mathrm{d}}(\delta)+\psi_{\mathrm{d}}(\delta+\Delta\delta)]
\end{aligned} \tag{8-33}
$$

式中，T_{s} 为开关周期，同理可以求出 ψ_{q} 的导数。

基于 SVPWM 的永磁同步电机直接转矩控制系统框图如图 8-32 所示。它的控制原理是：通过检测到的三相电压型逆变器所输出的三相电流，使用 dq 轴坐标系下的坐标变换和系统控制规律来计算出电机的电磁转矩。再根据相电流和电机参数，运用电压电流模型积分法估算出定子磁链幅值。由于转矩可以通过改变定子、转子磁链的夹角即转矩角 δ 来实现控制，所以通过控制 $\Delta\delta$ 就可以补偿转矩误差 ΔT_{e}。速度误差经过速度调节器后输出电磁转矩的给定值，与计算出的转矩值比较后通过 PI 环节得到转矩差角的控制量 $\Delta\delta$。再根据参考电压矢量生成的表达式得到电压控制指令，然后运用 SVPWM 计算出所选择的电压矢量施加的电压矢量作用时间，输出逆变器开关控制的信号，以此来控制逆变器的开关状态，实现永磁同步电动机的直接转矩控制。

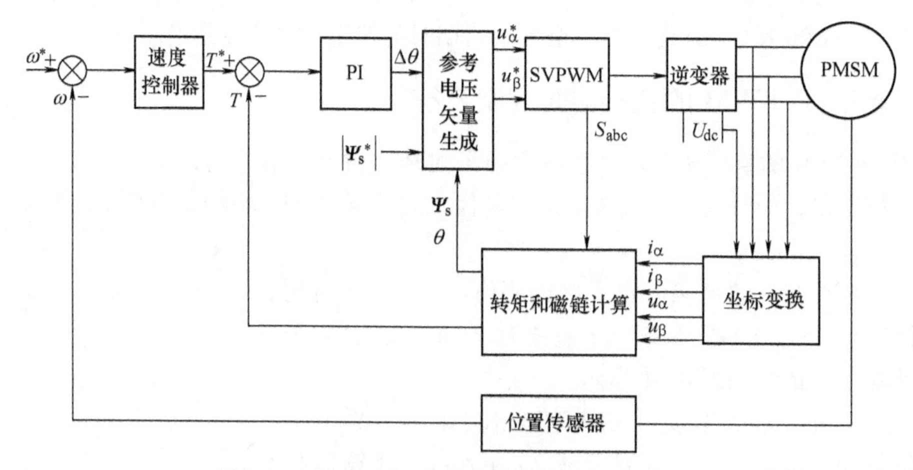

图 8-32　基于 SVPWM 的直接转矩控制系统框图

8.4.4　基于 SVPWM 的直接转矩控制系统仿真

在 MATLAB/Simulink 的环境下建立基于 SVPWM 的永磁同步电动机直接转矩控制系统仿真模型，如图 8-33 所示。在仿真模型中，各个功能模块简单介绍如下：Voltage Estimator 模块是根据给定磁链值和转矩控制差角以及 dq 轴电压磁链信息计算电压控制指令，Inverse Park Transformation 模块的功能是 Park 逆变换，Torque Estimator 模块用于计算电机的转矩信息，Flux Estimator 模块功能是通过 dq 轴的电流信息来估算磁链，SVPWM Generator 模块用来产生控制系统中三相桥式电压型逆变器所需要的门极开关信号，仿真模型中用到的三相桥式电压型逆变器的直流母线电压 $U_{DC}=320$V，其中所使用的功率器件 IGBT 的频率为 10kHz；其中 PMSM 仿真模型的参数见表 8-6。

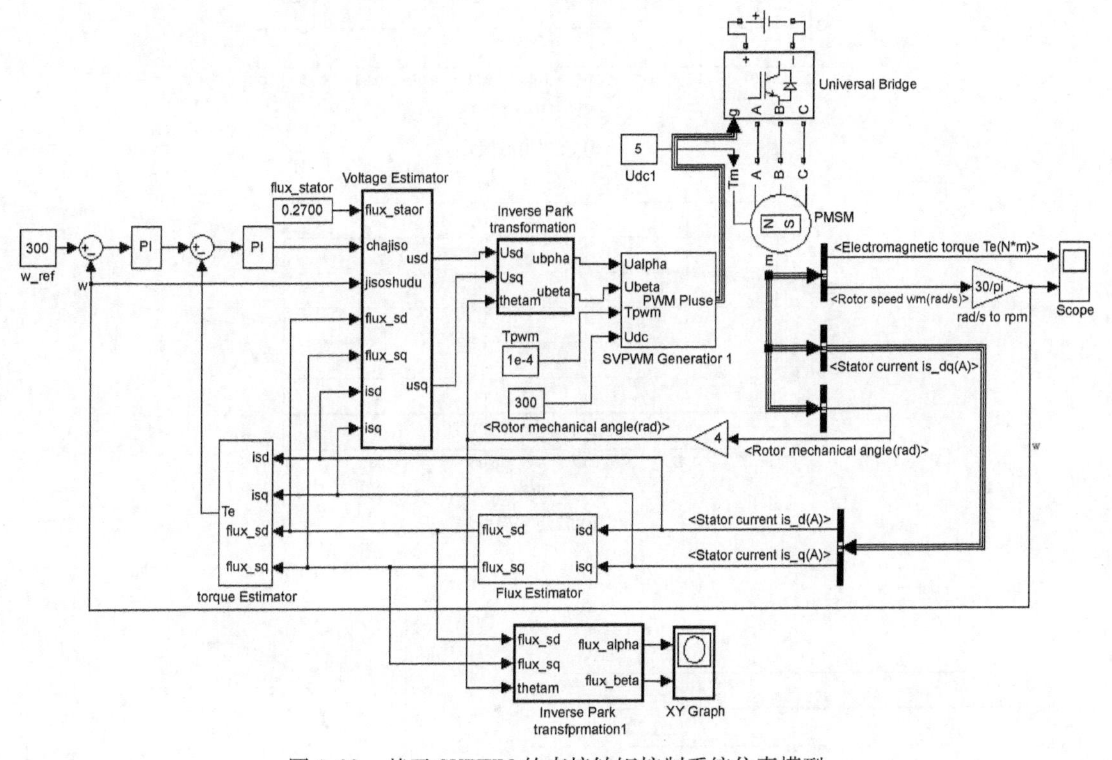

图 8-33　基于 SVPWM 的直接转矩控制系统仿真模型

表 8-6　仿真用电机参数

参　　数	参 数 值
摩擦系数	30
转动惯量 $J/(\mathrm{kg \cdot m^2})$	4500
极对数 p	72
L_d、L_q/mH	0.13、0.33
永磁体磁链 Ψ_f/Wb	0.062

图 8-34 显示电机空载起动至目标转速 300r/min 的仿真结果，可以看出，基于 SVPWM 的永磁同步电动机直接转矩控制系统在低速条件下，具有快速的响应速度和较小的系统抖振。

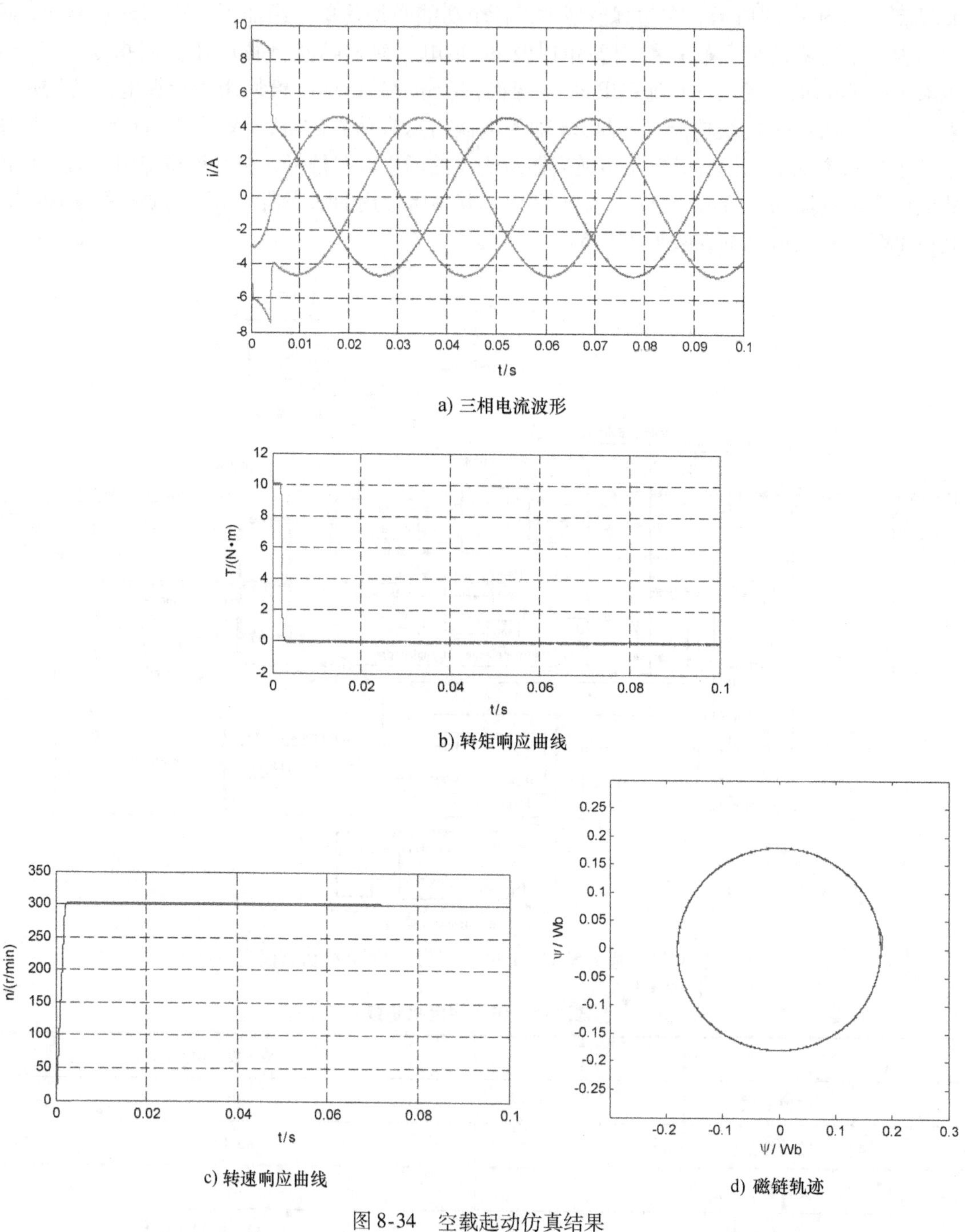

a) 三相电流波形

b) 转矩响应曲线

c) 转速响应曲线

d) 磁链轨迹

图 8-34　空载起动仿真结果

图 8-35 表示电机由空载起动追踪目标转速 1000r/min，在 0.04s 时目标转速升至 1500r/min，在 0.08s 时，负载突变为 5N · m 过程中的仿真结果。

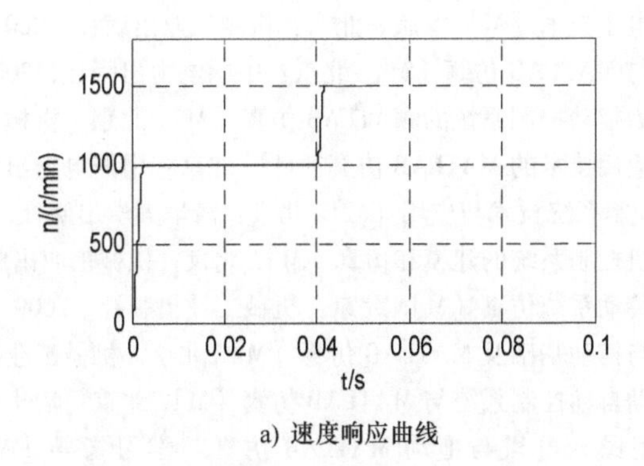

a) 速度响应曲线

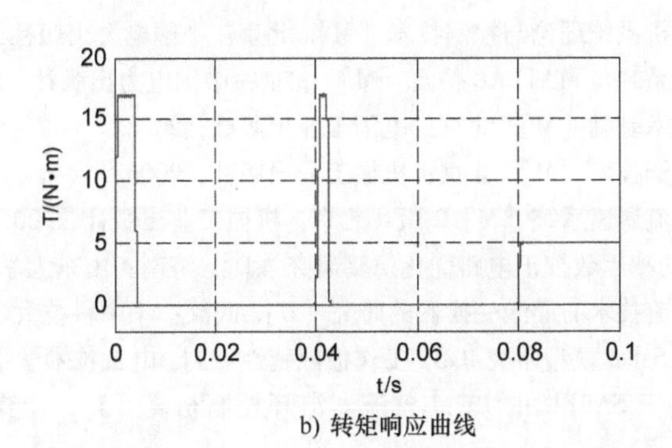

b) 转矩响应曲线

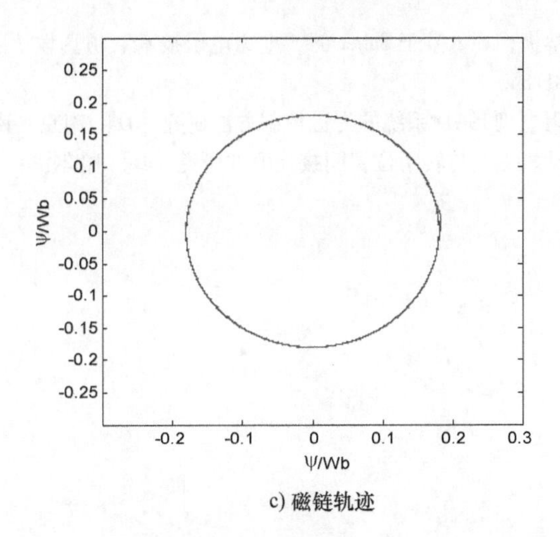

c) 磁链轨迹

图 8-35　变负载仿真波形

参考文献

[1] 王兆安，刘进军．电力电子技术［M］．5版．北京：机械工业出版社，2009.

[2] 周渊深．电力电子技术与MATLAB仿真［M］．北京：中国电力出版社，2005.

[3] 洪乃刚．电力电子和电力拖动控制系统的MATLAB仿真［M］．北京：机械工业出版社，2006.

[4] 林飞，杜欣．电力电子应用技术的MATLAB仿真［M］．北京：中国电力出版社，2008.

[5] 张秀峰．MATLAB机电控制系统技术与应用［M］．北京：清华大学出版社，2011.

[6] 洪乃刚．电力电子、电机控制系统的建模和仿真［M］．北京：机械工业出版社，2010.

[7] 谢卫．电力电子与交流传动系统仿真［M］．北京：机械工业出版社，2009.

[8] 陈亚爱，周京华．电机与拖动基础及MATLAB仿真［M］．北京：机械工业出版社，2011.

[9] 顾春雷，陈中．电力拖动自动控制系统与MATLAB仿真［M］．北京：清华大学出版社，2011.

[10] 刘凤春，孙建忠，牟宪民．电机与拖动MATLAB仿真与学习指导［M］．北京：机械工业出版社，2008.

[11] 吴红星．开关磁阻电机系统理论与控制技术［M］．北京：中国电力出版社，2010.

[12] 周渊深．交直流调速系统与MATLAB仿真［M］．北京：中国电力出版社，2007.

[13] 毕满清．模拟电子技术基础［M］．北京：电子工业出版社，2008.

[14] 林渭勋．现代电力电子技术［M］．北京：机械工业出版社，2006.

[15] 陈伯时，陈敏逊．交流调速系统［M］．2版．北京：机械工业出版社，2005.

[16] 惠杰．基于saber的功率因数校正电路优化仿真研究［D］．济南：山东大学，2005：27-36.

[17] 郭小苏．基于同步整流技术的反激变换器的研究［D］．武汉：华中科技大学，2007.

[18] 丁强，何湘宁．采用Saber模型研究IGBT工作极限特性［J］．电工技术学报，2001，16（2）：65-69.

[19] 吴俊强，曾国宏．基于SABER的PWM整流器滞环控制仿真［J］．计算机仿真，2005，22（2）：182-185.

[20] 丘东元，眭永明，王学梅，等．基于Saber的“电力电子技术”仿真教学研究［J］．电气电子教学学报，2011，33（2）：81-84.

[21] 赵德安，车用开关磁阻电机ISAD系统的先进控制方法研究［D］．南京：南京航空航天大学，2007.

[22] 周永勤，开关磁阻电动机磁链与转子位置间接检测的研究［D］．哈尔滨：哈尔滨理工大学，2014.